面空导弹中制导弹道生成技术

邵　雷　王华吉　骆长鑫　雷虎民　著

西北工業大學出版社

西　安

图书在版编目(CIP)数据

面空导弹中制导弹道生成技术 / 邵雷等著. —西安：西北工业大学出版社，2023.8

ISBN 978-7-5612-8795-8

Ⅰ. ①面… Ⅱ. ①邵… Ⅲ. ①面对空导弹-导弹制导 ②面对空导弹-导弹控制 Ⅳ. ①TJ762.1

中国国家版本馆 CIP 数据核字(2023)第 119668 号

MIANKONG DAODAN ZHONGZHIDAO DANDAO SHENGCHENG JISHU

面 空 导 弹 中 制 导 弹 道 生 成 技 术

邵雷　王华吉　骆长鑫　雷虎民　著

责任编辑：付高明　　**策划编辑**：肖　莎

责任校对：王　水　　**装帧设计**：李　飞

出版发行：西北工业大学出版社

通信地址：西安市友谊西路 127 号　　邮编：710072

电　　话：(029)88491757，88493844

网　　址：www.nwpup.com

印 刷 者：西安五星印刷有限公司

开　　本：787 mm×1 092 mm　1/16

印　　张：12.25

字　　数：306 千字

版　　次：2023 年 8 月第 1 版　2023 年 8 月第 1 次印刷

书　　号：ISBN 978-7-5612-8795-8

定　　价：58.00 元

前　　言

空袭与反空袭已成为现代战争的主要作战样式，贯穿于现代战争的全过程。作为反空袭的重要手段，面空导弹受到世界各国的普遍重视。从20世纪50年代诞生至今，经过70多年的探索与实践，面空导弹武器的型号和数量逐渐增加，已经初步形成了高度上覆盖高、中、低空，射程上覆盖远、中、近程的体系化导弹防御体系。

中程以上面空导弹通常采用复合制导体制进行制导飞行，以实现对目标的高精度拦截。在这个过程中，导弹飞行的中制导阶段通常是飞行时间最长、距离最远的一个阶段，对导弹飞行过程中的制导控制性能以及进入末制导后目标高精度的拦截均具有决定性的作用。然而，面空导弹在中制导飞行过程中，不仅面临复杂飞行环境、弹体结构强度、热防护以及稳定控制等一系列环境、强度、结构问题带来的飞行过程热流密度、动压、过载、控制量、机动能力等硬约束限制，还需要利用有限的发动机能量，在保证导弹飞行性能的同时为末制导提供良好的制导条件，以完成中制导任务目标。如何合理设计中制导飞行弹道，使得导弹在制导过程中满足各种复杂不确定约束的同时，实现对目标高精度的拦截是导弹制导过程中需要解决的一项关键技术问题。

笔者所在的研究团队多年来一直从事飞行器制导控制与弹道设计技术的研究工作，在国家自然科学基金“高超声速目标拦截中制导最优轨迹在线生成方法研究”（项目编号：61773398）、“多拦截器协同覆盖临近空间高超声速目标中制导弹道生成”（项目编号：61873278）以及“基于博弈对抗的再入滑翔类目标再入轨迹闭环预测方法研究（62173339）”的资助下对拦截器的中制导弹道设计问题做了深入的研究和探索，取得了一批成果，本书的一大部分内容就来源于此。本书的另外一部分内容则来源于笔者的博士研究生、硕士研究生和研究团队所发表的学术文章。

本书是一部关于面空导弹中制导弹道生成技术的著作，主要包括7章内容。第1章为绪论，简要介绍面空导弹中制导的基本概念以及中制导弹道生成的基本方法；第2章为拦截弹中制导段弹道模型，主要介绍基本坐标系及相互关系、导弹飞行受力环境、动力学模型以及弹道生成问题的一般描述；第3章为拦截弹中末制导交接班窗口分析，主要介绍末制导捕获区及其对中末制导交接班窗口的影响；第4章为面向中末交接班的拦截弹中制导弹道优化，主要介绍中制导弹道优化模型，以及离线条件下基于自适应Radau伪谱的弹道优化方法；第5章为中制导弹道在线调整技术，主要介绍小扰动条件下弹道在线修正方法；第6章为面向动态交接班的中制导弹道在线生成，主要介绍较大不确定条件下的弹道在线生成方法；第7章为基于协同覆盖的多拦截弹中制导弹道在线生成，主要介绍协同覆盖策略以及典型策略下的多拦截弹中制导弹道在线生成方法。

本书内容是笔者及所在的研究团队长期科研成果的结晶。其中，第1～2章由雷虎民执笔，第3章由王华吉执笔，第4～6章由邵雷执笔，第7章由骆长鑫执笔，全书由邵雷统稿。衷心感谢笔者所在单位对课题研究和本书撰写给予的大力支持。中国空空导弹研究院副院长刘代军研究员、哈尔滨工业大学姚郁教授、清华大学朱纪洪教授、西北工业大学闫杰教授和凡永华教授对笔者的研究工作和本书的撰写工作提供了许多有益建议和热心支持，李炯副教授、周池军副教授和笔者的硕博士研究生参与了课题的研究，为本书提供了大量素材，在此一并表示谢意。另外需要说明的是，在撰写本书的过程中，参阅并引用了国内外大量文献资料，这些成果包含了领域专家、学者的智慧和汗水，对他们的创造性劳动表示敬意！

最后，感谢国家自然科学基金项目在相关问题研究中给予的资助。

目前，中制导弹道设计在理论上和方法上已经取得了十分丰富的成果，正有全面、深入展开之势。作为该主题的一部系统性专著，笔者希望本书能够起到抛砖引玉的作用。由于理论水平有限，书中难免有遗漏和不尽如人意之处，恳切希望读者提出宝贵意见。

著　者

2023年4月

目　　录

第1章 绪 论

1.1 概 述

导弹是一种携带战斗部，依靠自身动力装置推进，由制导系统导引控制飞行轨迹，导向目标并摧毁目标的精确制导武器，通常由战斗部、制导系统、发动机装置和弹体结构等组成。导弹与普通武器的根本区别在于它具有制导系统。制导系统以导弹为控制对象，包括导引系统和控制系统两部分，其基本功能是保证导弹在飞行过程中，能够克服各种不确定性和干扰因素，使导弹按照预先规定的弹道或根据目标的运动情况随时修正自己的弹道，最后准确命中目标。

面空导弹是指从地、海（舰）面发射，拦截空中来袭目标的导弹。由于从地面、海面发射的防空导弹的技术原理、结构和工作过程基本相同，因此，它们统称为面空导弹。但人们习惯上将从地面发射拦截空中目标的面空导弹称为地空导弹；将从舰上发射拦截空中目标的面空导弹称为舰空导弹。

面空导弹主要用于拦截空中来袭的各类作战飞机、侦察飞机、武装直升机、空对面导弹、巡航导弹、无人机、临近空间飞行器和战术弹道导弹等具有高速、高机动运动特性的目标，完成防空作战任务。这就要求面空导弹在拦截目标的过程中具有较强的机动能力和弹道调整能力，能够适应目标高速、高机动的突防规避，不断地调整自身的弹道，实现对目标的高精度拦截。

面空导弹作战任务的完成通常依托防空武器系统实现，不同类型目标的特性不同，作战使用特点不同，防空武器系统对其拦截的策略特点也不同。防空武器系统通常在不同的距离范围拦截不同类型的目标，通过梯次拦截，形成体系防御。基于此，根据防空武器系统拦截目标的射程不同，可将武器系统分为远程、中远程、中程、近程等类型。

对于中远程以上的面空导弹，在导引的过程中，通常采用复合制导体制，这种制导体制将面空导弹制导飞行过程分为初制导、中制导以及末制导等多个制导飞行阶段。在制导过程中，不同制导阶段的任务不同。通常初制导阶段是导弹从发射瞬间到达到一定的速度进入中制导前的飞行阶段，其主要任务是保证导弹在中制导时的初始基准偏差满足给定的要求；中制导是指从初制导结束到末制导开始之前的制导阶段，这一阶段的主要任务是将导弹以一定精度导引到指定空域，为中末交接班提供条件；末制导阶段通常指中制导结束直至与目标遭遇或在目标附近爆炸的制导段，其主要任务是通过制导使得导弹能够高精度命中目标。在这三个阶段中，中制导是复合制导过程中持续时间最长的阶段，对导弹中末制导交接班以及对目标的高精度拦截均具有直接的影响。

在中制导阶段制导飞行过程中，中制导弹道的设计在很大程度上决定了拦截弹的末段拦截能力，是决定拦截任务完成的关键因素。如果中制导段弹道设计合理，中末制导交接班状态良好，那么在末制导段拦截弹甚至可以不用施加任何控制就能够成功拦截目标；而如果中制导段弹道不理想，中末制导交接班状态不佳，那么在末制导段拦截弹需要浪费较大的能量去修正自身飞行状态，这样往往容易导致脱靶，造成拦截任务失败。为保证拦截弹进入末制导后具有良好的制导控制性能：一方面希望中制导阶段能量消耗尽量少，以保证在末制导阶段具有对抗目标机动的足够能量；另一方面希望在中制导结束时具有合理的交会条件，为末制导提供良好的初始条件。这些需求对中制导段弹道设计构成了严格约束，中制导段弹道的合理设计对于改善拦截弹的飞行品质、提高武器系统的最终制导控制性能均具有重要作用，中制导阶段弹道优化设计成为拦截弹总体设计的一项重要内容，是导弹飞行力学中的一个分支。它通过设计和研究导弹质心的运动轨迹，求出导弹飞行的速度、姿态、斜距、过载、动力系数等参数随时间变化的关系，这些参数在型号初步设计时将作为战术技术指标论证的基本出发点，在导弹设计阶段又将作为导弹总体、控制系统及各分系统进行设计的重要依据，如图 1－1 所示。

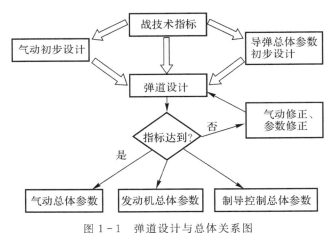

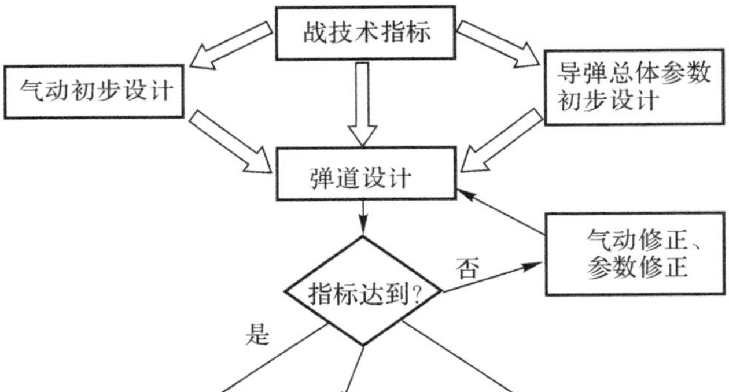

图 1－1　弹道设计与总体关系图

1.2　基于经典导引律的中制导弹道生成

在传统面空导弹飞行过程中，中制导弹的飞行弹道主要按照预定的导引方法形成，即飞行弹道为导引弹道。在生成弹道的过程中，中制导弹根据所依据导弹和目标之间的相对运

动关系不同,导引方法可分为以下几种:

(1)按导弹速度向量与目标线(又称视线,即导弹-目标连线)的相对位置来分,其导引方法分为追踪法(导弹速度向量与视线重合,即导弹速度方向始终指向目标)和常值前置角法(导弹速度向量超前视线一个常值角度)。

(2)按目标线在空间的变化规律来分,其导引方法分为平行接近法(目标线在空间平行移动)和比例导引法(导弹速度矢量的转动角速度与目标线的转动角速度成比例)。

(3)按导弹纵轴与目标线的相对位置来分,其导引方法分为直接法(两者重合)和常值方位角法(纵轴超前一个常值角度)。

(4)按制导站-导弹连线和制导站-目标连线的相对位置来分,其导引方法分为三点法(两连线重合)和前置量法(又称角度法或矫直法,制导站-导弹连线超前一个角度)。

比较典型的导引法有如下几种。

1. 比例导引法

用比例导引法时,导弹-目标的相对运动方程组如下:

$$\left.\begin{aligned}&\frac{\mathrm{d}r}{\mathrm{d}t}=v_{\mathrm{m}}\cos\eta_{\mathrm{m}}-v\cos\eta\\&r\frac{\mathrm{d}q}{\mathrm{d}t}=v\sin\eta-v_{\mathrm{m}}\sin\eta_{\mathrm{m}}\\&q=\eta+\sigma_{\mathrm{m}}\\&q=\eta_{\mathrm{m}}+\sigma_{\mathrm{m}}\\&\frac{\mathrm{d}\sigma}{\mathrm{d}t}=K\frac{\mathrm{d}q}{\mathrm{d}t}\end{aligned}\right\}\tag{1.1}$$

如果知道了 v、v_{m}、σ_{m} 的变化规律以及三个初始条件 r_0、q_0、σ_0(或 η_0),就可以用数值积分法或图解法算这组方程,若采用解析法解此方程组则比较困难。只有当比例系数 $K=2$ 且目标等速直线飞行、导弹等速飞行时,才能得到解析解。

2. 三点法导引

首先要建立三点法导引的相对运动方程组。以地空导弹为例,设导弹在铅垂平面内飞行,制导站固定不动。三点法导引的相对运动方程组为

$$\left.\begin{aligned}&\frac{\mathrm{d}r_{\mathrm{d}}}{\mathrm{d}t}=v\cos\eta\\&r_{\mathrm{d}}\frac{\mathrm{d}\varepsilon}{\mathrm{d}t}=-v\sin\eta\\&\varepsilon=\theta+\eta\\&\frac{\mathrm{d}r_{\mathrm{m}}}{\mathrm{d}t}=v_{\mathrm{m}}\cos\eta_{\mathrm{m}}\\&r_{\mathrm{m}}\frac{\mathrm{d}\varepsilon_{\mathrm{m}}}{\mathrm{d}t}=-v_{\mathrm{m}}\sin\eta_{\mathrm{m}}\\&\varepsilon_{\mathrm{m}}=\theta_{\mathrm{m}}+\eta_{\mathrm{m}}\\&\varepsilon=\varepsilon_{\mathrm{m}}\end{aligned}\right\}\tag{1.2}$$

方程组1.2中，目标运动参数 v_m、θ_m 以及导弹速度 v 的变化规律是已知的。方程组的求解可用数值积分法、图解法和解析法。在应用数值积分法解算方程组时，可先积分方程组中的第4～6式，求出目标运动参数 r_m、ε_m。然后积分其余方程，解出导弹运动参数 r_d、ε、η、θ 等；在特定情况（目标水平等速直线飞行，导弹速度大小不变）下，可用解析法求出方程组的解为

$$\left.\begin{aligned} y &= \sqrt{\sin\theta}\left\{\frac{y_0}{\sqrt{\sin\theta_0}} + \frac{pH}{2}\left[F(\theta_0) - F(\theta)\right]\right\} \\ \cot\varepsilon &= \cot\theta + \frac{y}{pH\sin\theta} \\ r_d &= \frac{y}{\sin\varepsilon} \end{aligned}\right\} \tag{1.3}$$

式中：y_0、θ_0 为导引开始的导弹飞行高度和弹道倾角；H 为目标飞行高度；$F(\theta_0)$、$F(\theta)$ 为椭圆函数，可查表，计算公式为 $F(\theta) = \int_{\theta}^{\frac{\pi}{2}} \frac{d\theta}{\sin^{3/2}\theta}$。

3. 基于预定方案的导引弹道

在实际飞行过程中，拦截弹可以按照既定的飞行方案飞行，其运动方程组为

$$\left.\begin{aligned} m\frac{dv}{dt} &= P\cos\alpha - X - G\sin\theta \\ mv\frac{d\theta}{dt} &= P\sin\alpha + Y - G\cos\theta \\ \frac{dx}{dt} &= v\cos\theta \\ \frac{dy}{dt} &= v\sin\theta \\ \frac{dm}{dt} &= -m_m \\ \varepsilon_1 &= 0 \end{aligned}\right\} \tag{1.4}$$

1.3 中制导基准弹道生成技术

受到弹载计算机软硬件技术限制，飞行控制系统难以实现飞行剖面的实时生成。工程上，多以离线基准弹道设计和在线基准弹道跟踪相结合的跟踪制导方式实现飞行任务。

1.3.1 基于平直类凸形弹道的基准弹道生成

面空导弹中制导弹道的设计必须综合考虑两个需求：一方面，需要在与目标遭遇区域飞行轨迹接近弹道轨迹，以便为末制导创造条件，确保导弹对目标的高精度制导；另一方面，在整个飞行过程中，需用过载可实现。平直类凸形弹道可对上述两种需求进行合理折中。

典型的平直类凸形弹道建立在如图 1-2 所示的，包含起飞点和前置遭遇点的垂直平面的基准坐标系中。该坐标系原点在发射点 O，Ox 轴指向前置遭遇点，Oy 轴在垂直平面内与 Ox 轴垂直，Oz 轴位于水平面内。

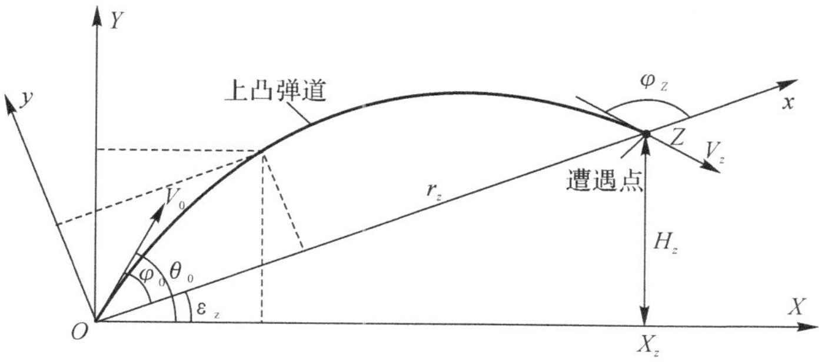

图 1-2 地空导弹的典型最佳弹道

在该坐标系中，平直类凸形弹道被解析的描述为关于作用距离函数 x 的多项式，即

$$\left.\begin{aligned}\bar{y}&=\bar{x}\sum_{i=1}^{n}A_i(1-\bar{x})^i+\frac{1}{2}k\left[\bar{x}(1-\bar{x})\right]^2\\ y&=x\sum_{i=1}^{n}A_i\left(1-\frac{x}{r_z}\right)^i+\frac{kx^2}{2r_z}\left(1-\frac{x}{r_z}\right)^2\end{aligned}\right\}\tag{1.5}$$

式中：x、y 为导弹的位置坐标，而 $\bar{y}=y/r_z$；$\bar{x}=x/r_z$；r_z 为原点到前置遭遇点的距离；A_i，k 为选择的可变系数；n 为给定的幂阶数。

在地面固连直角坐标系中，导弹的飞行弹道则表示为

$$\begin{bmatrix}H\\X\end{bmatrix}=\begin{bmatrix}\cos\varepsilon_z & \sin\varepsilon_z\\ -\sin\varepsilon_z & \cos\varepsilon_z\end{bmatrix}\begin{bmatrix}y\\x\end{bmatrix}\tag{1.6}$$

式中：ε_z 为遭遇点的目标高低角；H 为目标飞行高度；X 为导弹飞行水平距离。

平直弹道的表示式(1.5)满足下列边界条件：当 $\bar{x}=0$ 时，它通过起飞点；当 $\bar{x}=1$ 时，通过导弹与目标的遭遇点。上凸平直弹道的主要参数为导弹与目标遭遇点的弹道倾角 θ_z、起飞时刻的弹道倾角 θ_0、遭遇点的导弹过载 n_y、沿最佳弹道的过载分布等，所有这些参数是弹道设计以及选择其结构-弹道参数时的主要原始数据。通过选择合适的参数即可解算弹道解析方程中的弹道参数 A_1，A_2，…，以及 K，进而得到弹道解析解。

1.3.2 基于弹道优化的基准弹道生成

面空导弹中制导弹道优化问题本质是状态和控制严格受限的非线性最优化问题，求解中制导弹道优化问题一般借助于最优控制理论与方法开展。

一般最优控制问题的数学描述如下：

$$J=\varphi(x(t_f),p)+\int_{t_0}^{t_f}L(x,u,p,t)\mathrm{d}t\tag{1.7}$$

满足

$$\begin{cases}\dot{x}=f(x,u,p,t),t\in[t_0,t_f]\\ c(x,u,p,t)=0\\ \mathrm{d}(x,u,p,t)\leqslant 0\\ x(t_0)=x_0\\ \psi(x(t_f),p)=0\end{cases}$$

式中：$x(t)\in\mathbf{R}^n$ 为系统的状态变量；t 为时间变量；标量性能指标函数 J 由末值型性能指标函数 $\varphi(x(t_f),p)$ 和积分型性能指标函数组成，其被积函数为 $L(x,u,p,t)$，并且积分是从时刻 t_0 到时刻 t_f。另外，性能指标函数 J 必须在满足约束条件下，使其达到最小值。其中：$\dot{x}=f(x,u,p,t)$ 表示系统状态方程；$c(x,u,p,t)$ 表示状态变量、控制变量和参量的等式约束；$d(x,u,p,t)$ 表示状态变量、控制变量和参量的不等式约束；$x(t_0)=x_0$ 表示状态变量的初始条件；$\psi(x(t_f),p)=0$ 表示状态变量和参量的终端条件。

对于该问题的求解，通常采用最优控制理论推导轨迹最优的解析解来实现。但这种方法对于简单的线性系统比较有效，对于复杂非线性系统难以适应。目前，人们逐渐把研究的焦点转向了数值解法。

数值解法是指利用离散的参数来逼近整个系统，使轨迹优化问题转化为参数优化问题，然后采用合适的算法解参数优化问题。因此，数值解法包括轨迹优化问题的转化和解参数优化问题两部分。依据求解原理不同，数值解法通常可以分为直接法与间接法两大类。

1. 直接法

直接法是采用参数化方法将连续空间的最优控制问题求解转化为非线性规划(Nonlinear Programming，NLP)问题，通过数值方法求解非线性规划问题来获得最优轨迹。直接法相对间接法应用更为广泛，而且有多种转化方法实现上述参数化过程，目前直接打靶法、多重直接打靶法、配点法、微分包含法等四种方法是主要应用的轨迹优化方法。

(1)直接打靶法。直接打靶法是直接法中最常用的一种形式，只对控制量进行离散化，通过显式数值积分方法获得状态变量，从而求出目标函数，并将最优控制问题转化为非线性规划问题。离散过程的数学描述如下：

假定在如下的时刻点处：

$$t_0<t_1<\cdots<t_{N-1}<t_N=t_f$$

选择控制量分别为

$$\bar{\boldsymbol{u}}=[u_0,u_1,\cdots,u_{N-1},u_N]$$

由于在进行数值积时分可能需要离散时间点之间的控制值，所以需要对控制变量进行插值。最为常用的插值方法为线性插值，即

$$u(t)=u_i+\frac{t-t_i}{t_{i+1}-t_i}(u_{i+1}-u_i),t\in[t_i,t_{i+1}]$$

通过上述参数化过程，可将有限维的最优控制问题近似化为有限维的 NLP 问题，即

$$\min J(\bar{\boldsymbol{u}})$$

$$\text{s. t. } g(\bar{\boldsymbol{u}})=0$$

$$h(\bar{\boldsymbol{u}})\leqslant 0$$

直接打靶法思路简单明确，可以直接使用微分方程求解程序，实现简单，但是存在着对初始值敏感、数值梯度运算量较大等缺点，适用于较简单、精度要求不高的最优控制问题。

(2)多重直接打靶法。多重直接打靶法是直接打靶法的一种改进方法。因为直接打靶法的积分区间为$[t_0,t_f]$，当积分时间间隔较大时，积分和微分算法的精度都很低，多重直接打靶法针对此问题采用了分段积分技术，对计算精度有所提高。

(3)配点法。配点法是一种同时将控制变量和状态变量在 T 上进行离散、将最优控制问题转化为 NLP 的方法。在离散化过程中，利用全局插值多项式的有限基来近似状态量和控制量，用配点规则保证微分方程组满足约束条件，对多项式进行求导来近似动力学方程中的状态变量对时间的导数，且在一系列的配点上满足动力学方程右函数约束，从而将微分方程约束转化为代数约束。典型的配点选取方法主要有 Legendre 伪谱法(Legendre Pseudospectral Method，LPM)，Gauss 伪谱法、Chebyschev 伪谱法(Chebyshev Pseudospectral Method，CPM)、Radau 伪谱法(Radau Pseudospectral Method，RPM)等。

(4)微分包含法。微分包含方法是另一种基于隐式积分原理的离散化方法，可以视为对配点法的改进。相对配点法，由微分包含法所转化而来的 NLP 模型中的变量数目较少。通常状况下，使用微分包含法求解速度更快，这更有利于飞行器轨迹优化的在线实现。因此，微分包含法是前景较为广阔的最优控制离散变换方法。

微分包含法的显著特征是只对状态变量进行离散，而通过对状态变量的变化率的限制将受限控制变量消去。但是由于微分包含法必须抵消控制量，对于复杂系统在转化上有一定的难度，使其很难在参数化问题中得到广泛推广。

2. 间接法

间接法的基本原理是基于 Pontryagin 极大值原理将最优控制问题转化为 Hamilton 边值问题。因此首先引入 Hamilton 函数，即

$$H(x,u,\lambda,t)=L(x,u,t)+\boldsymbol{\lambda}^{\mathrm{T}}f(x,u,t)$$

式中：$\boldsymbol{\lambda}^{\mathrm{T}}=[\lambda_1,\lambda_2,\cdots,\lambda_n]$为协调矢量。

考虑到初始条件和终端条件约束，最优控制边界条件为

$$\varphi(x(t_0),t_0,x(t_f),t_f)=0$$

假定 $\boldsymbol{u}^*$ 为最优控制量，则根据最优控制原理，存在非零矢量函数 λ^*，使得下列条件成立：

(1)Hamilton 方程组：

$$\dot{x}^*=\frac{\partial H(x^*(t),u^*(t),\lambda^*(t),t)}{\partial\lambda}$$

$$\dot{\lambda}^*=\frac{\partial H(x^*(t),u^*(t),\lambda^*(t),t)}{\partial x}$$

(2)极小值条件：

$$H(x^*(t),u^*(t),\lambda^*(t),t)=\min_{u\in U}H(x^*(t),u(t),\lambda^*(t),t)$$

(3)终端横截条件：

$$\lambda^*(t_f^*)=\left\{\frac{\partial\varphi}{\partial x}+\frac{\partial\boldsymbol{\psi}^{\mathrm{T}}}{\partial x}v\right\}_{t=t_f}$$

(4)终端约束条件:

$$\boldsymbol{\psi}(x(t_f),t_f)=0$$

间接法一般先求得最优控制变量的表达式,它们是关于伴随变量和状态变量的函数。再求解由 Hamilton 方程组、终端横截条件和约束构成的一个两点边值问题,从而获得最优轨迹和相应最优控制的数值解。

由于飞行器运动的非线性常微分方程组本身就很复杂,飞行器在大气层内飞行时,使用的气动力和大气参数为非线性和大量的表格函数,加上控制变量和状态变量通常施加各种类型的约束,使轨道优化与制导规律问题的求解就显得特别复杂,这种情况要求得到精确解就更加困难。目前,求解两点边值问题较常使用的数值方法有两种,一种是打靶方法,另一种是有限差分方法。

1.4 中制导弹道在线调整技术

面空导弹拦截目标具有高速、高机动特性,导弹发射前的远距离探测对于其飞行轨迹难以进行精确的跟踪与预测,同时,导弹发射后的飞行过程中,目标也在进行高速机动运动,导致导弹发射前的基准导弹将难以满足精确拦截的要求,若目标机动能力过大甚至导致导弹进入末制导后没有足够的修正能力补偿发射前预测带来的误差与发射后目标机动带来的误差,拦截弹则必须根据更新后的目标运动状态对自身弹道进行调整,这就要求导弹在中制导阶段必须具备一定的在线弹道修正与规划能力。

中制导弹道调整本质上是弹道在线生成问题,要实现弹道在线生成需解决两个方面的问题:一是算法的快速性要求,满足在线生成的时间需要;二是对于多约束的处理,不管是在线生成轨迹还是离线轨迹,都必须满足再入接口状态条件和各种路径约束条件。目前,对于弹道在线生成技术的研究主要有两种方法:一是简化弹道生成的限定条件,将弹道生成过程参数化,设计短耗时的弹道在线生成算法,这种算法能够因实际需要在线生成弹道;二是建立参考弹道库,根据实际飞行需要,从弹道库中直接调用弹道实现在线生成。

对于第一种方法,通常利用高效的弹道优化算法将当前状态与约束状态作为边值条件,求解两点边值问题对弹道进行重新优化生成,典型的方法有模型静态预测规划(Model Predictive Static Programming,MPSP)方法、邻域最优控制(Neighboring Optimal Control,NOC)方法等。由于需要在线求解最优控制问题,因此这种思路的主要缺点是对算法的求解精度以及求解效率提出了较高的要求。

对于第二种方法:首先,基于各种接口状态条件和过程约束条件,利用离线优化算法计算最优弹道簇,以此形成参考弹道库;其次,按照不同最优化性能指标,以及不同边界条件下的弹道簇的特征,将轨迹簇分成多个弹道子簇;最后,基于一定的模型,建立基于弹道库的弹道在线生成系统。典型的弹道库构建方法有局部多模型方法、神经网络方法等。

第 2 章　拦截弹中制导段弹道模型

2.1　坐标系定义及其关系

2.1.1　坐标系定义

建立描述导弹运动的标量方程，常常需要定义一些坐标系。由于选取不同的坐标系，所建立的导弹运动方程组的形式和复杂程度也会有所不同。因此，选取合适的坐标系是十分重要的。选取坐标系的原则是，既能正确地描述导弹的运动，又要使描述导弹运动的方程形式简单、清晰明了。为准确描述拦截弹的运动模型，通常采用如下的坐标系。

1. 地面坐标系 $O_1-x_1y_1z_1$

地面坐标系又被称作大地坐标系，将大地作为平坦地面，原点 O_1 选择为地球表面某点，通常选取发射时刻拦截弹的质心在地球表面上的投影，其中：O_1x_1 轴在水平面内，指向目标方向；O_1z_1 轴垂直向上；O_1y_1 轴与 O_1x_1 轴、O_1z_1 轴满足右手法则，共同构成地面坐标系。

2. 弹道坐标系 $O_2-x_2y_2z_2$

弹道坐标系 $O_2-x_2y_2z_2$ 的原点 O_2 位于拦截弹瞬时质心位置，其中：O_2x_2 轴为拦截弹速度矢量方向；O_2z_2 轴位于包含速度矢量的铅垂平面内，并垂直于 O_2x_2 轴，取向上方向为正；O_2y_2 轴与铅垂平面垂直，并与 O_2x_2 轴、O_2z_2 轴构成右手直角坐标系。

3. 速度坐标系 $O_3-x_3y_3z_3$

速度坐标系 $O_3-x_3y_3z_3$ 的原点 O_3 位于拦截弹瞬时质心位置，其中：O_3x_3 轴与速度矢量重合；O_3z_3 轴位于包含速度矢量的拦截弹纵向对称平面内，并垂直于 O_3x_3 轴，取向上方向为正；O_3y_3 轴与 O_3x_3 轴、O_3z_3 轴构成右手直角坐标系。

4. 视线坐标系 $O_4-x_4y_4z_4$

视线坐标系 $O_4-x_4y_4z_4$ 的原点 O_4 定义在拦截弹瞬时质心位置，其中：O_4x_4 轴是拦截弹与目标的质心连线，指向目标方向为正；O_4z_4 轴垂直于 O_4x_4 轴，位于包含 O_4x_4 轴的铅垂平面内，取向上方向为正；O_4y_4 轴与铅垂平面垂直，并与 O_4x_4 轴、O_4z_4 轴构成右手直角坐标系。

5. 地心惯性坐标系 $O_5-x_5y_5z_5$

地心惯性坐标系 $O_5-x_5y_5z_5$ 可以简称为惯性坐标系，其原点 O_5 定义为地球的球心，其中：O_5x_5 轴在赤道平面内，指向春分点方向为正；O_5z_5 轴垂直于地球赤道平面，指向北极方向；O_5y_5 轴位于赤道平面内，并与 O_5x_5 轴、O_5z_5 轴构成右手直角坐标系。

6. 地心旋转坐标系 $O_6-x_6y_6z_6$

地心旋转坐标系 $O_6-x_6y_6z_6$ 与地球固联，又被称作中心地球固联坐标系或者地球坐标系。其原点 O_6 定义为地球的球心；O_6z_6 轴垂直于地球赤道平面，指向北极方向；O_6x_6 轴与 O_6y_6 轴位于赤道平面内，其中 O_6x_6 轴沿着赤道平面与格林威治子午面的相交线方向，O_6y_6 轴与 O_6x_6 轴、O_6z_6 轴构成右手直角坐标系。地心旋转坐标系 $O_6-x_6y_6z_6$ 为非惯性坐标系，旋转角速度 $\omega=7.292\ 116\times10^{-5}$ rad/s。

7. 准速度坐标系 $O_7-x_7y_7z_7$

准速度坐标系 $O_7-x_7y_7z_7$ 一般是为研究拦截弹再入飞行过程中的动力学方程而引入的非惯性坐标系。其原点 O_7 定义在拦截弹的瞬时质心位置；O_7x_7 轴为拦截弹速度矢量方向；O_7z_7 轴为总升力方向，其中总升力即为升力与侧向力的矢量和；O_7y_7 轴与 O_7x_7 轴、O_7z_7 轴构成右手直角坐标系。

8. 当地铅垂坐标系 $O_8-x_8y_8z_8$

当地铅垂坐标系 $O_8-x_8y_8z_8$ 又被称为拦截弹牵连铅垂坐标系。其原点 O_8 在拦截弹的瞬时质心位置；O_8x_8 轴位于当地水平面内，指向北方；O_8y_8 轴在水平面内与 O_8x_8 轴垂直，指向东方；O_8y_8 轴与 O_8x_8 轴、O_8z_8 轴构成右手直角坐标系。当地铅垂坐标系 $O_8-x_8y_8z_8$ 即为东北天坐标系。

9. 弹体坐标系 $O_9-x_9y_9z_9$

弹体坐标系 $O_9-x_9y_9z_9$ 与拦截弹固联。原点 O_9 位于拦截弹瞬时质心位置；O_9x_9 轴沿弹体纵轴方向；O_9z_9 轴在弹体对称平面内，并垂直于 O_9x_9 轴，指向下；O_9y_9 轴与 O_9x_9 轴、O_9z_9 轴构成右手直角坐标系。

2.1.2 坐标系之间的转换

导弹在飞行过程中，作用其上的力包括空气动力、推力和重力。一般情况下，各个力分别定义在上述不同的坐标系中。要建立描绘导弹质心运动的动力学方程，必须将分别定义在各坐标系中的力变换(投影)到某个选定的、能够表征导弹运动特征的动坐标系中。因此，就要先建立各坐标系之间的变换关系。

实际上，只要知道任意两个坐标系各对应轴的相互方位，就可以用一个确定的变换矩阵给出它们之间的变换关系。

1. 地面坐标系 $O_1-x_1y_1z_1$ 与弹道坐标系 $O_2-x_2y_2z_2$ 之间的转换

地面坐标系 $O_1-x_1y_1z_1$ 与弹道坐标系 $O_2-x_2y_2z_2$ 之间的转换可以通过两次旋转得到，如图 2-1 所示。其中，弹道倾角、弹道偏角的定义分别如下。

(1)弹道倾角 θ:指导弹的速度矢量 $\boldsymbol{v}$(即 Ox_2 轴)与水平面 xAz 之间的夹角,若速度矢量 $\boldsymbol{v}$ 在水平面之上,则 θ 为正,反之为负。

(2)弹道偏角 ψ:指导弹的速度矢量 $\boldsymbol{v}$ 在水平面 xAz 上的投影 Ox' 与 Ax 轴之间的夹角,沿 Ay 轴向下看,当 Ax 轴逆时针方向转到投影线 Ox' 上时,弹道偏角 ψ_v 为正,反之为负。

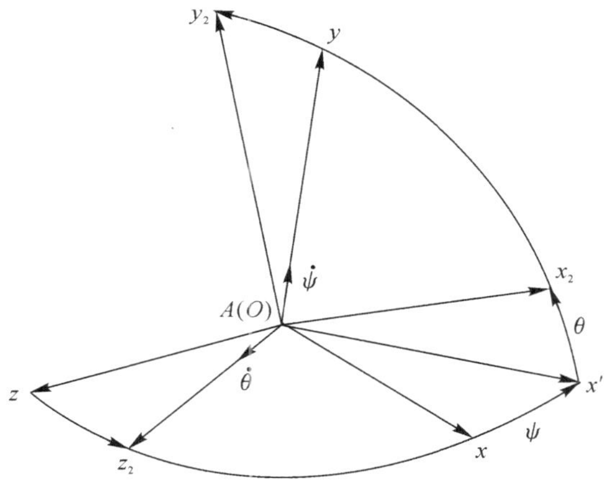

图 2-1　坐标系 $A\text{-}xyz$ 与 $O\text{-}x_2y_2z_2$ 的相对关系

显然,地面坐标系到弹道坐标系的变换矩阵可通过两次旋转求得。首先将地面坐标系绕 Ay 轴旋转一个 ψ 角,组成过渡坐标系 $A\text{-}x'yz_2$,得到基元旋转矩阵为

$$\boldsymbol{L}_y(\psi_v)=\begin{pmatrix}\cos\psi_v & 0 & -\sin\psi_v\\ 0 & 1 & 0\\ \sin\psi_v & 0 & \cos\psi_v\end{pmatrix}\tag{2.1}$$

然后,使过渡坐标系 $A\text{-}x'yz_2$ 绕 Az_2 轴旋转一个 θ 角,基元旋转矩阵为

$$\boldsymbol{L}_z(\theta)=\begin{pmatrix}\cos\theta & \sin\theta & 0\\ -\sin\theta & \cos\theta & 0\\ 0 & 0 & 1\end{pmatrix}\tag{2.2}$$

因此,地面坐标系与弹道坐标系之间的变换矩阵为

$$\begin{aligned}\boldsymbol{L}(\psi_v,\theta)&=\boldsymbol{L}_z(\theta)\boldsymbol{L}_y(\psi_v)\\ &=\begin{pmatrix}\cos\theta\cos\psi_v & \sin\theta & -\cos\theta\sin\psi_v\\ -\sin\theta\cos\psi_v & \cos\theta & \sin\theta\sin\psi_v\\ \sin\psi_v & 0 & \cos\psi_v\end{pmatrix}\end{aligned}$$

若已知地面坐标系 $A\text{-}xyz$ 中的列矢量 $[x,y,z]^{\mathrm{T}}$,求在弹道坐标系 $O\text{-}x_2y_2z_2$ 各轴上的分量 x_2,y_2,z_2,则利用上式可得

$$\begin{pmatrix}x_2\\ y_2\\ z_2\end{pmatrix}=\boldsymbol{L}(\psi_v,\theta)\begin{pmatrix}x\\ y\\ z\end{pmatrix}\tag{2.3}$$

它们之间的相互方位可由两个角度确定,即弹道倾角 θ 和弹道偏角 ψ。弹道倾角 θ 定

义为拦截弹的速度矢量与水平面之间的夹角，弹道偏角 ψ 定义为拦截弹的速度矢量在水平面上的投影与 O_1x_1 轴之间的夹角。地面坐标系与弹道坐标系之间的转换矩阵 $\boldsymbol{L}_{12}$ 为

$$\boldsymbol{L}_{12}=\begin{pmatrix}\cos\theta\cos\psi & \cos\theta\sin\psi & -\sin\theta \\ -\sin\psi & \cos\psi & 0 \\ \sin\theta\cos\psi & \sin\theta\sin\psi & \cos\theta\end{pmatrix} \tag{2.4}$$

2. 地心惯性坐标系 $O_5-x_5y_5z_5$ 与地心旋转坐标系 $O_6-x_6y_6z_6$ 之间的转换

由两个坐标系的定义可知，O_5z_5 轴与 O_6z_6 轴相重合，O_5x_5 轴与 O_6x_6 轴之间的夹角可以通过天文年历表查算得到，记为 Ω，则地心惯性坐标系与地心旋转坐标系之间的转换矩阵 $\boldsymbol{L}_{56}$ 为

$$\boldsymbol{L}_{56}=\begin{pmatrix}\cos\Omega & \sin\Omega & 0 \\ -\sin\Omega & \cos\Omega & 0 \\ 0 & 0 & 1\end{pmatrix} \tag{2.5}$$

3. 地心旋转坐标系 $O_6-x_6y_6z_6$ 与当地铅垂坐标系 $O_8-x_8y_8z_8$ 之间的转换

假定地球为均匀圆球，拦截弹所在的纬度 φ 为地心和拦截弹质心连线与赤道平面的夹角，经度 φ 为地心和拦截弹质心连线在赤道平面的投影与 O_6x_6 之间的夹角，则地心旋转坐标系与当地铅垂坐标系之间的转换矩阵 $\boldsymbol{L}_{68}$ 为

$$\boldsymbol{L}_{68}=\begin{pmatrix}-\sin\varphi\cos\varphi & -\sin\varphi\sin\varphi & \cos\varphi \\ -\sin\varphi & \cos\varphi & 0 \\ -\cos\varphi\cos\varphi & -\sin\varphi\cos\varphi & -\sin\varphi\end{pmatrix} \tag{2.6}$$

4. 弹道坐标系 $O_2-x_2y_2z_2$ 与速度坐标系 $O_3-x_3y_3z_3$ 之间的转换

由这两个坐标系的定义可知，Ox_2 轴和 Ox_3 轴都与速度矢量 $\boldsymbol{v}$ 重合，因此，它们之间的相互方位只用一个角参数 γ_v 即可确定。γ_v 称为速度滚转角，定义为位于导弹纵向对称平面 x_1Oy_1 内的 Oy_3 轴与包含速度矢量 $\boldsymbol{v}$ 的铅垂面之间的夹角（Oy_2 轴与 Oy_3 轴的夹角），沿着速度方向（从导弹尾部）看，Oy_2 轴顺时针方向转到 Oy_3 轴时，γ_v 为正，反之为负（见图 2－2）。

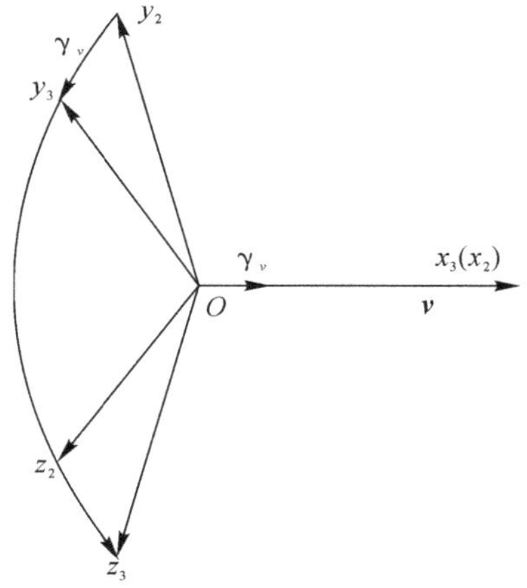

图 2－2　坐标系 A-xyz 与 O_2-$x_2y_2z_2$ 的相对关系

这两个坐标系之间的变换矩阵就是绕 Ox_2 轴旋转 γ_v 角所得的基元旋转矩阵，即

$$\boldsymbol{L}(\gamma_v)=\boldsymbol{L}_x(\gamma_v)=\begin{pmatrix}1 & 0 & 0\\0 & \cos\gamma_v & \sin\gamma_v\\0 & -\sin\gamma_v & \cos\gamma_v\end{pmatrix}$$

应用上式，可将弹道坐标系中的坐标分量变换到速度坐标系中去，即

$$\begin{pmatrix}x_3\\y_3\\z_3\end{pmatrix}=\boldsymbol{L}(\gamma_v)\begin{pmatrix}x_2\\y_2\\z_2\end{pmatrix}$$

弹道坐标系 $O_2-x_2y_2z_2$ 与速度坐标系 $O_3-x_3y_3z_3$ 通过倾侧角 σ 相联系。倾侧角 σ 定义为拦截弹纵向对称平面内的 O_3z_3 轴与包含速度矢量的铅垂面之间的夹角。弹道坐标系与速度坐标系之间的转换矩阵 $\boldsymbol{L}_{23}$ 为

$$\boldsymbol{L}_{23}=\begin{pmatrix}1 & 0 & 0\\0 & \cos\sigma & \sin\sigma\\0 & -\sin\sigma & \cos\sigma\end{pmatrix}\tag{2.7}$$

5. 弹体坐标系 $O_2-x_2y_2z_2$ 与速度坐标系 $O_3-x_3y_3z_3$ 之间的转换

根据这两个坐标系的定义（见 2.1.1 节），弹体坐标系 $O-x_1y_1z_1$ 相对于速度坐标系 $O-x_3y_3z_3$ 的方位，完全由攻角 α 和侧滑角 β 来确定。

根据攻角 α 和侧滑角 β 的定义，首先将速度坐标系 $O-x_3y_3z_3$ 绕 Oy_3 轴旋转一个 β 角，得到过渡坐标系 $O-x'y_3z_1$（见图 2-3），其基元旋转矩阵为

$$\boldsymbol{L}_y(\beta)=\begin{pmatrix}\cos\beta & 0 & -\sin\beta\\0 & 1 & 0\\\sin\beta & 0 & \cos\beta\end{pmatrix}$$

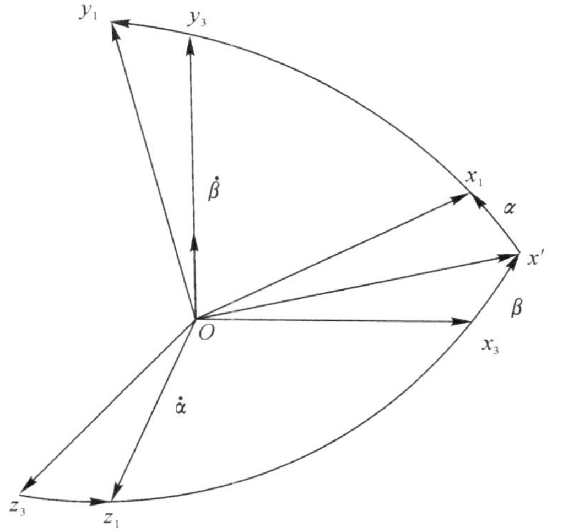

图 2-3 弹体坐标系 $O_1-x_1y_1z_1$ 与速度坐标系 $O_2-x_2y_2z_2$ 的相对关系

然后，再将坐标系 $O-x'y_3z_1$ 绕 Oz_1 轴旋转一个 α 角，即得到弹体坐标系 $O-x_1y_1z_1$，

对应的基元旋转矩阵为

$$\boldsymbol{L}_z(\alpha)=\begin{pmatrix}\cos\alpha & \sin\alpha & 0\\ -\sin\alpha & \cos\alpha & 0\\ 0 & 0 & 1\end{pmatrix}$$

因此，速度坐标系 $O\text{-}x_3y_3z_3$ 到弹体坐标系 $O\text{-}x_1y_1z_1$ 的变换矩阵可写成

$$\boldsymbol{L}(\beta,\alpha)=\boldsymbol{L}_z(\alpha)\boldsymbol{L}_y(\beta)=\begin{pmatrix}\cos\alpha\cos\beta & \sin\alpha & -\cos\alpha\sin\beta\\ -\sin\alpha\cos\beta & \cos\alpha & \sin\alpha\sin\beta\\ \sin\beta & 0 & \cos\beta\end{pmatrix}$$

利用上式，可将速度坐标系中的分量 x_3,y_3,z_3 转换到弹体坐标系中，即

$$\begin{pmatrix}x_1\\ y_1\\ z_1\end{pmatrix}=\boldsymbol{L}(\beta,\alpha)\begin{pmatrix}x_3\\ y_3\\ z_3\end{pmatrix} \tag{2.8}$$

2.2 拦截弹运动受力环境分析

和其他导弹一样，在飞行过程中，作用在面空导弹上的力主要有空气动力、发动机推力和重力。

空气动力(简称气动力)是空气对在其中运动的物体的作用力。当可压缩的黏性气流流过导弹各部件的表面时：由于整个表面上压强分布的不对称，出现了压强差；空气对导弹表面又有黏性摩擦，产生黏性摩擦力。这两部分力合在一起，就形成了作用在导弹上的空气动力。

推力是发动机工作时，发动机内燃气流高速喷出，从而在导弹上形成与喷流方向相反的作用力，它是导弹飞行的动力。

作用于导弹上的重力，严格地说，应是地心引力和因地球自转所产生的离心惯性力的合力。

2.2.1 大气环境

拦截弹的气动/气热性能与其所飞行的空域大气环境具有十分紧密的联系，确定周围大气状态对于精确计算拦截弹的气动参数和约束指标具有重要意义。采用不同弹道形态的面空导弹，作战空域飞行高度不同。考虑典型的高抛弹道通常从地面发射，经助推火箭加速至数万米高空，然后经自由飞行段进入稀薄大气层，最后由高空再入对目标进行打击，飞行空域跨度大，周围大气环境变化复杂。为准确描述中制导过程中的大气环境变化，本书采用具有双参数的大气指数模型。空气密度 ρ 可以表示为关于拦截弹海拔高度 h 的函数$\rho(h)$，即

$$\rho(h)=\rho_0\mathrm{e}^{-h/H} \tag{2.9}$$

式中：拦截弹海拔高度 $h=r-r_e$，$r_e=6\ 371.2$ km 为地球半径；$\rho_0=1.226$ kg/m^3 为海平面

大气密度；$H=7254.24$ m 为参考高度。

2.2.2　重力环境

由于中远程或远程面空导弹飞行空域跨度范围变大，在研究其运动规律时，不能再将重力加速度简单地视为常值，而应该描述为关于拦截弹地心矢径的函数。若将地球看成是质量分布均匀的圆球，根据牛顿万有引力定律可知，地球外一质点 m 受到地球的引力为

$$\boldsymbol{F}=-\frac{GMm}{r^2}\frac{\boldsymbol{r}}{r} \tag{2.10}$$

式中：GM 是地球引力常数；G 为万有引力常数，大小为 $6.670\times10^{-11}\mathrm{N}\cdot\mathrm{m}^2/\mathrm{kg}^2$；$\boldsymbol{r}$ 是质点相对于地心的位置矢径，$\boldsymbol{r}=[x,y,z]^{\mathrm{T}}$；$\boldsymbol{F}$ 为万有引力，负号表示该力是相互吸引的。质点 m 受 M 的引力加速度为

$$a=-\frac{GM}{r^2}\frac{\boldsymbol{r}}{r} \tag{2.11}$$

一个质点的引力势能 V 可理解为质点从 $\boldsymbol{r}$ 处运动到无穷远处克服引力所做的功，即

$$V=\int_0^{\infty}\mu_r-\frac{GMm}{r^3}\boldsymbol{r}\cdot\mathrm{d}\boldsymbol{r}=-\frac{GMm}{r}$$

则引力位 U 可定义为

$$U=-\frac{V}{m}=\frac{GM}{r}$$

若地面上质点 m 相对于地球是静止的，考虑到惯性离心力，则重力位 W 为引力位与离心力位之和，即

$$W=U+\frac{1}{2}\omega^2r^2\cos^2\varphi=\frac{GM}{r}+\frac{1}{2}\omega^2r^2\cos^2\varphi$$

式中：ω 为地球自转角速率；φ 为质点 m 所在位置的纬度。m 受 M 的重力加速度可用重力位 W 的梯度计算，即

$$g=\mathrm{grad}(W)=\left[\frac{\partial W}{\partial\boldsymbol{r}}\right]^{\mathrm{T}}=-\frac{GM}{r^2}\frac{\boldsymbol{r}}{r}-\boldsymbol{\omega}\times(\boldsymbol{\omega}\times\boldsymbol{r}) \tag{2.12}$$

式中：右边第一项是地球引力加速度；第二项是牵连惯性加速度，或称为惯性离心加速度。

实际上地球形状不是一个正球体，而是一个近似的椭球体，而且地球内部质量分布也不均匀。地球非球形部分的引力对卫星的运动产生很大的影响，称为地球非球形引力摄动。要精确地计算引力位函数，则必须知道地球表面的形状和地球内部的密度分布，才能计算该积分，这在目前还是很难做到的，通常应用球谐函数展开式可导出地球的引力位表达式，即

$$U=\frac{GM}{r}\sum_{n=0}^{s}\sum_{m=0}^{n}\left(\frac{R_{\mathrm{E}}}{r}\right)^n[C_{n,m}\cos m\lambda+S_{n,m}\sin m\lambda]P_{n,m}(\sin\varphi)$$

式中：r、φ、λ 分别为某质点的地心距离、地心纬度和地心经度，即此点的球坐标为 $\rho=[r,\varphi,\lambda]^{\mathrm{T}}$；$R_{\mathrm{E}}$ 是地球赤道半径；$(C_{n,m},S_{n,m})$ 为球谐系数；$P_{n,m}(\sin\varphi)$ 为第一类勒让德(Legendre)多项式；n、m 为缔结勒让德多项式的阶和级，理论上 n 模型阶数可取无穷，而实

际计算时截断到 s 阶。引力常数 GM、赤道半径、球谐系数的组合称为引力场模型。

改写成另一形式：

$$U=\frac{GM}{r}\left[\sum_{n=2}^{s}J_n\left(\frac{R_E}{r}\right)^n P_n(\sin\varphi)+\sum_{n=2}^{s}\sum_{m=1}^{n}\left(\frac{R_E}{r}\right)^n J_{n,m}\cdot\cos m(\lambda-\lambda_{nm})\cdot P_{n,m}(\sin\varphi)\right]$$

其物理意义可理解为：①右端第一项即为地球为圆球时所具有的引力位。②右端第二项只与纬度有关，称作带谐项，它是将地球描述成许多凸形和凹形的带，用以对地球是球形所得引力位的修正，该项又称为带谐函数。③右端第三项中，$n=m$ 的部分，则为将地球描述成凸凹的扇形，也是修正项，该部分称为扇谐项或扇谐函数。$n\neq m$ 的部分，将地球描述成凸凹相间如同棋盘图形，用以对第一项修正，该部分称为田谐项或田谐函数。

2.2.3 推力

推力是导弹飞行的动力。面空导弹通常采用固体火箭发动机作为动力装置。固体火箭发动机的推力可在地面试验台上测定，推力的表达式为

$$P=m_s\mu_c+S_a(p_a-p_H) \tag{2.13}$$

式中：m_s 为单位时间内的燃料消耗量；μ_e 为燃气介质相对弹体的喷出速度；S_a 为发动机喷管出口处的横截面积；p_a 为发功机喷管出口处燃气流的压强；p_H 为导弹所处高度的大气压强。

由式(2.13)可以看出，火箭发动机推力的大小主要取决于发动机性能参数，也与导弹的飞行高度有关，而与导弹的飞行速度无关。式(2.13)中：第一项是由燃气介质高速喷出而产生的推力，称为动力学推力或动推力；第二项是由发动机喷管截面处的燃气流压强 p_a 与大气压强 p_H 的压差引起的推力，一般称为静力学推力或静推力，它与导弹的飞行高度有关。

空气喷气发动机的推力，不仅与导弹飞行高度有关，还与导弹的飞行速度 $\boldsymbol{v}$、攻角 α、侧滑角 β 等运动参数有关。

发动机推力 $\boldsymbol{P}$ 的作用方向，一般情况下是沿弹体纵轴 Ox_1 并通过导弹的质心，因此不存在推力矩，即 $\boldsymbol{M}_p=0$。推力矢量 $\boldsymbol{P}$ 在弹体坐标系 $O\text{-}x_1y_1z_1$ 各轴上的投影分量可写成

$$\begin{pmatrix}P_{x_1}\\P_{y_1}\\P_{z_1}\end{pmatrix}=\begin{pmatrix}P\\0\\0\end{pmatrix} \tag{2.14}$$

2.2.4 气动力环境

空气动力 $\boldsymbol{R}$ 沿速度坐标系分解为三个分量，分别称为阻力 X(沿 Ox_3 轴负向定义为正)、升力 Y(沿 Oy_3 轴正向定义为正)和侧向力 Z(沿 Oz_3 轴正向定义为正)。试验分析表明，空气动力的大小与来流的动压头 q 和导弹的特征面积(又称参考面积)S 成正比，即

$$\left.\begin{aligned} X&=C_x qS \\ Y&=C_y qS \\ Z&=C_z qS \\ q&=\frac{1}{2}\rho v^2 \end{aligned}\right\} \tag{2.15}$$

式中：C_x、C_y、C_z 为无量纲比例系数，分别称为阻力系数、升力系数和侧向力系数（总称为气动力系数）；ρ 为空气密度；v 为导弹飞行速度；S 为参考面积，通常取弹翼面积或弹身最大横截面积。

由式(2.15)看出，在导弹外形尺寸、飞行速度和高度（影响空气密度）给定（即 qS 给定）的情况下，研究导弹飞行中所受的气动力，可简化成研究这些气动力的系数 C_x、C_y、C_z。

2.2.5　升力

导弹的升力可以看成是弹翼、弹身、尾翼（或舵面）等各部件产生的升力之和，再加上各部件之间的相互干扰所引起的附加升力。弹翼是提供升力的最主要部件，而导弹的尾翼（或舵面）和弹身产生的升力较小。全弹升力 Y 的计算公式为

$$Y=C_y\frac{1}{2}\rho v^2 S \tag{2.16}$$

在导弹气动布局和外形尺寸给定的条件下，升力系数 C_y 基本上取决于马赫数 Ma、攻角 α 和升降舵的舵面偏转角 δ_z（简称舵偏角，按照通常的符号规则，升降舵的后缘相对于中立位置向下偏转时，舵偏角定义为正），即

$$C_y=f(Ma,\alpha,\delta_z) \tag{2.17}$$

在攻角和舵偏角不大的情况下，升力系数可以表示为 α 和 δ_z 的线性函数，即

$$C_y=C_{y0}+C_y^{\alpha}\alpha+C_y^{\delta_z}\delta_z \tag{2.18}$$

式中：C_{y0} 为攻角和升降舵偏角均为零时的升力系数，简称零升力系数，主要是由导弹气动外形不对称产生的。

对于气动外形轴对称的导弹而言，$C_{y0}=0$，于是有

$$C_y=C_y^{\alpha}\alpha+C_y^{\delta_z}\delta_z \tag{2.19}$$

式中：$C_y^{\alpha}=\partial C_y/\partial\alpha$ 为升力系数对攻角的偏导数，又称升力线斜率，它表示当攻角变化单位角度时升力系数的变化量；$C_y^{\delta_z}=\partial C_y/\partial\delta_z$ 为升力系数对舵偏角的偏导数，它表示当舵偏角变化单位角度时，升力系数的变化量。

当导弹外形尺寸给定时，C_y^{α}、$C_y^{\delta_z}$ 则是马赫数 Ma 的函数。C_y^{α} 与马赫数的函数关系如图 2-4 所示，$C_y^{\delta_z}-Ma$ 的关系曲线与此相似。

当马赫数 Ma 固定时，升力系数 C_y 随着攻角 α 的增大而呈线性增大，但升力曲线的线性关系只能保持在攻角不大的范围内，而且，随着攻角的继续增大，升力线斜率可能还会下降。当攻角增至一定程度时，升力系数将达到其极值。与极值相对应的攻角，称为临界攻角。超过临界攻角以后，由于气流分离迅速加剧，升力急剧下降，这种现象称为失速（见图

2－5）。

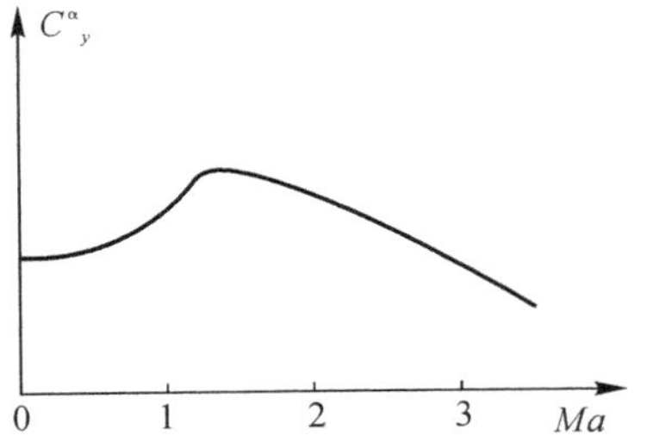

图 2－4　$C_y^\alpha=f(Ma)$关系曲线

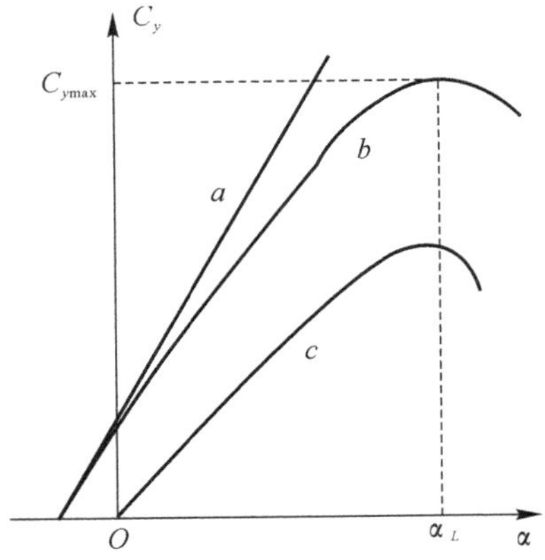

图 2－5　升力曲线示意图

必须指出，确定升力系数，还应考虑导弹的气动布局和舵偏角的偏转方向等因素。系数 C_y^α 和 $C_y^{\delta_z}$ 的数值可以通过理论计算得到，也可由风洞试验或飞行试验确定。在已知系数 C_y^α 和 $C_y^{\delta_z}$、飞行高度 H（用于确定空气密度 ρ）和速度 v，以及导弹的飞行攻角 α 和舵偏角 δ_z 之后，就可以确定升力的大小，即

$$Y=Y_0+(C_y^\alpha\alpha+C_y^{\delta_z}\delta_z)\frac{\rho v^2}{2}S$$

或写成

$$Y=Y_0+Y^\alpha\alpha+Y^{\delta_z}\delta_z \tag{2.20}$$

式中：$Y^\alpha=C_y^\alpha\dfrac{\rho v^2}{2}S$；$Y^{\delta_z}=C_y^{\delta_z}\dfrac{\rho v^2}{2}S$。

因此，对于给定的导弹气动布局和外形尺寸，升力可以看作是四个参数：导弹速度、飞行高度、飞行攻角和升降舵偏角的函数。

2.2.6　侧向力

侧向力（简称侧力）Z 与升力 Y 类似，在导弹气动布局和外形尺寸给定的情况下，侧向力系数基本上取决于马赫数 Ma、侧滑角 β 和方向舵的偏转角 δ_y（后缘向右偏转为正）。当 β、δ_y 较小时，侧向力系数 C_z 可以表示为

$$C_z=C_z^\beta\beta+C_z^{\delta_y}\delta_y \tag{2.21}$$

根据所采用的符号规则，正的 β 值对应于负的 C_z 值，正的 δ_y 值也对应于负的 C_z 值，因此，系数 C_z^β 和 $C_z^{\delta_y}$ 永远是负值。

对于气动轴对称的导弹，侧向力的求法和升力是相同的。将导弹看作是绕 Ox_3 轴转过了 90°，这时侧滑角将起攻角的作用，方向舵偏角 δ_y 起升降舵偏角 δ_z 的作用，而侧向力则起升力的作用（见图 2－6）。由于所采用的符号规则不同，所以在计算公式中应该用 $-\beta$ 代替

α，而用$-\delta_y$ 代替δ_z，于是对气动轴对称的导弹，有

$$\begin{cases} C_z^{\beta} = -C_y^{\alpha} \\ C_z^{\delta_y} = -C_y^{\delta_z} \end{cases}$$

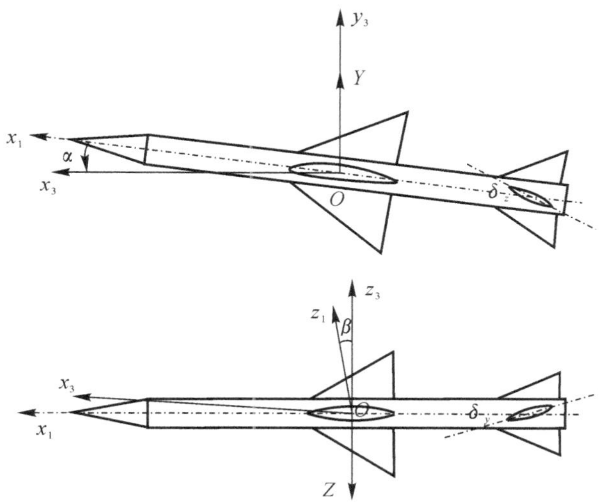

图 2-6　导弹的升力和侧向力

2.2.7　阻力

作用在导弹上的空气动力在速度方向的分量称为阻力，它总是与速度方向相反，起阻碍导弹运动的作用。阻力受空气的黏性影响最为显著，用理论方法计算阻力必须考虑空气黏性的影响。但无论采用理论方法还是风洞试验方法，要想求得精确的阻力都比较困难。

导弹阻力的计算方法是，先分别计算出弹翼、弹身、尾翼（或舵面）等部件的阻力，再求和，然后加以适当的修正（一般是放大 10%）。

导弹的空气阻力通常分成两部分来进行研究。与升力无关的部分称为零升阻力（即升力为零时的阻力）；另一部分取决于升力的大小，称为诱导阻力，即导弹的空气阻力为

$$X = X_0 + X_i$$

式中：X_0 为零升阻力；X_i 为诱导阻力。

零升阻力包括摩擦阻力和压差阻力，是由于气体的黏性引起的。在超声速情况下，空气还会产生另一种形式的压差阻力——波阻。大部分诱导阻力是由弹翼产生的，弹身和舵面产生的诱导阻力较小。

必须指出，当有侧向力时，与侧向力大小有关的那部分阻力也是诱导阻力。影响诱导阻力的因素与影响升力和侧力的因素相同。计算分析表明，导弹的诱导阻力近似地与攻角、侧滑角的二次方成正比。

定义阻力系数为

$$C_x = \frac{X}{\frac{1}{2}\rho v^2 S}$$

相应地，阻力系数也可表示成两部分，即

$$C_x = C_{x0} + C_{xi} \tag{2.22}$$

式中：C_{x0} 为零升阻力系数；C_{xi} 为诱导阻力系数。

阻力系数 C_x 可通过理论计算或实验确定。在导弹气动布局和外形尺寸给定的条件下，C_x 主要取决于马赫数 Ma、雷诺数 Re、攻角 α 和侧滑角 β，在给定 α 和 β 的情况下，C_x - Ma 的关系曲线如图 2-7 所示。当 Ma 接近于 1 时，阻力系数急剧增大。这种现象可由在导弹的局部地方和头部形成的激波来解释，即这些激波产生了波阻。随着马赫数的增加，阻力系数 C_x 逐渐减小。

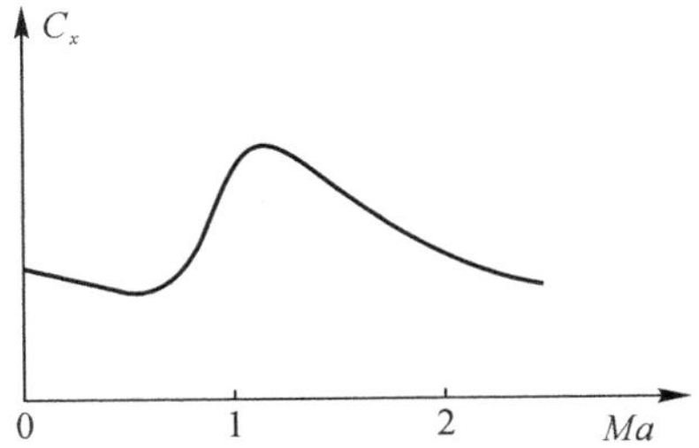

图 2-7　$C_x = f(Ma)$关系曲线

因此，在导弹气动布局和外形尺寸给定的情况下，阻力随着导弹的速度、攻角和侧滑角的增大而增大。但是，随着飞行高度的增加，阻力将减小。

2.3　拦截弹动力学建模

根据牛顿运动定律，导弹的运动由其质心运动和绕其质心的转动所组成。为了能够简捷地获得导弹的飞行弹道及其主要的飞行特性，本书暂不考虑导弹绕质心的转动，基于“瞬时平衡”假设，认为导弹控制系统无误差地工作，在整个飞行期间的任一瞬时都处于平衡状态，进而可将导弹当作一个可操纵质点来研究。

拦截弹在三维空间运动过程中一般被看作为一个变质量的质点系。根据牛顿第二定律，可以得到拦截弹在地球惯性坐标系下的质心动力学方程的一般形式为

$$m\frac{\mathrm{d}^2 \boldsymbol{r}}{\mathrm{d}t^2} = T + F + m\boldsymbol{g} \tag{2.23}$$

式中：m 为拦截弹的质量；$\boldsymbol{r}$ 为拦截弹质心与地球球心之间的矢量；T 为发动机推力；F 为气动力；$\boldsymbol{g}$ 为拦截弹质心位置所受到的重力加速度矢量。

式(2.23)给出了地球惯性坐标系下的拦截弹质心运动方程的表达式，形式相对简洁，但是并不易于数值求解，工程设计人员更多的是考虑以地心旋转坐标系为参考，建立拦截弹的运动方程。由于地心旋转坐标系为动坐标系，其相对于地球惯性坐标系的旋转角速度为

$\omega=7.292\ 116\times10^{-5}$ rad/s,根据求导法则可以得到

$$m\frac{\mathrm{d}^2\boldsymbol{r}}{\mathrm{d}t^2}=m\frac{\delta^2\boldsymbol{r}}{\delta t^2}+2m\boldsymbol{\omega}\times\frac{\delta\boldsymbol{r}}{\delta t}+m\boldsymbol{\omega}\times(\boldsymbol{\omega}\times\boldsymbol{r}) \tag{2.24}$$

将式(2.24)代入式(2.23)并进行整理可以得到地心旋转坐标系下的拦截弹运动方程表达形式为

$$m\frac{\delta^2\boldsymbol{r}}{\delta t^2}=\boldsymbol{T}+\boldsymbol{F}+m\boldsymbol{g}-2m\boldsymbol{\omega}\times\frac{\delta\boldsymbol{r}}{\delta t}-m\boldsymbol{\omega}\times(\boldsymbol{\omega}\times\boldsymbol{r}) \tag{2.25}$$

其中,一般将 $-2m\boldsymbol{\omega}\times(\delta\boldsymbol{r}/\delta t)$ 称为哥式惯性力,且定义 $2\boldsymbol{\omega}\times(\delta\boldsymbol{r}/\delta t)$ 为哥式加速度,将 $-m\boldsymbol{\omega}\times(\boldsymbol{\omega}\times\boldsymbol{r})$ 称为离心惯性力,且定义 $\boldsymbol{\omega}\times(\boldsymbol{\omega}\times\boldsymbol{r})$ 为牵连加速度。$\delta\boldsymbol{r}/\delta\boldsymbol{t}$ 为拦截弹地心矢量相对于地心旋转坐标系的变化率,将其定义为拦截弹相对于地心旋转坐标系的速度矢量,记为 $\boldsymbol{v}$。式(2.25)可以进一步表示为

$$m\frac{\mathrm{d}\boldsymbol{v}}{\mathrm{d}t}=\boldsymbol{T}+\boldsymbol{F}+m\boldsymbol{g}-2m\boldsymbol{\omega}\times\boldsymbol{v}-m\boldsymbol{\omega}\times(\boldsymbol{\omega}\times\boldsymbol{r}) \tag{2.26}$$

令 $\boldsymbol{i}$、$\boldsymbol{j}$ 和 $\boldsymbol{k}$ 分别表示当地铅垂坐标系 $O_8-x_8y_8z_8$ 的 O_8x_8、O_8y_8 和 O_8z_8 三个轴向的单位矢量,那么拦截弹的地心矢量 $\boldsymbol{r}$,速度矢量 $\boldsymbol{v}$ 以及旋转角速度 $\boldsymbol{\omega}$ 可以表示为

$$\boldsymbol{r}=r\boldsymbol{i} \tag{2.27}$$

$$\boldsymbol{v}=v\sin\theta\boldsymbol{i}+v\cos\theta\sin\psi\boldsymbol{j}+v\cos\theta\cos\psi\boldsymbol{k} \tag{2.28}$$

$$\boldsymbol{\omega}=\omega\sin\varphi\boldsymbol{i}+\omega\cos\varphi\boldsymbol{k} \tag{2.29}$$

通过式(2.27)~式(2.29)可以得到哥式加速度 $2\boldsymbol{\omega}\times(\delta\boldsymbol{r}/\delta t)$、牵连加速度 $\boldsymbol{\omega}\times(\boldsymbol{\omega}\times\boldsymbol{r})$ 以及重力加速度 $\boldsymbol{g}$ 的表达式为

$$\begin{aligned}2m\boldsymbol{\omega}\times\boldsymbol{v}=&2\omega v\cos\theta\cos\varphi\sin\psi\boldsymbol{i}+2\omega v(\sin\theta\cos\varphi-\cos\theta\sin\varphi\cos\psi)\boldsymbol{j}+\\&2\omega V\cos\theta\sin\varphi\sin\psi\boldsymbol{k}\end{aligned} \tag{2.30}$$

$$\boldsymbol{\omega}\times(\boldsymbol{\omega}\times\boldsymbol{r})=-\omega^2r\cos^2\varphi\boldsymbol{i}+\omega^2r\sin\varphi\cos\varphi\boldsymbol{k} \tag{2.31}$$

$$\boldsymbol{g}=g\boldsymbol{i} \tag{2.32}$$

式中:ω、v 和 g 分别表示角速度值、速度值以及重力加速度值。

气动力 F 一般建立在准速度坐标系 $O_7-x_7y_7z_7$ 下,将气动力 F 分解为与速度方向相反的阻力 D 以及与速度方向垂直的升力 L,然后将发动机推力 T 沿速度方向与速度切向进行分解,将分解后的力与气动力进行合并,可以得到

$$F_{\mathrm{T}}=T\cos\alpha-D \tag{2.33}$$

$$F_{\mathrm{N}}=T\sin\alpha+L \tag{2.34}$$

式中:α 为拦截弹的攻角,定义为拦截弹速度方向与弹体之间的夹角。拦截弹所受到的阻力 D 和升力 L 的计算式为

$$D=\frac{1}{2}\rho v^2C_DS \tag{2.35}$$

$$L=\frac{1}{2}\rho v^2C_LS \tag{2.36}$$

式中:ρ 为拦截弹所在大气环境下的空气密度;S 为拦截弹受力参考面积;C_D 和 C_L 分别为拦截弹的阻力系数和升力系数。

将准速度坐标系 $O_7-x_7y_7z_7$ 下得到的合力 F_{T} 和 F_{N} 转换到当地铅垂坐标系 O_8-

$x_8y_8z_8$ 下可以得到

$$\boldsymbol{F}_{\mathrm{T}}=F_{\mathrm{T}}\sin\theta\boldsymbol{i}+F_{\mathrm{T}}\cos\theta\sin\psi\boldsymbol{j}+F_{\mathrm{T}}\cos\theta\cos\psi\boldsymbol{k} \tag{2.37}$$

$$\begin{aligned}\boldsymbol{F}_{\mathrm{N}}=&F_{\mathrm{N}}\cos\gamma_v\cos\theta\boldsymbol{i}-(F_{\mathrm{N}}\cos\gamma_v\sin\theta\sin\psi+F_{\mathrm{N}}\sin\gamma_v\cos\psi)\boldsymbol{j}-\\&(F_{\mathrm{N}}\cos\gamma_v\sin\theta\cos\psi-F_{\mathrm{N}}\sin\gamma_v\sin\psi)\boldsymbol{k}\end{aligned} \tag{2.38}$$

根据当地铅垂坐标系 $O_8-x_8y_8z_8$ 与地心旋转坐标系 $O_6-x_6y_6z_6$ 之间的转换矩阵 $\boldsymbol{L}_{68}$，可以得到当地铅垂坐标系 $O_8-x_8y_8z_8$ 相对于地心旋转坐标系 $O_6-x_6y_6z_6$ 的角速度 $\boldsymbol{\Omega}$ 表示为

$$\boldsymbol{\Omega}=\begin{bmatrix}\cos\varphi & 0 & \sin\varphi\\ 0 & 1 & 0\\ -\sin\varphi & 0 & \cos\varphi\end{bmatrix}\begin{bmatrix}0\\0\\\dot{\varphi}\end{bmatrix}+\begin{bmatrix}0\\-\dot{\varphi}\\0\end{bmatrix}=\dot{\varphi}\sin\varphi\boldsymbol{i}-\dot{\varphi}\boldsymbol{j}+\dot{\varphi}\cos\varphi\boldsymbol{k} \tag{2.39}$$

则 $\boldsymbol{i}$、$\boldsymbol{j}$ 和 $\boldsymbol{k}$ 相对于地心旋转坐标系的时间导数可以表示为

$$\frac{\mathrm{d}\boldsymbol{i}}{\mathrm{d}t}=\boldsymbol{\Omega}\times\boldsymbol{i}=\dot{\varphi}\cos\varphi\boldsymbol{j}+\dot{\varphi}\boldsymbol{k} \tag{2.40}$$

$$\frac{\mathrm{d}\boldsymbol{j}}{\mathrm{d}t}=\boldsymbol{\Omega}\times\boldsymbol{j}=-\dot{\varphi}\cos\varphi\boldsymbol{i}+\dot{\varphi}\sin\varphi\boldsymbol{k} \tag{2.41}$$

$$\frac{\mathrm{d}\boldsymbol{k}}{\mathrm{d}t}=\boldsymbol{\Omega}\times\boldsymbol{k}=-\dot{\varphi}\boldsymbol{i}-\dot{\varphi}\sin\varphi\boldsymbol{j} \tag{2.42}$$

对式(2.27)进行求导并将式(2.40)～式(2.42)代入，可以得到以下表达式：

$$\frac{\mathrm{d}\boldsymbol{r}}{\mathrm{d}t}=\dot{r}\boldsymbol{i}+r\dot{\varphi}\cos\varphi\boldsymbol{j}+r\dot{\varphi}\boldsymbol{k}=\boldsymbol{v} \tag{2.43}$$

将式(2.43)和式(2.28)进行对比可以得到地心距离 r、经度 φ 和纬度 φ 的变化率为

$$\dot{r}=v\sin\theta \tag{2.44}$$

$$\dot{\varphi}=\frac{v\cos\theta\sin\psi}{r\cos\varphi} \tag{2.45}$$

$$\dot{\varphi}=\frac{v\cos\theta\cos\psi}{r} \tag{2.46}$$

对于式(2.44)进行求导，并将式(2.40)～式(2.42)代入，可以得到

$$\begin{aligned}\frac{\mathrm{d}v}{\mathrm{d}t}=&(\dot{v}\sin\theta+v\dot{\theta}\cos\theta-\frac{v^2}{r}\cos^2\theta)\boldsymbol{i}+[\dot{v}\cos\theta\sin\psi-v\dot{\theta}\sin\theta\cos\psi+\\&v\dot{\psi}\cos\theta\cos\psi+\frac{v^2}{r}\cos^2\theta\sin\psi(\sin\theta-\cos\theta\cos\psi\tan\varphi)]\boldsymbol{j}+\\&[\dot{v}\cos\theta\cos\psi-v\dot{\theta}\sin\theta\sin\psi+v\dot{\psi}\cos\theta\sin\psi+\\&\frac{v^2}{r}\cos^2\theta(\sin\theta\cos\psi-\cos\theta\sin^2\psi\tan\varphi)]\boldsymbol{k}\end{aligned} \tag{2.47}$$

将式(2.37)和式(2.38)代入式(2.26)，并与式(2.47)进行对比可以得到

$$\dot{v}=\frac{T\cos\alpha-D}{m}-g\sin\theta+\omega^2r\cos\varphi(\sin\theta\cos\varphi-\cos\theta\cos\psi\sin\varphi) \tag{2.48}$$

$$\dot{\theta}=\frac{(T\sin\alpha+L)\cos\sigma}{mv}-\frac{g\cos\theta}{v}+\frac{v\cos\theta}{r}+$$
$$2\omega v\sin\psi\cos\varphi+\omega^2 r\cos\varphi(\cos\theta\cos\varphi+\sin\theta\cos\psi\sin\varphi) \tag{2.49}$$
$$\dot{\psi}=\frac{(T\sin\alpha+L)\sin\sigma}{mv\cos\theta}+\frac{v\cos\theta\sin\psi\tan\varphi}{r}-$$
$$2\omega v(\tan\theta\cos\psi\cos\varphi-\sin\varphi)+\frac{\omega^2 r\sin\psi\sin\varphi\cos\varphi}{\cos\theta} \tag{2.50}$$

综上所述，拦截弹中制导段的运动模型可以表示为

$$\left.\begin{aligned}
&\dot{r}=v\sin\theta\\
&\dot{\varphi}=\frac{v\cos\theta\sin\psi}{r\cos\varphi}\\
&\dot{\varphi}=\frac{v\cos\theta\cos\psi}{r}\\
&\dot{v}=\frac{T\cos\alpha-D}{m}-g\sin\theta+\omega^2 r\cos\varphi(\sin\theta\cos\varphi-\cos\theta\cos\psi\sin\varphi)\\
&\dot{\theta}=\frac{(T\sin\alpha+L)\cos\sigma}{mv}-\frac{g\cos\theta}{v}+\frac{v\cos\theta}{r}+\\
&\quad 2\omega v\sin\psi\cos\varphi+\omega^2 r\cos\varphi(\cos\theta\cos\varphi+\sin\theta\cos\psi\sin\varphi)\\
&\dot{\psi}=\frac{(T\sin\alpha+L)\sin\sigma}{mv\cos\theta}+\frac{v\cos\theta\sin\psi\tan\varphi}{r}-\\
&\quad 2\omega v(\tan\theta\cos\psi\cos\varphi-\sin\varphi)+\frac{\omega^2 r\sin\psi\sin\varphi\cos\varphi}{\cos\theta}
\end{aligned}\right\} \tag{2.51}$$

2.4　拦截弹弹道设计问题描述

合理的弹道设计有利于提高拦截弹的飞行品质，达到有效拦截目标的目的，尤其是在应对高速机动目标带来的严峻挑战情形下，为有效对其进行拦截，弹道设计问题极为重要。弹道优化是弹道设计的重要内容，其主要任务是根据给定的战术技术指标建立拦截弹的运动方程组，并选择主要设计的参数，构造性能泛函，运用经典控制理论以及现代控制理论求解最优参数，从而得到拦截弹最优飞行弹道。拦截弹按照优化弹道飞行可以减轻其起飞质量，提高平均速度，减小需用过载，缩短拦截目标飞行时间，增大飞行航程，等等。

2.4.1　主动段弹道设计

主动段弹道设计主要是通过对程序俯仰角或攻角的设计来实现。

固体火箭发动机具有结构简单、存储方便、安全系数高、可靠性能好等诸多优点，是目前防空拦截武器系统中使用最广泛的动力装置类型。拦截弹的主动段主要指固体火箭发动机工作阶段，按照飞行过程来划分，拦截弹的主动段轨迹可以进一步分为两个阶段，即垂直上

升段和转弯段。

1. 垂直上升段

垂直上升段开始于拦截弹固体火箭发动机点火时刻。垂直上升段的工作时间应该合理选择，避免时间过长而增加速度的重力损失，或者因时间过短而未能确保发动机达到额定的工作状态，降低工作效率。垂直上升段的工作时间 t 主要取决于第一级固体火箭发动机的推重比 λ，根据经验式有

$$t=\sqrt{\frac{40}{\lambda-1}} \tag{2.52}$$

拦截弹在垂直上升段速度较低，稳定性较差，不宜加入控制，应保持当前弹道倾角垂直上升，因此在此阶段设定拦截弹的攻角 α 以及倾侧角 σ 保持为零。

2. 转弯段

转弯段承接垂直上升段，一直到拦截弹固体火箭发动机关机点。拦截弹在转弯段飞行过程中仍然处于稠密大气层内，要求保持尽可能小的攻角 α 来减小气动载荷以及超声速过程中可能带来的气动干扰，所以一般选取最大攻角为 $\alpha_{max}=2°\sim7°$。

对于采用两级发动机助推的导弹，在发动机不同助推级的交接阶段，特别是第一级发动机关机阶段，拦截弹在转弯段飞行过程中仍然处于稠密大气层内，要求保持尽可能小的攻角 α 来减小气动载荷以及超声速过程中可能带来的气动干扰。采用抛物线形式攻角设计，即

$$\alpha(t)=\begin{cases} C\left[\left(\dfrac{t-t_1}{t_2-t_1}\right)^2-2\dfrac{t-t_1}{t_2-t_1}\right], & t_1<t<t_2 \\ C\left[\left(\dfrac{2t_2-t_1-t}{t_2-t_1}\right)^2-2\dfrac{2t_2-t_1-t}{t_2-t_1}\right], & t_2<t<2t_2-t_1 \end{cases} \tag{2.53}$$

式中：C 为最大转弯攻角；$t_1=5$；t_1，t_2 分别为转弯开始时间以及结束时间。

考虑到级间分离条件，为了避免第一级助推火箭分离时攻角不为零产生的气动扰动，需要在第一级助推火箭分离前攻角减小到零。需要增加约束条件为

$$2t_2-t_1\leqslant t_{off1}$$

式中：t_{off1} 为第一级发动机的关机时间。

第二级发动机点火后，需要再次经历负攻角来压低弹道，进而压低高度来满足高度约束。指数形式的特点是下降快但收敛慢，而后半段很长一段时间都是在负攻角区域。基于这个特点，选择收敛较慢的指数形式能很好满足要求。另外，一般的弹道优化都具有终端约束，相比于抛物线形式最后严格归零，指数形式的攻角到最后时刻可以不收敛到零，这种形式有更大的设计裕度来满足终端约束要求。

$$\alpha(t)=-4\alpha_{max}\mathrm{e}^{-a(t-t_0)}\left[1-\mathrm{e}^{-a(t-t_0)}\right],t<t_c \tag{2.54}$$

式中：α_{max} 为极值攻角；a 为选取的某一常系数，其作用是用来调整攻角到达绝对值最大值 α_{max} 的时间。

第二级火箭分离时，飞行器已处于高空稀薄大气层，气动产生的扰动非常小。此时可以在有攻角的情况下发生级间分离，也能保证级间分离可靠性。

3. 主动段弹道设计问题描述

综合上述分析，在拦截弹的主动段弹道设计过程中，忽略次要影响因素，不考虑地球自转、扁率以及拦截弹自身滚转，令式(2.51)中 $\omega=0$，$\sigma=0$，并添加拦截弹的质量变化方程，可以得到简化的主动段运动方程为

$$\left.\begin{aligned}
\dot{r}&=v\sin\theta\\
\dot{\varphi}&=\frac{v\cos\theta\sin\psi}{r\cos\varphi}\\
\dot{\varphi}&=\frac{v\cos\theta\cos\psi}{r}\\
\dot{v}&=\frac{T\cos\alpha-D}{m}-g\sin\theta\\
\dot{\theta}&=\frac{T\sin\alpha+L}{mv}-\frac{g\cos\theta}{v}+\frac{v\cos\theta}{r}\\
\dot{\psi}&=\frac{v\cos\theta\sin\psi\tan\varphi}{r}\\
\dot{m}&=-\frac{T}{Ig}
\end{aligned}\right\}\tag{2.55}$$

如果只需考虑垂直平面内的运动情形，那么可以对式(2.55)进行进一步化简，并在当地铅垂坐标系内可以得到

$$\left.\begin{aligned}
\dot{h}&=v\sin\theta\\
\dot{x}&=v\cos\theta\\
\dot{v}&=\frac{T\cos\alpha-D}{m}-g\sin\theta\\
\dot{\theta}&=\frac{T\sin\alpha+L}{mv}-\frac{g\cos\theta}{v}+\frac{v\cos\theta}{r}\\
\dot{m}&=-T/Ig
\end{aligned}\right\}\tag{2.56}$$

式中：h 为拦截弹飞行海拔高度；x 为拦截弹射程。

拦截弹在主动段，火箭发动机处于工作状态，要求动压 q 与法向过载 n_y 不能超过一定的限制。固体火箭发动机工作对于攻角要求比较苛刻，因此需要限制攻角 α 控制量的范围。由于整流罩的存在，因此在主动段可以暂不考虑热流密度约束的限制。基于以上分析，主动段的约束条件可以建立为

$$\left.\begin{aligned}
&|\alpha|\leqslant\alpha_{\max}\\
&q=\frac{1}{2}\rho v^2\leqslant q_{\max}\\
&n_y=\frac{|L+T\sin\alpha|}{mg}\leqslant n_{y\max}
\end{aligned}\right\}\tag{2.57}$$

拦截弹的主动段弹道优化设计应该满足初始条件与终端条件。初始条件 $\boldsymbol{X}_0$ 为发射时刻 t_0 拦截弹的状态，终端条件为火箭发动机关机时刻 t_f 拦截弹需要满足的状态约束条件，主要考虑关机点高度、关机点速度以及弹道倾角约束，即

$$\left.\begin{aligned}&\boldsymbol{X}(t_0)=\boldsymbol{X}_0\\&h(t_f)=h_f\\&\theta(t_f)=\theta_f\end{aligned}\right\}\tag{2.58}$$

主动段的优化指标 J 可以选取为关机点速度最大、射程最远以及机械能最大等，以为后续滑翔段的弹道设计提供基础，即

$$J=\varphi(\boldsymbol{X}(t_0),t_0,\boldsymbol{X}(t_f),t_f)+\int_{t_0}^{t_f}\boldsymbol{g}(\boldsymbol{X}(t),\boldsymbol{u}(t),t)\mathrm{d}t\tag{2.59}$$

综上所述，拦截弹主动段的轨迹优化问题可以表述为，在满足拦截弹系统方程[见式(2.56)]、拦截弹约束方程[见式(2.57)]的条件下，使得性能指标[见式(2.59)]达到最优。

2.4.2 被动段弹道设计

在主动段结束后，拦截弹已经具有较高的速度，达到了一定的高度，拦截弹依靠关机点速度在重力以及空气作用力的影响下高速运动。若忽略地球自转、地球扁率的影响，则简化的拦截弹运动方程为

$$\left.\begin{aligned}&\dot{r}=v\sin\theta\\&\dot{\varphi}=\frac{v\cos\theta\sin\psi}{r\cos\varphi}\\&\dot{\varphi}=\frac{v\cos\theta\cos\psi}{r}\\&\dot{v}=\frac{-D}{m}-g\sin\theta\\&\dot{\theta}=\frac{L\cos\sigma}{mv}-\frac{g\cos\theta}{v}+\frac{v\cos\theta}{r}\\&\dot{\psi}=\frac{L\sin\sigma}{mv\cos\theta}+\frac{v\cos\theta\sin\psi\tan\varphi}{r}\end{aligned}\right\}\tag{2.60}$$

对于拦截弹此类防御性飞行器而言，一般射程位于洲际射程之内，可以在平坦地面模型下进行研究，因此对于式(2.60)进一步化简。

首先，大气飞行是在相对于地球半径而言很薄的大气中进行的，设 h 是海拔高度，r_e 为地球半径，因此

$$r=r_e+h\tag{2.61}$$

而且

$$\frac{r_e}{r}=\frac{r_e}{r_e+h}=1-\frac{h}{r_e}+\left(\frac{h}{r_e}\right)^2-\cdots\tag{2.62}$$

在拦截弹飞行过程中，经度 φ 和纬度 φ 变化都很小，认为 $\cos\varphi=1$，将方程组[见式(2.60)]中第二和第三个方程表示为

$$\left.\begin{aligned}&r_e\dot{\varphi}=\frac{v\cos\theta\sin\psi}{\cos\varphi}\left(1-\frac{h}{r_e}+\cdots\right)\\&r_e\dot{\varphi}=v\cos\theta\cos\psi\left(1-\frac{h}{r_e}+\cdots\right)\end{aligned}\right\}\tag{2.63}$$

在式(2.63)中省略小项 h/r_e，并考虑到 $z=r_e\varphi, x=r_e\varphi, h=r-r_e$，则式(2.60)中第一项可以表示为

$$\dot{x}=v\cos\theta\cos\psi \tag{2.64}$$

$$\dot{h}=v\sin\theta \tag{2.65}$$

$$\dot{z}=v\cos\theta\sin\psi \tag{2.66}$$

将式(2.64)～式(2.66)代入式(2.60)，同时认为 $\tan\varphi=0$，可以得到被动段的简化运动方程为

$$\left.\begin{aligned}
&\dot{h}=v\sin\theta\\
&\dot{z}=v\cos\theta\sin\psi\\
&\dot{x}=v\cos\theta\cos\psi\\
&\dot{v}=\frac{-D}{m}-g\sin\theta\\
&\dot{\theta}=\frac{L\cos\sigma}{mv}-\frac{g\cos\theta}{v}+\frac{v\cos\theta}{h+r_e}\\
&\dot{\psi}=\frac{L\sin\sigma}{mv\cos\theta}
\end{aligned}\right\} \tag{2.67}$$

在运动过程中，过程约束主要考虑的是动压约束条件、过载约束条件以及热流密度约束条件。控制量的幅值也需要约束在一定的范围内，即

$$\left.\begin{aligned}
&\alpha_{\min}\leqslant\alpha\leqslant\alpha_{\max}\\
&\sigma_{\min}\leqslant\sigma\leqslant\sigma_{\max}\\
&q=\frac{1}{2}\rho v^2\leqslant q_{\max}\\
&Q_{\text{rate}}=C\rho^{0.5}v^{3.05}\leqslant Q_{\max}\\
&n_y=|L+T\sin\alpha|/(mg)\leqslant n_{y\max}
\end{aligned}\right\} \tag{2.68}$$

式中：C 为热流密度计算常数，通常与飞行器材料以及外形尺寸相关。

面空导弹弹道设计应以主动段关机点参数作为自身初始条件 $\boldsymbol{X}_0$，以解算得到的预测命中点或者其他状态约束条件作为终端条件 $\boldsymbol{X}_f$。

$$\left.\begin{aligned}
&\boldsymbol{X}(t_0)=\boldsymbol{X}_0\\
&\boldsymbol{X}(t_f)=\boldsymbol{X}_f
\end{aligned}\right\} \tag{2.69}$$

终端时刻 t_f 可以是固定的预测命中时刻，也可以设置为自由。为保证拦截导弹进入末制导之后有足够的能量应对目标的机动，性能指标可选取为末端速度最大，为末制导提供足够的杀伤能力，即

$$J=\varphi(\boldsymbol{X}(t_0),t_0,\boldsymbol{X}(t_f),t_f)=\max(v_f) \tag{2.70}$$

2.4.3　中制导弹道设计问题描述

通过以上分析可知，拦截弹的状态方程可以表示为

$$\dot{\boldsymbol{X}}(t)=\boldsymbol{f}(\boldsymbol{X}(t),\boldsymbol{u}(t),t),\quad t\in[t_0,t_f] \tag{2.71}$$

式中：$\boldsymbol{X}(t)\in\mathbf{R}^n$ 为 n 维列向量，代表拦截弹的状态向量；$\boldsymbol{u}(t)\in\mathbf{R}^m$ 为 m 维列向量，代表拦截弹的控制向量；t_0 表示起始时刻；t_f 表示终端时刻。起始时刻和终端时刻所构成的边界条件约束可以表示为

$$\boldsymbol{\psi}(\boldsymbol{X}(t_0),t_0,\boldsymbol{X}(t_f),t_f)=0 \tag{2.72}$$

在中间时刻 t，需要考虑的路径约束可以表示为

$$\boldsymbol{C}(\boldsymbol{X}(t),\boldsymbol{u}(t),t)\leqslant\boldsymbol{0},\quad t\in[t_0,t_f] \tag{2.73}$$

综合以上函数式，拦截弹的中制导段轨迹优化问题可以表述为：在满足状态方程约束式[见式(2.67)]、边界条件约束式[见式(2.69)]和路径约束式[见式(2.68)]的情况下，求解最优控制量 $\boldsymbol{u}(t)$，使得性能指标函数式[见式(2.74)]达到最优。

$$J=\varphi(\boldsymbol{X}(t_0),t_0,\boldsymbol{X}(t_f),t_f)+\int_{t_0}^{t_f}\boldsymbol{g}(\boldsymbol{X}(t),\boldsymbol{u}(t),t)\mathrm{d}t \tag{2.74}$$

式中：$\varphi(\boldsymbol{X}(t_0)$、$t_0$、$\boldsymbol{X}(t_f),t_f)$表示在起始时刻以及终端时刻拦截弹状态需要满足的末值型性能指标；$\boldsymbol{g}(\boldsymbol{X}(t)$、$\boldsymbol{u}(t),t)$则表示在整个优化过程中需要考虑的积分型性能指标。在最优化控制理论中，式(2.74)所表示的包括末值型性能指标以及积分型性能指标的优化问题称为波尔扎问题。在式(2.71)～式(2.74)中，函数 $\boldsymbol{f},\boldsymbol{\psi},\boldsymbol{C},\varphi,\boldsymbol{g}$ 的定义域和值域分别为

$$\left.\begin{aligned}
&\boldsymbol{f}(\boldsymbol{X}(t),\boldsymbol{u}(t),t)\equiv\boldsymbol{f}(\mathbf{R}^n,\mathbf{R}^m,\mathbf{R}^1)\rightarrow\mathbf{R}^n\\
&\boldsymbol{\psi}(\boldsymbol{X}(t_0),t_0,\boldsymbol{X}(t_f),t_f)\equiv\boldsymbol{\psi}(\mathbf{R}^n,\mathbf{R}^1,\mathbf{R}^n,\mathbf{R}^1)\rightarrow\mathbf{R}^r\\
&\boldsymbol{C}(\boldsymbol{X}(t),\boldsymbol{u}(t),t)\equiv\boldsymbol{C}(\mathbf{R}^n,\mathbf{R}^m,\mathbf{R}^1)\rightarrow\mathbf{R}^p\\
&\varphi(\boldsymbol{X}(t_0),t_0,\boldsymbol{X}(t_f),t_f)\equiv\varphi(\mathbf{R}^n,\mathbf{R}^1,\mathbf{R}^n,\mathbf{R}^1)\rightarrow\mathbf{R}^1\\
&\boldsymbol{g}(\boldsymbol{X}(t),\boldsymbol{u}(t),t)\equiv\boldsymbol{g}(\mathbf{R}^n,\mathbf{R}^m,\mathbf{R}^1)\rightarrow\mathbf{R}^q
\end{aligned}\right\} \tag{2.75}$$

这里需要说明的是，对于面空导弹而言，制导阶段开始时导弹发动机并没有关机，此时中制导阶段将既包含主动段，也包含被动段。然而，从控制以及导弹飞行操控稳定性的角度考虑，一般在主动段阶段不宜进行大范围的机动与弹道调整，因此本书中介绍的中制导弹道生成以及弹道调整方法主要针对被动段中制导展开。

第3章 拦截弹中末制导交接班窗口分析

3.1 中末交接班窗口研究概述

在面空导弹复合制导过程中，中末交接班是制导过程中的一个关键性阶段：一方面要实现信息的交接班，即弹上导引头实现对目标的截获与稳定跟踪；另一方面要实现导弹飞行弹道的平稳过渡。但为了保证导弹完成中末交接班后，能够在末制导阶段实现对目标的高精度拦截，对交接班过程中拦截弹与目标的交会状态也提出了严格要求。

通常，当拦截弹速度远高于目标速度时，交接班过程对拦截弹与目标的交会状态的要求相对较为宽松；但随着弹道导弹等新型高速目标的出现，目标速度不断提高，甚至远高于面空导弹自身的速度，交接班过程对拦截弹与目标的交会状态的要求变得越来越严格，要实现对此类目标的拦截，就必须使得拦截导弹处于较有利的态势。零控拦截流形是拦截弹中制导终端时刻的最优拦截几何，也是拦截弹不加控制时可在有限时间内实现拦截的状态。但拦截弹在飞行过程中，空域和速域的变化范围都比较大，会受空间复杂环境变化的影响；其气动模型、导航设备方面也存在很大的不确定性，高速机动目标跟踪与轨迹预测存在不小误差，因此要实现零控交接班面临巨大困难。捕获区作为末制导律能够成功拦截目标的所有初始状态集合，对于拦截高速目标的中末制导交接班条件设计至关重要。

在中制导段弹道设计过程中需要考虑末制导捕获区的限制，以确保在中末制导交接班结束后，拦截弹能够以较好的初始态势进入末制导，并在末制导段成功拦截目标。一般意义上所说的中末制导交接班主要包括两个方面，即导引头的交接班以及弹道的交接班。导引头的交接班是指当弹目距离小于导引头探测距离时，导引头开机完成距离截获，若此时目标位于导引头视场范围内，且导引头接收到的反射信号足够强，导引头完成角度截获，然后经过频率搜索达到速度截获后就实现了目标截获，完成导引头交接班；弹道交接班主要考虑中制导导引指令到末制导导引指令的平滑过渡，从而确保弹道的平滑，避免拦截弹导引指令生成带来的突变稳造成拦截任务失败。在传统的末制导研究中，一般认为已经顺利完成了中末制导交接班，导引头成功捕获目标，拦截弹和目标位于碰撞三角形内，以此为前提条件检验末制导律的效果。若末制导律能够成功拦截目标则认为制导效果良好，若拦截弹脱靶则认为制导效果欠佳。对于末制导的初始条件设置(即捕获区)缺少严密的理论证明。同样，在传统的中制导研究中，一般以预测命中点以及特定的弹道角度约束作为中制导的终端约束条件，对于中末制导交接班条件考虑较少。尤其是在目标机动性较强或者不确定性较大的情况下，预测命中点的变化非常频繁，反复的弹道修正容易造成拦截弹失稳，拦截弹能量损失加快。中制导终端条件的设置既要保证拦截弹和目标之间的距离满足弹上导引头的探测能力约束，同时也要确保满足捕获区约束，使拦截弹处于有利的末制导初始拦截态势，以尽量降低对于末制导段指令过载需求。

末制导捕获区与末制导采用的导引方法密切相关，比例导引制导律形式简单且易于弹上实现，在现役面空导弹武器系统中得到了广泛应用。在未来一段时间内，比例导引以及在其基础上发展而来的扩展比例导引、偏置比例导引等制导规律仍将作为主流制导律应对临近空间高超声速目标威胁。因此许多专家、学者开展了面向高速目标拦截的比例导引制导律设计，并在此基础上研究了其捕获区范围。利用视线旋转坐标系下的弹目拦截几何，学者 Feng 推导了纯比例(Pure Proportional Navigation，PPN)导引律的捕获条件，给出了制导律的捕获区定义，并指出弹目速度比越小，末制导的捕获区也会越小；Ghosh 推导了比例系数为负数的反比例(Retro Proportional Navigation，RPN)导引律在拦截高速不机动目标时的捕获区，分析得到弹目速度比、拦截弹和目标速度矢量以及弹目相对位置矢量对能否成功拦截高速目标起着至关重要的作用；在惯性坐标系下的弹目相对运动模型，周觐等人针对反高速目标拦截弹中制导终端状态约束设置的问题，分析拦截弹和目标的相对运动状态以及二者速度前置角需要满足的约束关系，对中末制导交接班条件研究具有一定的指导意义；Prasanna 等人推导了 PPN 和 RPN 导引律的捕获条件并将二者进行了比较，指出在拦截高速目标时 RPN 导引律在捕获条件上具有一定优势。

中制导的终端即对应末制导的起始端，因此中制导段结束时拦截弹的运动状态(位置和速度)，将决定拦截弹在末制导起始时刻是否处于有利的拦截阵位。为合理描述这种中末交接班状态，对中制导弹道设计中终端约束条件，本章在定性分析拦截弹速度矢量、弹目相对位置和侧窗探测导引头视场对中末制导交接班影响的基础上，提出中末制导交接班窗口的概念；在视线旋转坐标系下建立拦截弹与目标的相对运动方程，推导不同目标速度比条件下，采用比例导引律捕获目标的充分必要条件；在此基础之上，建立拦截弹末制导捕获窗口与导引头截获窗口模型，为中制导弹道终端约束条件设置提供依据。

3.2 中末制导交接班窗口描述

3.2.1 中末制导交接班条件分析

为了能够成功完成中末制导交接班，拦截弹中制导弹道设计除了要考虑攻角、动压、热流密度、过载和制导时间等约束条件，在中制导终端时刻还要考虑以下约束条件：

(1)终端速度矢量。在目标速度一定的情况下，交接班时刻拦截弹速度越大，末制导捕获条件就越宽松。因此末速最大可作为拦截高速目标中制导弹道设计的一项关键性能指标。在弹目相对位置一定的情况下，拦截弹速度矢量与目标速度矢量之间的夹角就是交会角，小交会角可以使末制导阶段视线角速率在较小范围内变化，是弹目直接碰撞的必要条件。

(2)终端弹目相对位置。拦截弹在交接班时刻若能够俯视目标:一方面在弹目交会过程中拦截弹将势能转化为动能,能够形成俯冲攻击的有利态势;另一方面,导引头自上而下探测可提高探测距离,从而增加了末制导作用距离。弹目相对位置包括弹目相对距离和弹目视线角,交接班时刻弹目相对距离必须小于导引头的最大探测距离,弹目视线角必须保证弹目距离矢量与目标速度矢量夹角不能太大。

(3)导引头视场。导引头截获并稳定跟踪目标是实现中末交接班的基本条件,不同类型导引头工作机理不完全一样,工作时与弹体的相对关系不同,但其实际可探测范围都受到弹体姿态与导引头自身探测视场等因素的严格限制。

3.2.2　中末制导交接班窗口定义

为了保证拦截弹能够成功完成中末制导交接班,综合考虑拦截弹交接班时刻必须满足的各种复杂约束,引入中末制导交接班窗口的概念。

定义 3.1 中末制导交接班窗口。在满足侧窗探测导引头截获目标条件的基础上,拦截弹在交接班时刻的位置和速度指向还须满足末制导捕获区的约束,其中捕获区是由弹目相对距离矢量、拦截弹速度矢量以及目标速度矢量组成的状态空间。

注 3.1　导引头能够成功截获目标,即导引头能“看得到目标”;拦截弹交接班时刻所处的位置、速度大小和方向满足末制导捕获条件约束,即能够保证拦截弹能“打得上目标”。本书所提到的交接班问题,既要保证能看到目标,又要保证能打到目标。为了避免混淆,本章中所提到的捕获就特指末制导捕获区。

3.3　末制导捕获区研究

3.3.1　视线旋转坐标系下弹目相对运动模型

将拦截弹与目标均视为质点,在研究过程中忽略拦截弹控制系统的动力学过程与控制偏差;忽略导引头的测量动力学过程与测量误差。

首先,建立用于描述弹目三维相对运动的视线旋转坐标系,如图 3-1 所示。

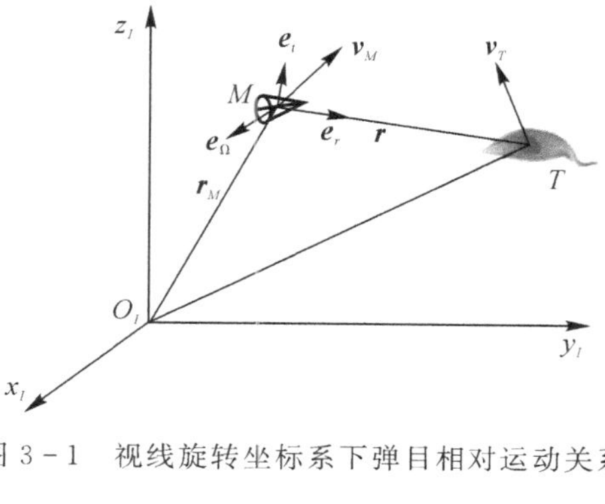

图 3-1　视线旋转坐标系下弹目相对运动关系

如图 3-1 所示，$O_I x_I y_I z_I$ 为惯性坐标系，$\boldsymbol{r}_T$、$\boldsymbol{r}_M$ 分别为导弹和目标在惯性坐标系下的位置矢量，$\boldsymbol{v}_M$、$\boldsymbol{v}_T$ 分别为导弹和目标的速度矢量，$\boldsymbol{r}$ 为二者的相对位置矢量，$\boldsymbol{e}_r$ 为 $\boldsymbol{r}$ 的单位矢量。

弹目相对位置矢量为

$$\boldsymbol{r}=\boldsymbol{r}_T-\boldsymbol{r}_M=r\boldsymbol{e}_r \tag{3.1}$$

其中，$\boldsymbol{e}_r=\boldsymbol{r}/r$ 是视线方向单位矢量。

为便于后续分析，给出$\boldsymbol{e}_r$ 的如下两个性质：

(1)$\boldsymbol{e}_r\perp\dot{\boldsymbol{e}}_r$。由于$\boldsymbol{e}_r$ 是沿弹目视线 $\boldsymbol{r}$ 的单位矢量，所以 $\|\boldsymbol{e}_r\|=(\boldsymbol{e}_r\cdot\boldsymbol{e}_r)^{\frac{1}{2}}=1$，对该式求导可得

$$(\boldsymbol{e}_r\cdot\boldsymbol{e}_r)^{-\frac{1}{2}}(2\boldsymbol{e}_r\cdot\dot{\boldsymbol{e}}_r)=0 \tag{3.2}$$

因此，即当$\dot{\boldsymbol{e}}_r\neq\boldsymbol{0}$ 时，$\boldsymbol{e}_r\perp\dot{\boldsymbol{e}}_r$。

(2) $\|\boldsymbol{\Omega}\|=\|\boldsymbol{e}_r\|$。由图 3-2 知，将向量$\boldsymbol{e}_r$ 和$\boldsymbol{e}_r(t+\Delta t)$移动至同一起点 O，由于$\boldsymbol{e}_r$ 是沿弹目视线 $\boldsymbol{r}$ 的单位矢量，则 $\|\boldsymbol{e}_r(t)\|=\|\boldsymbol{e}_r(t+\omega\Delta t)\|=1$，所以 $\Delta\varphi$ 等于弧长 $\overset{\frown}{MM}$，即

$$\left|\frac{\Delta\varphi}{\Delta t}\right|=\frac{\overset{\frown}{MM'}}{|\Delta t|}=\frac{|\overrightarrow{MM'}|}{|\Delta t|}\cdot\frac{\overset{\frown}{MM'}}{|\overrightarrow{MM'}|} \tag{3.3}$$

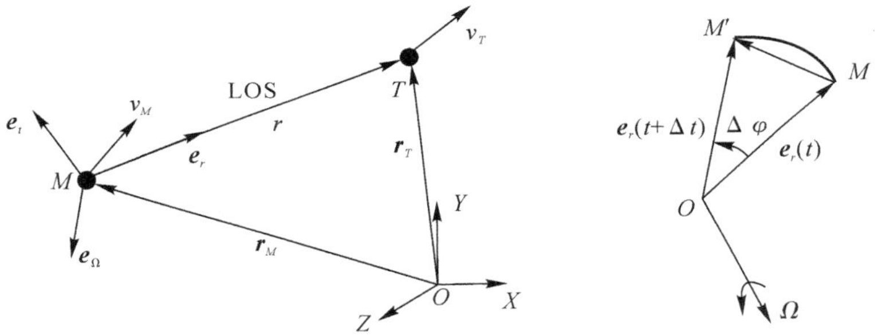

图 3-2　弹目视线转动示意图

又 $\overrightarrow{MM'}=\boldsymbol{e}_r(t+\Delta t)-\boldsymbol{e}_r(t)$，所以

$$\left|\frac{\Delta\varphi}{\Delta t}\right|=\frac{|\boldsymbol{e}_r(t+\Delta t)-\boldsymbol{e}_r(t)|}{|\Delta t|}\cdot\frac{\overset{\frown}{MM'}}{|\overrightarrow{MM'}|} \tag{3.4}$$

当 $\Delta t\to 0$ 时，$\dfrac{|\overset{\frown}{MM'}|}{|\overrightarrow{MM'}|}\to 1$，所以

$$\lim_{\Delta t\to 0}\left|\frac{\Delta\varphi}{\Delta t}\right|=\lim_{\Delta t\to 0}\frac{|\boldsymbol{e}_r(t+\Delta t)-\boldsymbol{e}_r(t)|}{\Delta t}\cdot\frac{\overset{\frown}{MM'}}{|\overrightarrow{MM'}|}=\|\dot{\boldsymbol{e}}_r(t)\| \tag{3.5}$$

即 $\|\boldsymbol{\Omega}\|=\|\boldsymbol{e}_r\|$，证毕。

由

$$\left.\begin{aligned}&\overrightarrow{MM'}=\boldsymbol{e}_r(t+\Delta t)-\boldsymbol{e}_r(t)\\&\dot{\boldsymbol{e}}_r(t)=\lim_{\Delta t\to 0}\frac{\boldsymbol{e}_r(t+\Delta t)-\boldsymbol{e}_r(t)}{|\Delta t|}\end{aligned}\right\} \tag{3.6}$$

可知

$$\dot{\boldsymbol{e}}_r(t)=\lim\frac{|\overrightarrow{MM'}|}{|\Delta t|} \tag{3.7}$$

从而 $\dot{\boldsymbol{e}}_r(t)$ 与向量 $|\overrightarrow{MM'}|$ 共面，而 $\overrightarrow{MM'}$ 位于向量 $\dot{\boldsymbol{e}}_r(t)$ 和 $\dot{\boldsymbol{e}}_r(t+\Delta t)$ 所确定的平面，所以 $\boldsymbol{e}_r(t)\times\boldsymbol{e}_r(t+\Delta t)$ 平行于 $\boldsymbol{e}_r(t)\times\dot{\boldsymbol{e}}_r(t)$，故

$$\boldsymbol{\Omega}=\|\dot{\boldsymbol{e}}_r\|\frac{\boldsymbol{e}_r(t)\times\boldsymbol{e}_r(t)}{\|\boldsymbol{e}_r(t)\times\boldsymbol{e}_r(t)\|} \tag{3.8}$$

又因为 $\boldsymbol{e}_r\perp\dot{\boldsymbol{e}}_r$，所以 $\boldsymbol{e}_r(t)\times\dot{\boldsymbol{e}}_r(t)=\|\boldsymbol{e}_r(t)\|\sin\dfrac{\pi}{2}=\|\dot{\boldsymbol{e}}_r(t)\|$，代入式(3.8)得

$$\boldsymbol{\Omega}=\|\dot{\boldsymbol{e}}_r\|\frac{\boldsymbol{e}_r(t)\times\dot{\boldsymbol{e}}_r(t)}{\boldsymbol{e}_r(t)\times\dot{\boldsymbol{e}}_r(t)}=\boldsymbol{e}_r(t)\times\dot{\boldsymbol{e}}_r(t) \tag{3.9}$$

根据图 3-1 所示的弹目相对运动学关系，可得二者的相对速度和相对加速度方程为

$$\boldsymbol{V}=\frac{\mathrm{d}\boldsymbol{r}}{\mathrm{d}t}=\dot{r}\boldsymbol{e}_r+r\dot{\boldsymbol{e}}_r=\boldsymbol{v}_T-\boldsymbol{v}_M \tag{3.10}$$

$$\frac{\mathrm{d}^2\boldsymbol{r}}{\mathrm{d}t^2}=\ddot{r}\boldsymbol{e}_r+2\dot{r}\dot{\boldsymbol{e}}_r+r\ddot{\boldsymbol{e}}_r=\boldsymbol{a}_T-\boldsymbol{a}_M \tag{3.11}$$

式中：$\boldsymbol{a}_M$ 和 $\boldsymbol{a}_T$ 分别是导弹与目标的加速度矢量。

首先，给出矢量绝对导数与相对导数的数学转换方法：在惯性坐标系中，某一矢量对时间的导数(绝对导数)与同一矢量在动坐标系中对时间的导数(相对导数)之差，等于这个矢量本身与动坐标系的转动角速度的矢量乘积，即

$$\frac{\mathrm{d}\boldsymbol{r}}{\mathrm{d}t}=\frac{\delta\boldsymbol{r}}{\delta t}+\boldsymbol{\Omega}\times\boldsymbol{r} \tag{3.12}$$

由于在基于视线的动坐标系中：

$$\frac{\delta\boldsymbol{r}}{\delta t}=\dot{r}\boldsymbol{e}_r \tag{3.13}$$

因此，由式(3.10)、式(3.12)、式(3.13)可知

$$\dot{\boldsymbol{e}}_r=\boldsymbol{\Omega}\times\boldsymbol{e}_r \tag{3.14}$$

将式(3.14)等号两边同时左乘 $\boldsymbol{e}_r$，可得

$$\boldsymbol{e}_r\times\dot{\boldsymbol{e}}_r=\boldsymbol{\Omega} \tag{3.15}$$

由于 $\boldsymbol{e}_r$ 是单位矢量，而 $\dot{\boldsymbol{e}}_r$ 不是，且二者互相垂直，结合式(3.15)，可得

$$(\boldsymbol{e}_r\times\dot{\boldsymbol{e}}_r)^{\mathrm{T}}(\boldsymbol{e}_r\times\dot{\boldsymbol{e}}_r)=\dot{\boldsymbol{e}}_r^{\mathrm{T}}\dot{\boldsymbol{e}}_r=\boldsymbol{\Omega}^{\mathrm{T}}\boldsymbol{\Omega} \tag{3.16}$$

对 $\dot{\boldsymbol{e}}_r$ 和 $\boldsymbol{\Omega}$ 进行单位化，可得 $\boldsymbol{e}_t$，$\boldsymbol{e}_\Omega$ 的定义为

$$\boldsymbol{e}_t=\frac{\dot{\boldsymbol{e}}_r}{\|\boldsymbol{\Omega}\|_2},\boldsymbol{e}_\Omega=\boldsymbol{e}_r\times\boldsymbol{e}_t=\frac{\boldsymbol{\Omega}}{\|\boldsymbol{\Omega}\|_2} \tag{3.17}$$

式中：$\|\boldsymbol{\Omega}\|_2$ 为 $\boldsymbol{\Omega}$ 的 2-范数。由几何关系可知，互相垂直正交的基向量 $\boldsymbol{e}_r$、$\boldsymbol{e}_t$、$\boldsymbol{e}_\Omega$ 构成视线旋转坐标系 $O-x_{\mathrm{R}}y_{\mathrm{R}}z_{\mathrm{R}}$ 的三个单位方向向量。坐标系的旋转角速度可以表示为

$$\boldsymbol{\omega}=\boldsymbol{\Omega}_r\boldsymbol{e}_r+\|\boldsymbol{\Omega}\|_2\boldsymbol{e}_\Omega \tag{3.18}$$

实际拦截过程中 $\boldsymbol{r}$ 和 $\boldsymbol{v}$ 是不平行的，由 $\boldsymbol{r}$、$\boldsymbol{v}$ 构成的平面 $Ox_{\mathrm{R}}y_{\mathrm{R}}$ 称为交会平面，又称视

线瞬时旋转平面，末制导过程中，$\boldsymbol{r}$ 和 $\boldsymbol{v}$ 总是位于视线瞬时旋转平面内，为了实现弹目直接碰撞的要求，就需要通过末制导来实现弹目的“准平行接近”的几何状态，即 $\boldsymbol{v}\times\boldsymbol{r}=\boldsymbol{0}$。弹目末制导博弈过程中，交会平面在三维空间中一定的旋转角速度发生变化。

基于上述分析，引入零控拦截流形定义如下

定义 3.2　零控拦截流形是拦截弹在末制导过程中不加任何控制便可在有限时间内对目标实现有效拦截的中制导终端状态，零控拦截流形是拦截弹中制导所要达到的最优拦截几何。在交接班时刻，拦截弹与目标若位于碰撞三角形内，弹目相对距离矢量和相对速度矢量平行，即满足

$$\boldsymbol{v}\times\boldsymbol{r}=\boldsymbol{0} \tag{3.19}$$

则拦截弹满足零控拦截流形的要求，本书又将其称为零控交接班。

视线旋转坐标系下各坐标轴都有非常明确的物理含义，$\boldsymbol{e}_r$ 和 $\dfrac{\delta \boldsymbol{r}}{\delta t}$ 分别为视线方向的单位向量和弹目接近速度；$\boldsymbol{e}_t$ 和 $\dot{\boldsymbol{e}}_r$ 分别为垂直于视线方向的单位向量和交会平面内视线的角速度；$\boldsymbol{e}_\Omega$ 和 $\boldsymbol{\Omega}$ 分别为交会平面的法向和旋转角速度。基于 $(\boldsymbol{e}_r,\boldsymbol{e}_t,\boldsymbol{e}_\Omega)$ 的视线旋转坐标系 $O-x_\mathrm{R}y_\mathrm{R}z_\mathrm{R}$ 与经典视线坐标系相比，该坐标系并未将其 y 方向固定在包含 Ox 方向的纵向平面内，而是令其与视线方向和视线转率方向随动。这种基于视线矢量和视线转率矢量的随动坐标系物理意义清晰，能够更加简捷、直观、方便地描述弹目相对运动的本质。

在视线旋转坐标系下，采用三个标量微分方程可以描述弹目相对运动关系，即

$$\left.\begin{aligned}
&\frac{\mathrm{d}r}{\mathrm{d}t}=\dot{r}\\
&\frac{\mathrm{d}\dot{r}}{\mathrm{d}t}=r\,\|\boldsymbol{\Omega}\|_2^2+(a_T-a_M)\\
&\frac{\mathrm{d}(r\,\|\boldsymbol{\Omega}\|_2)}{\mathrm{d}t}=-\dot{r}\,\|\boldsymbol{\Omega}\|_2+a_T-a_M
\end{aligned}\right\} \tag{3.20}$$

式中：r 为弹目相对距离的大小；$\|\boldsymbol{\Omega}\|_2$ 为弹目视线角速度的模；$\boldsymbol{a}_T$、$\boldsymbol{a}_M$ 分别表示目标和拦截弹的加速度。通过视线旋转坐标系描述弹目相对运动能将微分方程的个数简化为三个，方程形式简单，各状态变量物理意义清晰，并且该模型仅用到变量之间的加法与乘法，而不涉及三角运算，简化了研究对象的复杂度。

3.3.2　末制导捕获区分析

1. 捕获条件概述

(1) 捕获条件一般定义。从数学角度分析，按照某种制导律进行导引的问题，拦截弹能够捕获目标条件为：在有限的时间 t_f 内，拦截弹和目标之间的相对距离 ρ 趋近于零。用数学语言描述为

$$\exists\, t_\mathrm{f}<\infty,\text{使得 } \rho(t_\mathrm{f})=0 \tag{3.21}$$

在以后的研究中，均以该定义为捕获状态的定义，随着研究进行，采用不同的变量以及归一化变量时，使用该条件的等价形式。在目前的技术条件下，在短暂的末制导时间段内，采用直接力方式可以为拦截器末制导段提供非常可观的过载，因此，本书将需用过载的可实

现性作为前提条件和假设。

(2) PPN 捕获条件等价定义。纯比例导引律(PPN)是一种最为常用的末制导律,在各种高精度制导武器中得到广泛的应用。研究其捕获条件,对将其应用于拦截高超声速目标将具有十分重要的意义。为研究方便,下面研究 PPN 的捕获条件的一种充分形式。依据定义,采用 PPN 导引时拦截弹的需用过载按下式计算:

$$\boldsymbol{\alpha}_M=\beta\boldsymbol{\Omega}\times\boldsymbol{v}_M=\beta\boldsymbol{\Omega}\times v_M\boldsymbol{e}_{vM} \tag{3.22}$$

式中:β 表示导航比;$v_M=\|\boldsymbol{v}_M\|$,表示拦截弹速度大小;$\boldsymbol{e}_{vM}$ 表示拦截弹速度向量的单位向量。将 $\boldsymbol{\alpha}_M$ 在动坐标系中分解可得

$$\left.\begin{aligned}\alpha_{Mr}&=\beta v_M\boldsymbol{\Omega}\times\boldsymbol{e}_{vM}\cdot\boldsymbol{e}_r\\ \alpha_{Mt}&=\beta v_M\boldsymbol{\Omega}\times\boldsymbol{e}_{vM}\cdot\boldsymbol{e}_t\\ \alpha_{M\Omega}&=\beta v_M\boldsymbol{\Omega}\times\boldsymbol{e}_{vM}\cdot\boldsymbol{e}_\Omega\end{aligned}\right\} \tag{3.23}$$

将 $\boldsymbol{\Omega}=\|\boldsymbol{\Omega}\|\boldsymbol{e}_\Omega$ 代入得

$$\left.\begin{aligned}\alpha_{Mr}&=\beta v_M\|\boldsymbol{\Omega}\|\boldsymbol{e}_\Omega\times\boldsymbol{e}_{vM}\cdot\boldsymbol{e}_r\\ \alpha_{Mt}&=\beta v_M\|\boldsymbol{\Omega}\|\boldsymbol{e}_\Omega\times\boldsymbol{e}_{vM}\cdot\boldsymbol{e}_t\\ \alpha_{M\Omega}&=\beta v_M\|\boldsymbol{\Omega}\|\boldsymbol{e}_\Omega\times\boldsymbol{e}_{vM}\cdot\boldsymbol{e}_\Omega\end{aligned}\right\} \tag{3.24}$$

根据向量混合积的定义及相关性质,式(3.24)可化简为

$$\left.\begin{aligned}\alpha_{Mr}&=\beta v_M\|\boldsymbol{\Omega}\|\boldsymbol{e}_\Omega\times\boldsymbol{e}_{vM}\cdot\boldsymbol{e}_r=\beta v_M\|\boldsymbol{\Omega}\|\boldsymbol{e}_\Omega\times\boldsymbol{e}_r\cdot\boldsymbol{e}_{vM}=-\beta v_M\|\boldsymbol{\Omega}\|\boldsymbol{e}_t\cdot\boldsymbol{e}_{vM}\\ \alpha_{Mr}&=\beta v_M\|\boldsymbol{\Omega}\|\boldsymbol{e}_\Omega\times\boldsymbol{e}_{vM}\cdot\boldsymbol{e}_t=\beta v_M\|\boldsymbol{\Omega}\|\boldsymbol{e}_\Omega\times\boldsymbol{e}_r\cdot\boldsymbol{e}_{vM}=\beta v_M\|\boldsymbol{\Omega}\|\boldsymbol{e}_r\cdot\boldsymbol{e}_{vM}\\ \alpha_{M\Omega}&=\beta v_M\|\boldsymbol{\Omega}\|\boldsymbol{e}_\Omega\times\boldsymbol{e}_{vM}\cdot\boldsymbol{e}_\Omega=\beta v_M\|\boldsymbol{\Omega}\|\boldsymbol{e}_\Omega\times\boldsymbol{e}_\Omega\cdot\boldsymbol{e}_{vM}=0\end{aligned}\right\} \tag{3.25}$$

所以

$$\boldsymbol{\alpha}_M=\beta v_M\|\boldsymbol{\Omega}\|[(\boldsymbol{e}_{vM}^{\mathrm{T}}\boldsymbol{e}_r)\boldsymbol{e}_t-(\boldsymbol{e}_{vM}^{\mathrm{T}}\boldsymbol{e}_t)\boldsymbol{e}_r] \tag{3.26}$$

研究发现,临近空间高超声速目标具有较小的侧向机动过载,即使具有跳跃滑翔能力的飞行器,其滑翔跨度一般较大,在短暂的末制导拦截时间内,可近似认为目标不机动,假设 $\boldsymbol{a}_T=0$,采用 PPN 时,有

$$\rho\|\boldsymbol{\Omega}\|\omega_r=\alpha_{t\Omega}-\alpha_{M\Omega}=0 \tag{3.27}$$

即 $\omega r=0$,又由于 $\omega_t=0$,$\omega_\Omega=\|\boldsymbol{\Omega}\|$,因此

$$\boldsymbol{\omega}_L=\omega_r\boldsymbol{e}_r+\omega_t\boldsymbol{e}_t+\omega_\Omega\boldsymbol{e}_\Omega=\|\boldsymbol{\Omega}\|\boldsymbol{e}_\Omega \tag{3.28}$$

由式(3.26),$\boldsymbol{a}_M=\beta v_M\|\boldsymbol{\Omega}\|[(\boldsymbol{e}_{vM}^{\mathrm{T}}\boldsymbol{e}_r)\boldsymbol{e}_t-(\boldsymbol{e}_{vM}^{\mathrm{T}}\boldsymbol{e}_t]\boldsymbol{e}_r]$,又根据拦截弹加速度定义可知

$$\boldsymbol{\alpha}_M=\dot{\boldsymbol{v}}_M=\dot{\boldsymbol{v}}_M\boldsymbol{e}_{vM}+v_M\dot{\boldsymbol{e}}_{vM} \tag{3.29}$$

不考虑大气对拦截弹速度的影响,即 $\dot{v}_M=0$,式(3.29)变为

$$\boldsymbol{\alpha}_M=v_M\dot{\boldsymbol{e}}_{vM} \tag{3.30}$$

因此,比较式(3.30)和式(3.26)两边可得

$$\dot{\boldsymbol{e}}_{vM}=\beta\|\boldsymbol{\Omega}_r\|[-(\boldsymbol{e}_{vM}^{\mathrm{T}}\boldsymbol{e}_t)\boldsymbol{e}_r+(\boldsymbol{e}_{vM}^{\mathrm{T}}\boldsymbol{e}_r)\boldsymbol{e}_t] \tag{3.31}$$

下面根据上述结论,研究 PPN 导引时,在 MPC 坐标系中拦截弹和目标的速度变化的特性。对 $\boldsymbol{e}_{vM}^{\mathrm{T}}\boldsymbol{e}_r$ 求导得

$$\frac{\mathrm{d}(\boldsymbol{e}_{vM}^{\mathrm{T}}\boldsymbol{e}_r)}{\mathrm{d}t}=\dot{\boldsymbol{e}}_{vM}\cdot\boldsymbol{e}_r+\boldsymbol{e}_{vM}\cdot\dot{\boldsymbol{e}}_r \tag{3.32}$$

将式(3.31)$\dot{\boldsymbol{e}}_{vM}$ 的表达式代入式(3.32)得

$$\frac{\mathrm{d}(\boldsymbol{e}_{vM}^{\mathrm{T}}\boldsymbol{e}_r)}{\mathrm{d}t}=\beta\|\boldsymbol{\Omega}\|[(\boldsymbol{e}_{vM}^{\mathrm{T}}\boldsymbol{e}_r)\boldsymbol{e}_t-(\boldsymbol{e}_{vM}^{\mathrm{T}}\boldsymbol{e}_t)\boldsymbol{e}_r]\cdot\boldsymbol{e}_r+\boldsymbol{e}_{vM}\cdot\dot{\boldsymbol{e}}_r$$

又因为 $\boldsymbol{e}_r\cdot\boldsymbol{e}_r=\|\boldsymbol{e}_r\|=1,\boldsymbol{e}_t\cdot\boldsymbol{e}_r$,因此

$$\frac{\mathrm{d}(\boldsymbol{e}_{vM}^{\mathrm{T}}\boldsymbol{e}_r)}{\mathrm{d}t}=-\beta\|\boldsymbol{\Omega}\|(\boldsymbol{e}_{vM}^{\mathrm{T}}\boldsymbol{e}_t)+\boldsymbol{e}_{vM}\cdot\dot{\boldsymbol{e}}_r$$

又 $\dot{\boldsymbol{e}}_r=\|\boldsymbol{\Omega}\|\boldsymbol{e}_t$,因此

$$\frac{\mathrm{d}(\boldsymbol{e}_{vM}^{\mathrm{T}}\boldsymbol{e}_r)}{\mathrm{d}t}=-\beta\|\boldsymbol{\Omega}\|(\boldsymbol{e}_{vM}^{\mathrm{T}}\boldsymbol{e}_t)+\boldsymbol{e}_{vM}\cdot\|\boldsymbol{\Omega}\|\boldsymbol{e}_t=(1-\beta)\|\boldsymbol{\Omega}\|(\boldsymbol{e}_{vM}^{\mathrm{T}}\boldsymbol{e}_t)\tag{3.33}$$

同理,根据$\frac{\mathrm{d}r}{\mathrm{d}t}=\boldsymbol{\omega}_l\times\boldsymbol{r}$,有

$$\begin{aligned}\frac{\mathrm{d}(\boldsymbol{e}_{vM}^{\mathrm{T}}\boldsymbol{e}_t)}{\mathrm{d}t}&=\dot{\boldsymbol{e}}_{vM}\cdot\boldsymbol{e}_t+\boldsymbol{e}_{vM}\cdot\dot{\boldsymbol{e}}_t\\&=\beta\|\boldsymbol{\Omega}\|[-(\boldsymbol{e}_{vM}^{\mathrm{T}}\boldsymbol{e}_t)\boldsymbol{e}_r+(\boldsymbol{e}_{vM}^{\mathrm{T}}\boldsymbol{e}_r)\boldsymbol{e}_t]\cdot\boldsymbol{e}_t+\boldsymbol{e}_{vm}\cdot\dot{\boldsymbol{e}}_t\\&=\beta\|\boldsymbol{\Omega}\|(\boldsymbol{e}_{vM}^{\mathrm{T}}\boldsymbol{e}_r)\boldsymbol{e}_r+\boldsymbol{e}_{vM}\cdot\boldsymbol{\omega}_L\times\boldsymbol{e}_t\end{aligned}\tag{3.34}$$

在 PPN 导引条件下,由 $\boldsymbol{\omega}_L=\boldsymbol{\omega}_r\boldsymbol{e}_r+\boldsymbol{\omega}_\Omega\boldsymbol{e}_\Omega\|\boldsymbol{\Omega}\|\boldsymbol{e}_\Omega$,可得

$$\boldsymbol{e}_t=\boldsymbol{\omega}_L\times\boldsymbol{e}_t\begin{bmatrix}0&-\|\boldsymbol{\Omega}\|&0\\\|\boldsymbol{\Omega}\|&0&0\\0&0&0\end{bmatrix}\begin{bmatrix}0\\1\\0\end{bmatrix}=-\|\boldsymbol{\Omega}\|\boldsymbol{e}_r$$

式(3.34)可写为

$$\frac{\mathrm{d}(\boldsymbol{e}_{vM}^{\mathrm{T}}\boldsymbol{e}_t)}{\mathrm{d}t}=-\beta\|\boldsymbol{\Omega}\|(\boldsymbol{e}_{vM}^{\mathrm{T}}\boldsymbol{e}_r)-\boldsymbol{e}_{vM}\cdot\|\boldsymbol{\Omega}\|\boldsymbol{e}_r=(1-\beta)\|\boldsymbol{\Omega}\|(\boldsymbol{e}_{vM}^{\mathrm{T}}\boldsymbol{e}_r)\tag{3.35}$$

又因为

$$\frac{\mathrm{d}(\boldsymbol{e}_{vM}^{\mathrm{T}}\boldsymbol{e}_\Omega)}{\mathrm{d}t}=\dot{\boldsymbol{e}}_{vM}\cdot\boldsymbol{e}_\Omega+\boldsymbol{e}_{vM}\cdot\dot{\boldsymbol{e}}_\Omega=\beta\|\boldsymbol{\Omega}\|[-(\boldsymbol{e}_{vM}^{\mathrm{T}}\boldsymbol{e}_t)\boldsymbol{e}^r+(\boldsymbol{e}_{vM}^{\mathrm{T}}\boldsymbol{e}_r)\boldsymbol{e}_t]\cdot\boldsymbol{e}_\Omega+\boldsymbol{e}_{vM}\cdot\boldsymbol{\omega}_L\times\boldsymbol{e}_\Omega$$

且 $\boldsymbol{\omega}_L=\|\boldsymbol{\Omega}\|\boldsymbol{e}_\Omega$,因此 $\boldsymbol{\omega}_L\times\boldsymbol{\omega}_\Omega=\boldsymbol{0}$,又由 $\boldsymbol{e}_r\perp\boldsymbol{e}_\Omega$,得 $\boldsymbol{e}_r\cdot\boldsymbol{e}_\Omega=0,\boldsymbol{e}_t\cdot\boldsymbol{e}_\Omega=0$,所以

$$\frac{\mathrm{d}(\boldsymbol{e}_{vM}^{\mathrm{T}}\boldsymbol{e}_\Omega)}{\mathrm{d}t}=0\tag{3.36}$$

且满足

$$(\boldsymbol{e}_{vM}^{\mathrm{T}}\boldsymbol{e}_r)^2+(\boldsymbol{e}_{vM}^{\mathrm{T}}\boldsymbol{e}_t)^2+(\boldsymbol{e}_{vM}^{\mathrm{T}}\boldsymbol{e}_\Omega)^2=1\tag{3.37}$$

由式(3.33)、式(3.35)~式(3.37)得

$$\left.\begin{aligned}&\frac{\mathrm{d}(\boldsymbol{e}_{vM}^{\mathrm{T}}\boldsymbol{e}_r)}{\mathrm{d}t}=(1-\beta)\|\boldsymbol{\Omega}\|(\boldsymbol{e}_{vM}^{\mathrm{T}}\boldsymbol{e}_t)\\&\frac{\mathrm{d}(\boldsymbol{e}_{vM}^{\mathrm{T}}\boldsymbol{e}_t)}{\mathrm{d}t}=(1-\beta)\|\boldsymbol{\Omega}\|(\boldsymbol{e}_{vM}^{\mathrm{T}}\boldsymbol{e}_r)\\&\frac{\mathrm{d}(\boldsymbol{e}_{vM}^{\mathrm{T}}\boldsymbol{e}_\Omega)}{\mathrm{d}t}=0\\&(\boldsymbol{e}_{vM}^{\mathrm{T}}\boldsymbol{e}_r)^2+(\boldsymbol{e}_{vM}^{\mathrm{T}}\boldsymbol{e}_t)^2+(\boldsymbol{e}_{vM}^{\mathrm{T}}\boldsymbol{e}_\Omega)^2=1\end{aligned}\right\}\tag{3.38}$$

记

$$\mathrm{d}\theta = \|\boldsymbol{\Omega}\| \mathrm{d}t \tag{3.39}$$

其中，θ 是弹目视线 LOS 转过的角度，则由式(3.38)可知

$$\left.\begin{aligned} \boldsymbol{e}_{vM}^{\mathrm{T}}\boldsymbol{e}_r &= \sin[(1-\beta)\theta] \\ \boldsymbol{e}_{vM}^{\mathrm{T}}\boldsymbol{e}_t &= \cos[(1-\beta)\theta] \end{aligned}\right\} \tag{3.40}$$

证明：对式(3.40)求导可得

$$\begin{cases} \dfrac{\mathrm{d}(\boldsymbol{e}_{vM}^{\mathrm{T}}\boldsymbol{e}_r)}{\mathrm{d}t} = \cos[(1-\beta)\theta](1-\beta)\dfrac{\mathrm{d}\theta}{\mathrm{d}t} = \cos[(1-\beta)\theta](1-\beta)\|\boldsymbol{\Omega}\| \\ \qquad = (1-\beta)\|\boldsymbol{\Omega}\|(\boldsymbol{e}_{vM}^{\mathrm{T}}\boldsymbol{e}_t) \\ \dfrac{\mathrm{d}(\boldsymbol{e}_{vM}^{\mathrm{T}}\boldsymbol{e}_t)}{\mathrm{d}t} = -\sin[(1-\beta)\theta](1-\beta)\dfrac{\mathrm{d}\theta}{\mathrm{d}t} = -\sin[(1-\beta)\theta](1-\beta)\|\boldsymbol{\Omega}\| \\ \qquad = -(1-\beta)\|\boldsymbol{\Omega}\|(\boldsymbol{e}_{vM}^{\mathrm{T}}\boldsymbol{e}_r) \end{cases}$$

证毕。

同理，对 $\boldsymbol{e}_{vT}^{\mathrm{T}}\boldsymbol{e}_r$、$\boldsymbol{e}_{vT}^{\mathrm{T}}\boldsymbol{e}_t$、$\boldsymbol{e}_{vT}^{\mathrm{T}}\boldsymbol{e}_\Omega$ 分别求导可得

$$\left.\begin{aligned} \frac{\mathrm{d}(\boldsymbol{e}_{vT}^{\mathrm{T}}\boldsymbol{e}_r)}{\mathrm{d}t} &= \dot{\boldsymbol{e}}_{vT}\cdot\boldsymbol{e}_r + \boldsymbol{e}_{vT}\cdot\dot{\boldsymbol{e}}_r \\ \frac{\mathrm{d}(\boldsymbol{e}_{vT}^{\mathrm{T}}\boldsymbol{e}_t)}{\mathrm{d}t} &= \dot{\boldsymbol{e}}_{vT}\cdot\boldsymbol{e}_r + \boldsymbol{e}_{vT}\cdot\dot{\boldsymbol{e}}_t \\ \frac{\mathrm{d}(\boldsymbol{e}_{vT}^{\mathrm{T}}\boldsymbol{e}_\Omega)}{\mathrm{d}t} &= \dot{\boldsymbol{e}}_{vT}\cdot\boldsymbol{e}_\Omega + \boldsymbol{e}_{vT}\cdot\dot{\boldsymbol{e}}_\Omega \end{aligned}\right\} \tag{3.41}$$

不考虑大气对拦截弹和目标速度的影响，即 $\dot{v}_T=0$，式(3.41)变为

$$\left.\begin{aligned} \frac{\mathrm{d}(\boldsymbol{e}_{vT}^{\mathrm{T}}\boldsymbol{e}_r)}{\mathrm{d}t} &= \boldsymbol{e}_{vT}\cdot\boldsymbol{\omega}_L\times\boldsymbol{e}_r = \|\boldsymbol{\Omega}\|\boldsymbol{e}_{vT}^{\mathrm{T}}\boldsymbol{e}_t \\ \frac{\mathrm{d}(\boldsymbol{e}_{vT}^{\mathrm{T}}\boldsymbol{e}_t)}{\mathrm{d}t} &= \boldsymbol{e}_{vT}\cdot\boldsymbol{\omega}_L\times\boldsymbol{e}_t = -\|\boldsymbol{\Omega}\|\boldsymbol{e}_{vT}^{\mathrm{T}}\boldsymbol{e}_r \\ \frac{\mathrm{d}(\boldsymbol{e}_{vT}^{\mathrm{T}}\boldsymbol{e}_\Omega)}{\mathrm{d}t} &= \boldsymbol{e}_{vT}\cdot\boldsymbol{\omega}_L\times\boldsymbol{e}_\Omega = 0 \end{aligned}\right\} \tag{3.42}$$

同理，可得

$$\left.\begin{aligned} \boldsymbol{e}_{vT}^{\mathrm{T}}\boldsymbol{e}_r &= \sin\theta \\ \boldsymbol{e}_{vT}^{\mathrm{T}}\boldsymbol{e}_t &= \cos\theta \end{aligned}\right\} \tag{3.43}$$

综上所述，由式(3.40)和式(3.43)得

$$\left.\begin{aligned} \boldsymbol{e}_{vM}^{\mathrm{T}}\boldsymbol{e}_r &= \sin[(1-\beta)\theta] \\ \boldsymbol{e}_{vM}^{\mathrm{T}}\boldsymbol{e}_t &= \cos[(1-\beta)\theta] \\ \boldsymbol{e}_{vT}^{\mathrm{T}}\boldsymbol{e}_r &= \sin\theta \\ \boldsymbol{e}_{vT}^{\mathrm{T}}\boldsymbol{e}_t &= \cos\theta \end{aligned}\right\} \tag{3.44}$$

在 PPN 条件下，拦截弹和目标在 MPC 中的这种良好性质有利于后面对捕获能力的研究。据式(3.44)，$\boldsymbol{e}_{vM}^{\mathrm{T}}\boldsymbol{e}_r=\sin[(1-\beta)\theta]$ 可表示为 $\boldsymbol{e}_{vM}^{\mathrm{T}}\boldsymbol{e}_r=\sin[(1-\beta)(\theta-\theta_0+\theta_0)]$，展开得

$$\boldsymbol{e}_{vM}^{\mathrm{T}}\boldsymbol{e}_r = \sin[(1-\beta)(\theta-\theta_0)]\cos[(1-\beta)\theta_0] + \cos[(1-\beta)(\theta-\theta_0)]\sin[(1-\beta)\theta_0]$$

记

$$\begin{cases}\sin[(1-\beta)\theta_0]=(\boldsymbol{e}_{vM}^{\mathrm{T}}\boldsymbol{e}_r)_0\\ \cos[(1-\beta)\theta_0]=(\boldsymbol{e}_{vM}^{\mathrm{T}}\boldsymbol{e}_t)_0\\ \theta-\theta_0=\Delta\theta\end{cases}$$

则

$$\boldsymbol{e}_{vM}^{\mathrm{T}}\boldsymbol{e}_r=\sin[(1-\beta)\Delta\theta](\boldsymbol{e}_{vM}^{\mathrm{T}}\boldsymbol{e}_t)_0+\cos[(1-\beta)\Delta\theta](\boldsymbol{e}_{vM}^{\mathrm{T}}\boldsymbol{e}_r)_0 \tag{3.45}$$

同理可得

$$\left.\begin{aligned}\boldsymbol{e}_{vM}^{\mathrm{T}}\boldsymbol{e}_r&=\sin[(1-\beta)\Delta\theta](\boldsymbol{e}_{vM}^{\mathrm{T}}\boldsymbol{e}_t)_0+\cos[(1-\beta)\Delta\theta](\boldsymbol{e}_{vM}^{\mathrm{T}}\boldsymbol{e}_r)_0\\ \boldsymbol{e}_{vM}^{\mathrm{T}}\boldsymbol{e}_t&=\cos[(1-\beta)\Delta\theta](\boldsymbol{e}_{vM}^{\mathrm{T}}\boldsymbol{e}_t)_0-\sin[(1-\beta)\Delta\theta](\boldsymbol{e}_{vM}^{\mathrm{T}}\boldsymbol{e}_r)_0\\ \boldsymbol{e}_{vT}^{\mathrm{T}}\boldsymbol{e}_r&=\sin(\Delta\theta)(\boldsymbol{e}_{vT}^{\mathrm{T}}\boldsymbol{e}_t)_0+\cos(\Delta\theta)(\boldsymbol{e}_{vT}^{\mathrm{T}}\boldsymbol{e}_r)_0\\ \boldsymbol{e}_{vT}^{\mathrm{T}}\boldsymbol{e}_t&=\cos(\Delta\theta)(\boldsymbol{e}_{vT}^{\mathrm{T}}\boldsymbol{e}_t)_0-\sin(\Delta\theta)(\boldsymbol{e}_{vT}^{\mathrm{T}}\boldsymbol{e}_r)_0\end{aligned}\right\} \tag{3.46}$$

由式(3.46)拦截弹的速度向量的分量 $\boldsymbol{e}_{vM}^{\mathrm{T}}\boldsymbol{e}_r$、$\boldsymbol{e}_{vM}^{\mathrm{T}}\boldsymbol{e}_t$ 可表示为初始状态与视线变化角度的函数。目标的速度向量的分量 $\boldsymbol{e}_{vT}^{\mathrm{T}}\boldsymbol{e}_r$、$\boldsymbol{e}_{vT}^{\mathrm{T}}\boldsymbol{e}_t$ 也可表示为初始状态与视线角度变化的函数。在坐标系中，显然有

$$\begin{cases}(\boldsymbol{e}_{vM}^{\mathrm{T}}\boldsymbol{e}_r)^2+(\boldsymbol{e}_{vM}^{\mathrm{T}}\boldsymbol{e}_t)^2+(\boldsymbol{e}_{vM}^{\mathrm{T}}\boldsymbol{e}_\Omega)^2=\|\boldsymbol{e}_{vM}\|^2=1\\ (\boldsymbol{e}_{vT}^{\mathrm{T}}\boldsymbol{e}_r)^2+(\boldsymbol{e}_{vT}^{\mathrm{T}}\boldsymbol{e}_t)^2+(\boldsymbol{e}_{vT}^{\mathrm{T}}\boldsymbol{e}_\Omega)^2=\|\boldsymbol{e}_{vT}\|^2=1\end{cases}$$

因此

$$\left.\begin{aligned}(\boldsymbol{e}_{vM}^{\mathrm{T}}\boldsymbol{e}_r)^2+(\boldsymbol{e}_{vM}^{\mathrm{T}}\boldsymbol{e}_t)^2=1-(\boldsymbol{e}_{vM}^{\mathrm{T}}\boldsymbol{e}_\Omega)^2\\ (\boldsymbol{e}_{vT}^{\mathrm{T}}\boldsymbol{e}_r)^2+(\boldsymbol{e}_{vT}^{\mathrm{T}}\boldsymbol{e}_t)^2=1-(\boldsymbol{e}_{vT}^{\mathrm{T}}\boldsymbol{e}_\Omega)^2\end{aligned}\right\} \tag{3.47}$$

由于

$$0=v_T(\boldsymbol{e}_{vT}\cdot\boldsymbol{e}_\Omega)-v_M(\boldsymbol{e}_{vM}\cdot\boldsymbol{e}_\Omega)$$

即拦截弹和目标的相对速度在 $\boldsymbol{e}_\Omega$ 轴上的分量为零，也即确定拦截弹和目标相对运动速度在其余两个轴的分量，就可以确定拦截弹和目标的相对运动。为研究拦截弹和目标的初始运动状态对拦截的影响效果，做如下定义：

$$\left.\begin{aligned}\bar{r}_M&=\sqrt{(\boldsymbol{e}_{vM}^{\mathrm{T}}\boldsymbol{e}_r)_0^2+(\boldsymbol{e}_{vM}^{\mathrm{T}}\boldsymbol{e}_t)_0^2}=\sqrt{1-(\boldsymbol{e}_{vM}^{\mathrm{T}}\boldsymbol{e}_\Omega)_0^2}=\sqrt{1-p^2(\boldsymbol{e}_{vT}^{\mathrm{T}}\boldsymbol{e}_\Omega)_0^2}\\ \bar{r}_T&=\sqrt{(\boldsymbol{e}_{vT}^{\mathrm{T}}\boldsymbol{e}_r)_0^2+(\boldsymbol{e}_{vT}^{\mathrm{T}}\boldsymbol{e}_t)_0^2}=\sqrt{1-(\boldsymbol{e}_{vT}^{\mathrm{T}}\boldsymbol{e}_\Omega)_0^2}=\sqrt{1-\frac{(\boldsymbol{e}_{vM}^{\mathrm{T}}\boldsymbol{e}_\Omega)_0^2}{p^2}}\end{aligned}\right\} \tag{3.48}$$

定义目标和拦截弹速度比 $p=\dfrac{\|\boldsymbol{v}_T\|}{\|\boldsymbol{v}_M\|}=v_{V\,M}^{T}$，由 $0=v_T(\boldsymbol{e}_{vT}\cdot\boldsymbol{e}_\Omega)-v_M(\boldsymbol{e}_{vM}\cdot\boldsymbol{e}_\Omega)$，得

$$1-\bar{r}_M^2=p^2(1-\bar{r}_T^2)$$

对上式变形得

$$p^2\bar{r}_T^2=\bar{r}_M^2={}_M^2=p^2-1 \tag{3.49}$$

由式(3.48)和式(3.49)，有如下推论。

推论 1：

1) $1-p^2(\boldsymbol{e}_{vT}^{\mathrm{T}}\boldsymbol{e}_\Omega)_0^2\geqslant 0$ 且 $1-\dfrac{(\boldsymbol{e}_{vM}^{\mathrm{T}}\boldsymbol{e}_\Omega)_0^2}{p^2}\geqslant 0$，即 $(\boldsymbol{e}_{vM}^{\mathrm{T}}\boldsymbol{e}_\Omega)_0^2\leqslant p^2\leqslant\dfrac{1}{(\boldsymbol{e}_{vT}^{\mathrm{T}}\boldsymbol{e}_\Omega)_0^2}$；

2) 当 $p^2-1>0$，即目标速度大于拦截弹速度时，$p^2\bar{r}_M^2>0$；

3)当 $p^2-1\leqslant 0$,即目标速度大于拦截弹速度时,$p^2\bar{r}_T^2\leqslant 0$。

说明:推论1中的第一式可化简为 $v^2 T\Omega_0\leqslant v_M^2$,$v^2 M\Omega_0\leqslant v_T^2$,其物理意义是,在视线固联坐标系中,为了实现弹目相对速度在 $\boldsymbol{e}\Omega$ 轴上的分量为零,对拦截弹和目标的速度在该轴上的分量均做出了限制。

定义

$$\left.\begin{aligned}\cos\theta_{vM0}=\frac{(\boldsymbol{e}_{vM}^{\mathrm{T}}\boldsymbol{e}_r)_0}{\bar{r}_M},\cos\theta_{vT0}=\frac{(\boldsymbol{e}_{vT}^{\mathrm{T}}\boldsymbol{e}_r)_0}{\bar{r}_T}\\ \sin\theta_{vM0}=\frac{(\boldsymbol{e}_{vM}^{\mathrm{T}}\boldsymbol{e}_t)_0}{\bar{r}_M},\sin\theta_{vT0}=\frac{(\boldsymbol{e}_{vT}^{\mathrm{T}}\boldsymbol{e}_t)_0}{\bar{r}_T}\end{aligned}\right\}\tag{3.50}$$

可见,只要确定 θ_{vM0}、θ_{vT0},就能确定拦截弹和目标的速度向量的初始状态,因此,研究两个变量的应满足的约束就可确定捕获条件。

由式(3.46)和式(3.50),得

$$\begin{cases}\boldsymbol{e}_{vM}^{\mathrm{T}}\boldsymbol{e}_r=\sin[(1-\beta)\Delta\theta]\bar{r}_M\sin\theta_{vM0}+\cos[(1-\beta)\Delta\theta]\bar{r}_M\cos\theta_{vM0}\\ \boldsymbol{e}_{vM}^{\mathrm{T}}\boldsymbol{e}_t=\cos[(1-\beta)\Delta\theta]\bar{r}_M\sin\theta_{vM0}-\sin[(1-\beta)\Delta\theta]\bar{r}_M\cos\theta_{vM0}\\ \boldsymbol{e}_{vT}^{\mathrm{T}}\boldsymbol{e}_r=\sin(\Delta\theta)\bar{r}_T\sin\theta_{vT0}+\cos(\Delta\theta)\bar{r}_T\cos\theta_{vT0}\\ \boldsymbol{e}_{vT}^{\mathrm{T}}\boldsymbol{e}_t=\cos(\Delta\theta)\bar{r}_T\sin\theta_{vT0}-\sin(\Delta\theta)\bar{r}_T\cos\theta_{vT0}\end{cases}$$

由三角和差化积式,上式可化为

$$\left.\begin{aligned}\boldsymbol{e}_{vM}^{\mathrm{T}}\boldsymbol{e}_r=\bar{r}_M\cos[\theta_{vM0}-(1-\beta)\Delta\theta]\\ \boldsymbol{e}_{vM}^{\mathrm{T}}\boldsymbol{e}_t=\bar{r}_M\sin[\theta_{vM0}-(1-\beta)\Delta\theta]\\ \boldsymbol{e}_{vT}^{\mathrm{T}}\boldsymbol{e}_r=\bar{r}_T\cos(\theta_{vT0}-\Delta\theta)\\ \boldsymbol{e}_{vT}^{\mathrm{T}}\boldsymbol{e}_t=\bar{r}_T\sin(\theta_{vT0}-\Delta\theta)\end{aligned}\right\}\tag{3.51}$$

由式(3.51),拦截弹的速度分量的单位向量 $\boldsymbol{e}_{vM}^{\mathrm{T}}\boldsymbol{e}_r$、$\boldsymbol{e}_{vM}^{\mathrm{T}}\boldsymbol{e}_t$ 可表示为初始状态与视线角度变化的函数。目标的速度向量的分量 $\boldsymbol{e}_{vT}^{\mathrm{T}}\boldsymbol{e}_r$、$\boldsymbol{e}_{vT}^{\mathrm{T}}\boldsymbol{e}_t$ 也可表示为初始状态与视线角度变化的函数。将式(3.51)代入式(3.20)得

$$\left.\begin{aligned}\dot{\rho}=v_T\bar{r}_T\cos(\theta_{vT0}-\Delta\theta)-v_M\bar{r}_M\cos[\theta_{vM0}-(1-\beta)\Delta\theta]\\ \rho\|\boldsymbol{\Omega}\|=v_T\bar{r}_T\sin(\theta_{vT0}-\Delta\theta)-v_M\bar{r}_M\sin[\theta_{vM0}-(1-\beta)\Delta\theta]\\ 0=v_T(\boldsymbol{e}_{vT}\cdot\boldsymbol{e}_\Omega)-v_M(\boldsymbol{e}_{vM}\cdot\boldsymbol{e}_\Omega)\end{aligned}\right\}\tag{3.52}$$

为叙述方便,做如下归一化定义:

$$\bar{u}=\frac{u}{v_M},\bar{v}=\frac{v}{v_M},\bar{\rho}=\frac{\rho}{\rho_0}\tag{3.53}$$

其中,ρ_0 是导引开始时刻弹目相对距离,则式(3.52)可写为

$$\left.\begin{aligned}\bar{u}=p\bar{r}_T\cos(\theta_{vT0}-\Delta\theta)-\bar{r}_M\cos[\theta_{vM0}-(1-\beta)\Delta\theta]\\ \bar{v}=p\bar{r}_T\sin(\theta_{vT0}-\Delta\theta)-\bar{r}_M\sin[\theta_{vM0}-(1-\beta)\Delta\theta]\end{aligned}\right\}\tag{3.54}$$

说明:式(3.54)是拦截弹和目标的相对运动的运动学模型的另一种简化形式,将拦截弹和目标的相对运动描述成拦截弹和目标的初始速度状态和弹目视线角变化及速度比的函数,通过对上述方程的分析,可获得拦截弹捕获目标的条件。

根据式(3.21),在归一化条件下,该条件等价为

$$\exists t_f<\infty,使得\ \bar{\rho}(t_f)=0$$

根据 $\bar{u}$、$\bar{v}$ 定义,$\dfrac{\bar{u}}{\bar{v}}=\dfrac{u}{v}=\dfrac{\dot{\rho}}{\rho\|\boldsymbol{\Omega}\|}$,又根据式(3.39),$\mathrm{d}\theta=\|\boldsymbol{\Omega}\|\mathrm{d}t$,从而

$$\frac{\bar{u}}{\bar{v}}=\frac{\dot{\rho}\mathrm{d}t}{\rho\mathrm{d}\theta}\Leftrightarrow\frac{\bar{u}}{\bar{v}}\mathrm{d}\theta=\frac{\dot{\rho}}{\rho}\mathrm{d}t=\frac{\frac{\dot{\rho}}{\rho_0}}{\frac{\rho}{\rho_0}}=\frac{\dot{\bar{\rho}}}{\bar{\rho}}\mathrm{d}t\Leftrightarrow\frac{\bar{u}}{\bar{v}}\mathrm{d}\theta=\frac{\frac{\mathrm{d}\bar{\rho}}{\mathrm{d}t}}{\bar{\rho}}\mathrm{d}t=\frac{\mathrm{d}\bar{\rho}}{\bar{\rho}}\tag{3.55}$$

两边积分得

$$\int_{\rho_0}^{\rho}\frac{1}{\bar{\rho}}\mathrm{d}\bar{\rho}=\int_{\theta_0}^{\theta}\frac{\bar{u}}{\bar{v}}\mathrm{d}\theta\tag{3.56}$$

由式(3.54)可知,$\bar{u}$、$\bar{v}$ 是 θ 的函数,式(3.56)是可分离变量微分方程,解得

$$\ln\bar{\rho}=\int_{\theta_0}^{\theta}\frac{u}{v}\mathrm{d}\theta\tag{3.57}$$

因此

$$\bar{\rho}(\theta)=\mathrm{e}^{\int_{\theta_0}^{\theta}\frac{\bar{u}}{\bar{v}}\mathrm{d}\theta}\tag{3.58}$$

所以,捕获条件:$\exists t_f$,使得 $\bar{\rho}(t_f)=0$ 可进一步等价为:$\exists\theta_f$,使得 $\bar{\rho}(\theta_f)\leqslant\bar{\rho}_f$,$\bar{\rho}_f$ 为实现弹目交会所要求的归一化距离。

由式(3.54)知,描述弹目相对运动关系的变量是 $\bar{u}$、$\bar{v}$,因此,构造函数将上述捕获条件转换为 $\bar{u}$、$\bar{v}$ 的相关条件。定义如下辅助函数 ℓ:

$$\ell=\bar{\rho}^{1-\beta}\bar{v}\geqslant 0\tag{3.59}$$

该辅助函数是 $\bar{\rho}$ 与 $\bar{v}$ 的乘积,采用 $1-\beta$ 的原因是 $\bar{v}$ 的表达式中含有该系数。对 ℓ 求导可得

$$\begin{aligned}\frac{\mathrm{d}\ell}{\mathrm{d}\theta}&=\frac{\mathrm{d}(\bar{\rho}^{1-\beta}\bar{v})}{\mathrm{d}\theta}=\frac{\mathrm{d}(\bar{\rho}^{1-\beta})}{\mathrm{d}\theta}=\bar{v}+\frac{\mathrm{d}\bar{v}}{\mathrm{d}\theta}\bar{\rho}^{1-\beta}\\&=(1-\beta)\bar{\rho}^{1-\beta}\bar{v}\frac{\mathrm{d}\bar{\rho}}{\mathrm{d}\theta}+\bar{\rho}^{1-\beta}\frac{\mathrm{d}\bar{v}}{\mathrm{d}\theta}\end{aligned}\tag{3.60}$$

由式(3.55),可得

$$\frac{\bar{u}}{\bar{v}}\mathrm{d}\theta=\frac{\mathrm{d}\bar{\rho}}{\bar{\rho}}\Leftrightarrow\frac{\mathrm{d}\bar{\rho}}{\mathrm{d}\theta}\bar{\rho}\ \frac{\bar{u}}{\bar{v}}\tag{3.61}$$

由式(3.21)和式(3.44),可得

$$\begin{cases}\bar{u}=p(\boldsymbol{e}_{vT}\cdot\boldsymbol{e}_r)-(\boldsymbol{e}_{vM}\cdot\boldsymbol{e}_r)=p\sin(\theta)-\sin[(1-\beta)\theta]\\\bar{v}=p(\boldsymbol{e}_{vT}\cdot\boldsymbol{e}_t)-(\boldsymbol{e}_{vM}\cdot\boldsymbol{e}_t)=p\cos(\theta)-\sin[(1-\beta)\theta]\end{cases}$$

从而

$$\begin{aligned}\frac{\mathrm{d}\bar{v}}{\mathrm{d}\theta}&=-p\sin(\theta)+(1-\beta)\sin[(1-\beta)\theta]\\&=-p\sin(\theta)+\sin[(1-\beta)\theta]-\beta\sin[(1-\beta)\theta]\\&=-\bar{u}-\beta\sin[(1-\beta)\theta]\\&=\bar{u}-\beta\boldsymbol{e}_{vM}^{\mathrm{T}}\boldsymbol{e}_r\end{aligned}\tag{3.62}$$

将式(3.61)、式(3.62)代入式(3.60),得

$$
\begin{aligned}
\frac{\mathrm{d}\ell}{\mathrm{d}\theta}&=(1-\beta)\bar{\rho}^{-\beta}\bar{v}\bar{\rho}\ \frac{\bar{u}}{\bar{v}}\bar{\rho}^{1-\beta}(-\bar{u}-\beta\boldsymbol{e}_{vM}^{\mathrm{T}}\boldsymbol{e}_r)\\
&=(1-\beta)\ell\frac{\bar{u}}{\bar{v}}+\ell\frac{-\bar{u}-\beta\boldsymbol{e}_{vM}^{T}\boldsymbol{e}_r}{\bar{v}}\\
&=-\beta e\ell\frac{\bar{u}+\boldsymbol{e}_{vM}^{T}\boldsymbol{e}_r}{\bar{v}}\\
&=-\beta p\frac{(\boldsymbol{e}_{vT}\cdot\boldsymbol{e}_r)}{\bar{v}}
\end{aligned}
\tag{3.63}
$$

由定义,$\bar{v}=\dfrac{\rho\,\|\boldsymbol{\Omega}\|}{V_M}\geqslant 0$,因此,辅助函数 ℓ 单调的充分必要条件是 $\boldsymbol{e}_{vT}\cdot\boldsymbol{e}_r$ 对 $\forall\theta\in[\theta_0,\theta_f]$同号。若 $\forall\theta\in[\theta_0,\theta_f]$,都有 $\boldsymbol{e}_{vT}\cdot\boldsymbol{e}_r<0$,则$\dfrac{\mathrm{d}\ell}{\mathrm{d}\theta}>0$,$\ell$ 单调递增,即

$$
\bar{\rho}(\theta_f)^{1-\beta}\bar{v}(\theta_f)>\bar{\rho}(\theta_0)^{1-\beta}\bar{v}(\theta_0)
$$

在 $\beta-1$ 的条件下,上式可写为

$$
\bar{\rho}(\theta_f)<\left[\frac{\bar{\rho}(\theta_0)^{\beta-1}\bar{v}(\theta_f)}{\bar{v}(\theta_0)}\right]^{\frac{1}{\beta-1}}
\tag{3.64}
$$

又因为 $\bar{\rho}(\theta_0)=\dfrac{\rho(\theta_0)}{\rho_0}=\dfrac{\rho_0}{\rho_0}=1$,因此式(3.64)可写为

$$
\rho_0(\theta_f)<\left[\frac{\bar{v}(\theta_f)}{\bar{v}(\theta_0)}\right]^{\frac{1}{\beta-1}}
\tag{3.65}
$$

因此只要 $\bar{v}(\theta_f)$满足

$$
\bar{v}(\theta_f)\leqslant\bar{\rho}_f^{\beta-1}\bar{v}(\theta_0)
\tag{3.66}
$$

就有

$$
\bar{\rho}(\theta_f)<\left[\frac{\bar{v}(\theta_f)}{\bar{v}(\theta_0)}\right]^{\frac{1}{\beta-1}}\leqslant\left[\frac{\bar{\rho}_f^{\beta-1}\bar{v}(\theta_0)}{\bar{v}}\right]^{\frac{1}{\beta-1}}=\bar{\rho}_f
$$

这样就得到捕获条件的另外一种定义为:

(1) $\forall\theta\in[\theta_0,\theta_f]$,都有 $\boldsymbol{e}_{vT}\cdot\boldsymbol{e}_r<0$;

(2) $\exists\theta_f$,使得 $\bar{v}(\theta_f)\leqslant\bar{\rho}_f^{\beta-1}$,$\bar{\rho}_f\geqslant 0$,$\beta>1$;

(3) $\bar{u}(\theta_f)\leqslant 0$。

其中,条件(3)是为了保证 ρ 不再增大。下面将分两种情形寻找满足上述约束的拦截弹和目标的初始状态。

2. 拦截弹速度小于目标速度的捕获条件分析

(1)捕获条件建模。随着飞行器制导与控制技术的发展,目标的飞行速度越来越快,弹道导弹、临近空间高超声速飞行器等新型目标的运动速度通常都高于拦截弹速度,此时存在 $p>1$。为分析目标速度大于拦截弹速度条件下拦截弹的捕获条件,定义

$$v_e=\frac{p\bar{r}_t}{\bar{r}_M} \tag{3.67}$$

由于，$0=v_T(\boldsymbol{e}_{vT}\cdot\boldsymbol{e}_\Omega)-v_M(\boldsymbol{e}_{vM}\cdot\boldsymbol{e}_\Omega)$，即 $p(\boldsymbol{e}_{vT}\cdot\boldsymbol{e}_\Omega)=(\boldsymbol{e}_{vM}\cdot\boldsymbol{e}_\Omega)$。由上述定义得

$$v_e=\frac{p\bar{r}_T}{\bar{r}_M}=\frac{p\sqrt{1-(\boldsymbol{e}_{vT}^{\mathrm{T}}\boldsymbol{e}_\Omega)_0^2}}{\sqrt{1-(\boldsymbol{e}_{vM}^{\mathrm{T}}\boldsymbol{e}_\Omega)_0^2}}=\frac{\sqrt{p^2-(p\boldsymbol{e}_{vT}^{\mathrm{T}}\boldsymbol{e}_\Omega)_0^2}}{\sqrt{1-(\boldsymbol{e}_{vM}^{\mathrm{T}}\boldsymbol{e}_\Omega)_0^2}}=\frac{\sqrt{p^2-(\boldsymbol{e}_{vM}^{\mathrm{T}}\boldsymbol{e}_\Omega)_0^2}}{\sqrt{1-(\boldsymbol{e}_{vM}^{\mathrm{T}}\boldsymbol{e}_\Omega)_0^2}}$$

由上式可知，$p>1$ 与 $v_e>1$ 具有等价性。下面将根据捕获的充分条件，推导 $p>1$ 时 PPN 的捕获目标的条件，即假设捕获条件已经满足，推导拦截弹和目标的初始速度应满足的约束。由条件(1) $\forall\theta\in\lfloor\theta_0,\theta_f\rfloor$，$\boldsymbol{e}_{vT}\cdot\boldsymbol{e}_r<0$，知

$$\boldsymbol{e}_{vT}^{\mathrm{T}}\boldsymbol{e}_r=\bar{r}_{\mathrm{T}}\cos(\theta_{vT0}-\Delta\theta)<0 \tag{3.68}$$

即

$$\left.\begin{aligned}\boldsymbol{e}_{vT}^{\mathrm{T}}\boldsymbol{e}_r(\theta_0)=\bar{r}_{\mathrm{T}}\cos(\theta_{vT0})<0\\ \boldsymbol{e}_{vT}^{\mathrm{T}}\boldsymbol{e}_r(\theta_f)=\bar{r}_{\mathrm{T}}\cos(\theta_{vT0}-\Delta\theta_f)<0\end{aligned}\right\} \tag{3.69}$$

根据三角函数定义，有

$$\left.\begin{aligned}|\theta_{vT0}-\pi|<\frac{\pi}{2} \quad&\Leftrightarrow\quad \frac{\pi}{2}<\theta_{vT0}<\frac{3\pi}{2}\\ |\theta_{vT0}-\Delta\theta_f-\pi|<\frac{\pi}{2} \quad&\Leftrightarrow\quad \frac{\pi}{2}<\theta_{vT0}-\Delta\theta_f<\frac{3\pi}{2}\end{aligned}\right\} \tag{3.70}$$

由条件(2)，$\exists\,\theta_f$ 使得 $\bar{v}(\theta_f)\leqslant\bar{\rho}_f^{1-\beta}\bar{v}_0$，$\bar{\rho}_f\geqslant0$，$\beta>1$，考虑拦截弹最终零脱靶，令 $\bar{\rho}_f=0$，由式(3.54)，有 $\bar{v}(\theta_f)=p\bar{r}_T\sin(\theta_{vT0}-\Delta\theta_f)-\bar{r}_M\sin\lfloor\theta_{vM0}-(1-\beta)\Delta\theta_f\rfloor=0$，即

$$-\frac{1}{v_e}\leqslant\sin(\theta_{vT0}-\Delta\theta_f)=\frac{1}{v_e}\sin[\theta_{vM0}-(1-\beta)\Delta\theta_f]\leqslant\frac{1}{v_e} \tag{3.71}$$

记 $\arcsin\dfrac{1}{v_e}=\theta_c(v_e>1)$，因为 $\dfrac{\pi}{2}<\theta_{vT0}-\Delta\theta_f<\dfrac{3\pi}{2}$，所以

$$\pi-\theta_c\leqslant\theta_{vT0}-\Delta\theta_f\leqslant\pi+\theta_c \tag{3.72}$$

由式(3.50)知 $\cos\theta_{vT0}=\dfrac{(\boldsymbol{e}_{vT}^{\mathrm{T}}\boldsymbol{e}_r)_0}{\bar{r}_T}$，即 θ_{vT0} 是目标速度矢量与 $\boldsymbol{e}_r$ 的夹角。为使表述更为直观，以 $\boldsymbol{e}_r$、$\boldsymbol{e}_t$ 为坐标轴做示意图，如图 3-3 所示。

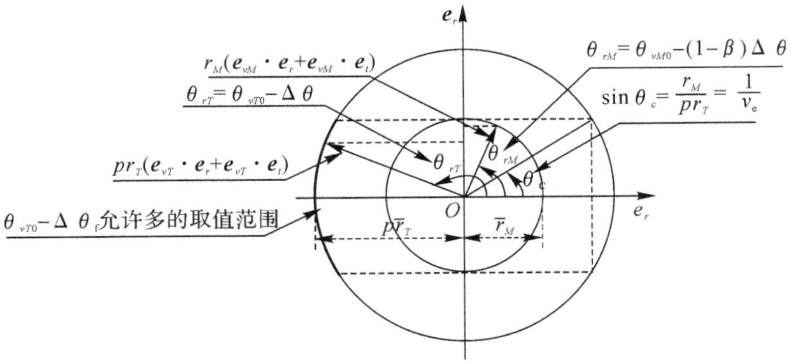

图 3-3　$\boldsymbol{e}_r$ 与 $\boldsymbol{e}_t$ 所在平面示意图

在图 3-3 中

$$\left.\begin{aligned}&\bar{r}_M(\boldsymbol{e}_{vM}\cdot\boldsymbol{e}_r+\boldsymbol{e}_{vM}\cdot\boldsymbol{e}_t)=\bar{r}_M\{\cos[\theta_{vM0}-(1-\beta)\Delta\theta]\boldsymbol{e}_r+\sin[\theta_{vM0}-(1-\beta)\Delta\theta]\boldsymbol{e}_t\}\\&p\bar{r}_T(\boldsymbol{e}_{vT}\cdot\boldsymbol{e}_r+\boldsymbol{e}_{vT}\cdot\boldsymbol{e}_t)=p\bar{r}_T\{\cos[\theta_{vT0}-\Delta\theta]\boldsymbol{e}_r+\sin[\theta_{vT0}-\Delta\theta]\boldsymbol{e}_t\}\end{aligned}\right\}\tag{3.73}$$

根据定义 $\bar{v}=\dfrac{v}{V_M}=\dfrac{\rho\|\boldsymbol{\Omega}\|}{V_m}$，$\forall\theta\in[\theta_0,\theta_f]$，$\bar{v}\geqslant 0$，特别地，当 $\theta=\theta_0$ 时，有

$$\bar{v}(\theta_0)=p\bar{r}_T\sin(\theta_{vT0})-\bar{r}_M\sin(\theta_{vM0})\geqslant 0$$

因此

$$p\bar{r}_T\sin(\theta_{vT0})\geqslant\bar{r}_M\sin(\theta_{vM0})\tag{3.74}$$

对应到图 3-3 其含义为，在初始时刻，$p\bar{r}_T(\boldsymbol{e}_{vT}\cdot\boldsymbol{e}_r+\boldsymbol{e}_{vT}\cdot\boldsymbol{e}_t)$向量在 $\boldsymbol{e}_t$ 轴上的分量不能小于$(\boldsymbol{e}_{vM}\cdot\boldsymbol{e}_r+\boldsymbol{e}_{vM}\cdot\boldsymbol{e}_t)$向量在 $\boldsymbol{e}_t$ 轴上的分量，即

$$p\bar{r}_T\sin(\theta_{vT0})\geqslant-\bar{r}_M\tag{3.75}$$

换句话说，若 $\pi+\theta_c<\theta_{vT0}<\dfrac{3\pi}{2}$，无论 θ_{vM0} 如何取值均无法保证，在初始时刻 $p\bar{r}_T\sin(\theta_{vT0})\geqslant\bar{r}_M\sin(\theta_{vM0})$。因此

$$\frac{\pi}{2}<\theta_{vT0}\leqslant\pi+\theta_c\tag{3.76}$$

由式(3.54)知

$$\begin{cases}\bar{u}=p\bar{r}_T\cos(\theta_{vT0}-\Delta\theta)-\bar{r}_M\cos[\theta_{vM0}-(1-\beta)\Delta\theta]\\\bar{v}=p\bar{r}_T\sin(\theta_{vT0}-\Delta\theta)-\bar{r}_M\sin[\theta_{vM0}-(1-\beta)\Delta\theta]\end{cases}$$

以 $\bar{u}$、$\bar{v}$ 为坐标轴，以 $\Delta\theta$ 为自变量，在 $\theta_{vT0}=150°$、$\theta_{vM0}=20°$、$p=1.5$ 和 $\beta=3$、4、5、6，$\bar{r}_T=0.789\ 8$、$\bar{r}_M=0.677\ 0$，其计算方法后面有详细阐述，此处仅仅给出计算结果供分析用，计算结果如图 3-4 所示。

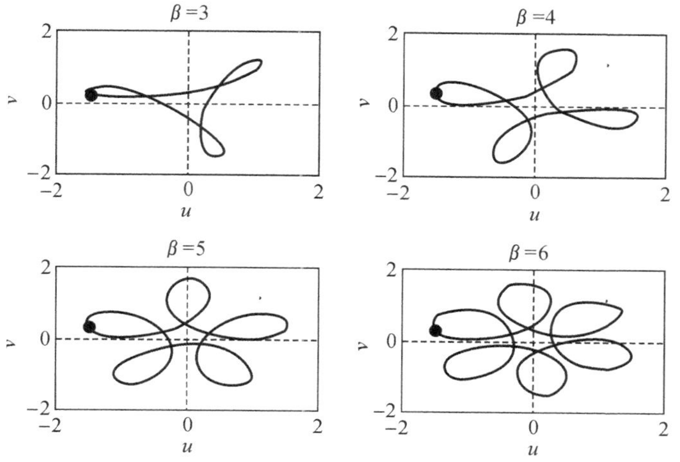

图 3-4　弹目相对运动状态归一化值随视线角变化量的变化曲线

图 3-4 中点代表相对运动初始状态归一化值。由图 3-4 知，$\beta=3$、4、5、6 值决定了曲线的形状，$\theta_{vT0}=150°$、$\theta_{vM0}=20°$决定了相对运动初始状态。根据定义 $\forall\theta\in[\theta_0,\theta_f]$，$\bar{v}\geqslant 0$，即状态曲线仅能取上半平面。为使弹目交会，应有 $\dot{\rho}<0$，即 $\bar{u}(\theta)<0$，且在终点处 $\bar{u}(\theta_f)\leqslant 0$，对应到图 3-4 中，即相对运动状态处于左半平面。因此，基于这种特殊性，弹目相对运动状态应处在第二象限中，且在整个拦截过程中不能超出第二象限，否则拦截失败。故

$$\Delta\theta_f\leqslant\frac{\pi}{2}$$

由式(3.39)，$\mathrm{d}\theta=\|\boldsymbol{\Omega}\|\mathrm{d}t\geqslant 0$，所以

$$0\leqslant\Delta\theta_f\leqslant\frac{\pi}{2}$$

由式(3.76)，$\frac{\pi}{2}<\theta_{vT0}\leqslant\pi+\theta_c$，又因为 $\pi-\theta_c\leqslant\theta_{vT0}-\Delta\theta_f\leqslant\pi+\theta_c$，假设

$$\frac{\pi}{2}<\theta_{vT0}<\pi-\theta_c$$

为使 $\pi-\theta_c\leqslant\theta_{vT0}-\Delta\theta_f\leqslant\pi+\theta_c$，从图 3-3 可以看出有

$$\Delta\theta_f\geqslant\frac{3\pi}{2}-\theta_c\geqslant\pi$$

这与前面分析的结论 $0\leqslant\theta_f\leqslant\frac{2\pi}{2}$，不符。因此，可得如下结论：

$$\pi-\theta_c\leqslant\theta_{vT0}\leqslant\pi+\theta_c \tag{3.77}$$

式(3.72)、式(3.77)经变换后，两式相加，得

$$\left.\begin{array}{l}\pi-\theta_c\leqslant\theta_{vT0}-\Delta\theta_f\leqslant\pi+\theta_c\\ -\pi-\theta_c\leqslant-\theta_{vT0}\leqslant-\pi+\theta_c\end{array}\Leftrightarrow 0\leqslant\Delta\theta_f\leqslant 2\theta_c\right\} \tag{3.78}$$

因为 $\pi-\theta_c\leqslant\theta_{vT0}\leqslant\pi+\theta_c$，因此

$$\arcsin(\sin(\theta_{vT0}))=\pi-\theta_{vT0}\in[-\theta_c,\theta_c],\theta_c\leqslant\frac{\pi}{2} \tag{3.79}$$

结合式(3.74)和式(3.79)，可得

$$\pi-\theta_{vT0}\geqslant\arcsin\left(\frac{1}{v_e}\sin(\theta_{vM0})\right)\Leftrightarrow\theta_{vT0}\leqslant\pi-\arcsin\left(\frac{1}{v_e}\sin(\theta_{vM0})\right) \tag{3.80}$$

综上，由捕获充分条件中条件(1)(2)，可得到如下约束：

$$\left.\begin{array}{l}\pi-\theta_c\leqslant\theta_{vT0}-\Delta\theta_f\leqslant\pi+\theta_c\\ \pi-\theta_c\leqslant\theta_{vT0}\leqslant\pi+\theta_c\\ 0\leqslant\Delta\theta_f\leqslant 2\theta_c\\ \theta_{vT0}\leqslant\pi-\arcsin\left(\frac{1}{v_e}\sin(\theta_{vM0})\right)\end{array}\right\} \tag{3.81}$$

上述条件限制了拦截初始场景对目标速度的限制，只有目标速度满足式(3.81)的约束时，才有可能实现拦截。

说明：由式(3.81)，采用 PPN 制导时，在拦截弹速度小于目标的条件下，只有当目标初始速度方向与弹目视线夹角不超过 θ_c 时，才有可能实现拦截，且该角度范围与目标和拦截

弹的速度比有关。同时，由于拦截弹速度小于目标，拦截结束时刻，目标的速度不能背向拦截弹，也在朝向拦截弹的弹目视线一定角度范围内。

下面分析条件(3)，$\bar{u}(\theta_f)\leqslant 0$，即 $\dot{\rho}(\theta_f)\leqslant 0$ 对弹目相对运动初始状态的约束，该条件保证拦截弹是靠近目标而非远离目标。因为

$$\begin{aligned}\frac{\mathrm{d}\bar{v}}{\mathrm{d}\theta}&=\frac{1}{v_M}\frac{\mathrm{d}(\rho\|\boldsymbol{\Omega}\|)}{\mathrm{d}\theta}=\frac{1}{v_M}\left(\frac{\mathrm{d}(\rho\|\boldsymbol{\Omega}\|)}{\mathrm{d}\theta}+\rho\frac{\mathrm{d}\|\boldsymbol{\Omega}\|}{\mathrm{d}\theta}\right)\\&=\frac{1}{v_M}\left(\frac{\mathrm{d}\rho}{\mathrm{d}t}\frac{\mathrm{d}t}{\mathrm{d}\theta}\|\boldsymbol{\Omega}\|+\rho\frac{\mathrm{d}\|\boldsymbol{\Omega}\|}{\mathrm{d}\theta}\right)=\frac{1}{v_M}\left(\frac{\mathrm{d}\rho}{\mathrm{d}t}\frac{1}{\|\boldsymbol{\Omega}\|}\|\boldsymbol{\Omega}\|+\rho\frac{\mathrm{d}\|\boldsymbol{\Omega}\|}{\mathrm{d}\theta}\right)\\&=\frac{1}{v_M}\left(\dot{\rho}+\rho\frac{\mathrm{d}\|\boldsymbol{\Omega}\|}{\mathrm{d}\theta}\right)\end{aligned}$$

当 $\theta=\theta_f$，考虑 $\bar{\rho}(\theta_f)=\bar{\rho}_f=0$，有 $\rho(\theta_f)=0$，代入上式得

$$\left.\frac{\mathrm{d}\bar{v}}{\mathrm{d}\theta}\right|_{\theta=\theta_f}=\frac{1}{v_M}\left(\dot{\rho}(\theta_f)+\rho(\theta_f)\frac{\mathrm{d}\|\boldsymbol{\Omega}\|}{\mathrm{d}\theta_f}\right)=\frac{\dot{\rho}(\theta_f)}{v_M}=\bar{u}(\theta_f)\tag{3.82}$$

故在 $\rho(\theta_f)$的条件下，$\left.\frac{\mathrm{d}\bar{v}}{\mathrm{d}\theta}\right|_{\theta=\theta_f}=\bar{u}(\theta_f)$，由 $\bar{u}(\theta_f)\leqslant 0$ 知，必有 $\left.\frac{\mathrm{d}\bar{v}}{\mathrm{d}\theta}\right|_{\theta=\theta_f}\leqslant 0$，将式(3.51)代入式(3.62)，得

$$\left.\frac{\mathrm{d}\bar{v}}{\mathrm{d}\theta}\right|_{\theta=\theta_f}=\bar{u}(\theta_f)-\beta\boldsymbol{e}_{vM}^{\mathrm{T}}\boldsymbol{e}_r=-\bar{u}(\theta_f)-\beta\bar{r}_M\cos[\theta_{vM0}-(1-\beta)\Delta\theta_f]$$

由式(3.82)和上式相等可得

$$\cos[\theta_{vM0}-(1-\beta)\Delta\theta_f]=-\frac{2\bar{u}(\theta_f)}{\beta\bar{r}_M}\tag{3.83}$$

由条件(3)，$\bar{u}(\theta_f)\leqslant 0$，所以 $-\frac{2\bar{u}(\theta_f)}{\beta\bar{r}_M}\geqslant 0$，即 $\cos[\theta_{vM0}-(1-\beta),\Delta\theta_f]\geqslant 0$。记 $\theta_1\in\left[-\frac{\pi}{2},\frac{\pi}{2}\right]$，则

$$\theta_{vM0}-(1-\beta)\Delta\theta_f=\theta_1+2k\pi,k\in\mathbf{Z}\tag{3.84}$$

又因为 θ_{vM0} 是拦截弹初始速度相对 LOS 的夹角，因此 $\theta_{vM0}\in[0,2\pi]$。考虑到拦截弹速度与 LOS 夹角小于 90°时，有 $\theta_{vM0}\in\left[0,\frac{\pi}{2}\right]\cup\left[0,\frac{3\pi}{2},2\pi\right]$。为保持 θ_{vM0} 的连续性，定义

$$\theta_{vM0}\in[-\pi,\pi]\tag{3.85}$$

此时，拦截弹速度与 LOS 夹角小于 90°，有 $\theta_{vM0}\in\left[-\frac{\pi}{2},\frac{\pi}{2}\right]$。由式(3.81)知，$0\leqslant\Delta\theta_f\leqslant 2\theta_c$，因此，在 $\beta>1$ 的条件下，有

$$\theta_{vM0}-(1-\beta)\Delta\theta_f=\theta_{vM0}+(\beta-1)$$

$\Delta\theta_f\in[-\pi,\pi+2(\beta-1)\theta_c]$，即

$$\theta_1+2k\pi\in[-\pi,\pi+2(\beta-1)\theta_c],k\in\mathbf{Z}$$

又因为 $\theta_1\in\left[-\frac{\pi}{2},\frac{\pi}{2}\right]$，求解上式，得

$$\begin{cases}-\pi\leqslant\theta_1+2k\pi\leqslant\pi+2(\beta-1)\theta_c, k\in\mathbf{Z}\\-\dfrac{\pi}{2}\leqslant-\theta_1\leqslant\dfrac{\pi}{2}\end{cases}\Rightarrow-\frac{3}{4}\leqslant k\leqslant\frac{3}{4}+\frac{(\beta-1)}{\pi}\theta_c\leqslant\frac{3}{4}+\frac{(\beta-1)}{\pi}\frac{\pi}{2}$$

即

$$-\frac{3}{4}\leqslant k\leqslant\frac{3}{4}+\frac{(\beta-1)}{2}\tag{3.86}$$

综上，根据捕获条件(1)(2)，推导出式(3.81)、式(3.82)、式(3.84)～式(3.86)，列写如下，作为进一步推导的基础。

$$\begin{cases}\theta_{vT0}\Leftrightarrow\begin{cases}\pi-\theta_c\leqslant\theta_{vT0}-\Delta\theta_f\leqslant\pi+\theta_c\\\pi-\theta_c\leqslant\theta_{vT0}\leqslant\pi+\theta_c\\0\leqslant\Delta\theta_f\leqslant 2\theta_c\\\theta_{vT0}\leqslant\pi-\arcsin\left(\dfrac{1}{v_e}\sin(\theta_{vM0})\right)\\\theta_{vM0}\Leftrightarrow\begin{cases}\theta_{vM0}-(1-\beta)\Delta\theta_f=\theta_1+2k\pi, k\in\mathbf{Z}, -\dfrac{3}{4}\leqslant k\leqslant\dfrac{3}{4}+\dfrac{(\beta-1)}{2}\\\theta_{vM0}\in[-\pi,\pi]\\\theta_1\in\left[-\dfrac{\pi}{2},\dfrac{\pi}{2}\right]\end{cases}\\\left.\dfrac{d\bar{v}}{d\theta}\right|_{\theta=\theta_f}=\bar{u}(\theta_f)\end{cases}\end{cases}\tag{3.87}$$

由 $\bar{u}(\theta_f)=p\bar{r}_T\cos(\theta_{vT0}-\Delta\theta_f)-\bar{r}_M\cos[\theta_{vM0}-(1-\beta)\Delta\theta_f]$知，式(3.87)中的条件

$$\begin{cases}\theta_{vT0}\Leftrightarrow\pi-\theta_c\leqslant\theta_{vT0}-\Delta\theta_f\leqslant\pi+\theta_c\\\theta_{vM0}\Leftrightarrow\begin{cases}\theta_{vM0}(1-\beta)\Delta\theta_f=\theta_1+2k\pi, k\in\mathbf{Z}, -\dfrac{3}{4}\leqslant k\leqslant\dfrac{3}{4}+\dfrac{(\beta-1)}{2}\\\theta_{vM0}\in[-\pi,\pi]\\\theta_1\in\left[-\dfrac{\pi}{2},\dfrac{\pi}{2}\right]\end{cases}\end{cases}$$

就能够保证

$$\begin{cases}p\bar{r}_T\cos(\theta_{vT0}-\Delta\theta_f)<0\\-\bar{r}_M\cos[\theta_{vM0}-(1-\beta)\Delta\theta_f]<0\end{cases}\Rightarrow\bar{u}(\theta_f)<0$$

恒成立。但是这是$\bar{u}(\theta_f)$的充分非必要条件，下面进一步确定，在 $\rho(\theta_f)=0$ 的条件下，$\bar{u}(\theta_f)\leqslant 0$ 的充分必要条件，也即$\left.\dfrac{d\bar{v}}{d\theta}\right|_{\theta=\theta_f}\leqslant 0$ 的充分必要条件。对式(3.62)进行变换，得

$$\begin{aligned}\frac{d\bar{v}}{d\theta_f}&=\bar{u}_f-\beta\boldsymbol{e}_{vM}^{T}\boldsymbol{e}_r=-p\bar{r}_t\cos(\theta_{vT0}-\Delta\theta_f)+\bar{r}_M(1-\beta)\cos[\theta_{vM0}-(1-\beta)\Delta\theta_f]\\&=\bar{r}_M(-v_e\cos(\theta_{vT0}-\Delta\theta_f)-(\beta-1)\cos[\theta_{vM0}-(1-\beta)\Delta\theta_f]\end{aligned}$$

上式中含有 θ_{vT0} 与 θ_{vM0}，即条件$\left.\dfrac{d\bar{v}}{d\theta}\right|_{\theta=\theta_f}\leqslant 0$ 包含了对两者相对关系的约束。通过观察

发现，若记 $M=v_e\cos(\theta_{vT0}-\Delta\theta_f)\cos[\theta_{vM0}-(1-\beta)\Delta\theta_f]$，则

$$\frac{\frac{\mathrm{d}\bar{v}}{\mathrm{d}\theta_f}}{M}=\frac{\bar{r}_M(-v_e\cos(\theta_{vT0}-\Delta\theta_f)-(\beta-1)\cos[\theta_{vM0}-(1-\beta)\Delta\theta_f]}{M}$$

对上式右边进行分解，得

$$\frac{\frac{\mathrm{d}\bar{v}}{\mathrm{d}\theta_f}}{M}=\bar{r}_M\frac{1}{\cos[\theta_{vM0}-(1-\beta)\Delta\theta_f]}+(\beta-1)\frac{1}{v_e\cos(\theta_{vT0}-\Delta\theta_f)} \tag{3.88}$$

记 $y_1=\sin x_1, x_1=\theta_1$，由式(3.87)知

$$\begin{cases}\theta_1\in\left[-\frac{\pi}{2},\frac{\pi}{2}\right]\\ \theta_1=\theta_{vM0}-(1-\beta)\Delta\theta_f-2k\pi, k\in\mathbf{Z}, -\frac{3}{4}\leqslant k\leqslant\frac{3}{4}+\frac{(\beta-1)}{2}\\ \theta_{vM0}\in[-\pi,\pi]\end{cases}$$

根据反三角函数定义，$y_1=\sin(x_1)$ 的反函数 $x_1=\arcsin(y_1)$ 存在，且根据反函数微分法则

$$x'_1=(\arcsin(y_1))'=\frac{1}{\sin'(x_1)}=\frac{1}{\cos'(x_1)}==\frac{1}{\cos'\theta_1} \tag{3.89}$$

由 $\bar{v}(\theta_f)=0$，得

$$v_e\sin(\theta_{vT0}-\Delta\theta_f)=v_e\sin[\pi-(\theta_{vT0}-\Delta\theta_f)]=\sin[\theta_{vM0}-(1-\beta)\Delta\theta_f]$$

即 $v_c\sin[\pi-(\theta_{vT0}-\Delta\theta_f)]=\sin\theta=y_1$。由式(3.87)知

$$-\frac{\pi}{2}<-\theta_c\leqslant\pi-(\theta_{vT0}-\Delta\theta_f)\leqslant\theta_c<\frac{\pi}{2}$$

记 $y_2=\frac{y_1}{v_e}=\sin x_2, x_2=\pi-(\theta_{vT0}-\Delta\theta_f)$，则要求 $|y_1|\leqslant v_e$，因为 $|y_1|=|\sin x_1|\leqslant 1<v_c$，$|y_1|\leqslant v_c$ 显然成立。根据反三角函数定义，$y_2=\sin x_2$ 反函数，$x_2=\arcsin\left(\frac{y_1}{v_e}\right)$ 存在，且根据反函数微分法则

$$x'_2=\left(\arcsin\left(\frac{y_1}{v_e}\right)\right)'=\frac{1}{v_e\sin' x_2}=\frac{1}{-v_e\cos(\theta_{vT0}-\Delta\theta_f)} \tag{3.90}$$

将式(3.89)和式(3.90)代入式(3.88)，有

$$\frac{\frac{\mathrm{d}\bar{v}}{\mathrm{d}\theta_f}}{M}=\bar{r}_M\left[(\arcsin(y_1))'-(\beta-1)\left(\arcsin\left(\frac{y_1}{v_e}\right)\right)'\right] \tag{3.91}$$

记

$$\frac{\mathrm{d}\psi(y_1)}{\mathrm{d}y_1}=(\arcsin(y_1))'-(\beta-1)\left(\arcsin\left(\frac{y_1}{v_e}\right)\right)' \tag{3.92}$$

则

$$\begin{aligned}\psi(y_1)&=\arcsin y_1-(\beta-1)\arcsin\left(\frac{y_1}{v_e}\right)=x_1-(\beta-1)x_2\\&=\theta_1-(\beta-1)(\pi-\theta_{vT0}-\Delta\theta_f)\\&=\theta_{vM0}-2k\pi+(\beta-1)(\theta_{vT0}-\pi)\end{aligned} \tag{3.93}$$

其中 $k\in\mathbf{Z}$，$-\dfrac{3}{4}\leqslant k\leqslant\dfrac{3}{4}+\dfrac{(\beta-1)}{2}$。可见，通过 $\psi(y_1)$ 可以确定拦截弹和目标的初始速度之间应满足的关系。由式(3.91)和式(3.92)，有

$$\frac{\mathrm{d}\bar{v}}{\mathrm{d}\theta_f}=-\bar{r}_M v_e\cos(\theta_{vT0}-\Delta\theta_f)\cos[\theta_{vM0}-(1-\beta)\Delta\theta_f]\frac{\mathrm{d}\psi(y_1)}{\mathrm{d}y_1} \tag{3.94}$$

由式(3.87)，$\pi-\theta_c\leqslant\theta_{vT0}-\Delta\theta_f\leqslant\pi+\theta_c$，$\cos[\theta_{vM0}-(1-\beta)\Delta\theta_f]>0$，因此

$$M=v_c\cos(\theta_{vT0}-\Delta\theta_f)\cos[\theta_{vM0}-(1-\beta)\Delta\theta_f]<0$$

所以，在 $\pi-\theta_c\leqslant\theta_{vT0}-\Delta\theta_f\leqslant\pi+\theta_c$，$\cos[\theta_{vM0}-(1-\beta)\Delta\theta_f]>0$ 的条件下，有

$$\frac{\mathrm{d}\bar{v}}{\mathrm{d}\theta_f}\leqslant 0\Leftrightarrow\bar{r}_M M\frac{\mathrm{d}\psi(y_1)}{\mathrm{d}y_1}\leqslant 0\Leftrightarrow\frac{\mathrm{d}\psi(y_1)}{\mathrm{d}y_1}\leqslant 0 \tag{3.95}$$

由反三角函数导数的定义，有

$$\frac{\mathrm{d}\psi(y_1)}{\mathrm{d}y_1}=\frac{1}{\sqrt{1-y_1^2}}-(\beta-1)\frac{1}{\sqrt{v_e^2-y_1^2}}=\frac{\sqrt{v_e^2-y_1^2}-(\beta-1)\sqrt{1-y_1^2}}{\sqrt{1-y_1^2}\sqrt{v_e^2-y_1^2}} \tag{3.96}$$

则

$$\frac{\sqrt{v_e^2-y_1^2}-(\beta-1)\sqrt{1-y_1^2}}{\sqrt{1-y_1^2}\sqrt{v_e^2-y_1^2}}\leqslant 0\Leftrightarrow\sqrt{v_e^2-y_1^2}-(\beta-1)\sqrt{1-y_0^2}\leqslant 0$$

假定 $\beta>1$ 化简上式，得

$$y_1^2\leqslant\frac{(\beta-1)^2-v_e^2}{(\beta-1)\beta} \tag{3.97}$$

由式(3.97)可知，若 $\beta-1\leqslant v_e$，则 $\dfrac{(\beta-1)^2-v_e^2}{(\beta-1)\beta}\leqslant 0$，而 $y_1^2\geqslant 0$，因此不存在满足式(3.97)的解，故 $\beta-1>v_e$，此时有以下结论成立。

推论 2：在 $\pi-\theta_c\leqslant\theta_{vT0}-\Delta\theta_f\leqslant\pi+\theta_c$，$\cos[\theta_{vM0}-(1-\beta)\Delta\theta_f]>0$ 的条件下，$\dfrac{\mathrm{d}\bar{v}}{\mathrm{d}\theta_f}\leqslant 0$ 的充要条件是 $\beta-1>v_e$ 且 $|y_1|\leqslant y_c$，其中，$y_c=\sqrt{\dfrac{(\beta-1)^2-v_e^2}{(\beta-1)\beta}}$，$0<y_c<$。

下面将推论 2 用于求解拦截弹和目标的初始速度约束。因为 $\dfrac{y_1}{v_c}=\sin[\pi-(\theta_{vT0}-\Delta\theta_f)]$，所以

$$|\sin[\pi-(\theta_{vT0}-\Delta\theta_f)]|=\frac{|y_1|}{v_e}\leqslant\frac{y_c}{v_e}\Leftrightarrow|\pi-(\theta_{vT0}-\Delta\theta_f)|\leqslant\arcsin\left(\frac{y_c}{v_e}\right)$$

求解上述不等式得

$$\pi-\arcsin\frac{y_c}{v_e}\leqslant\pi-\arcsin\frac{y_c}{v_e}+\Delta\theta_f\leqslant\theta_{vT0}\leqslant\pi+\arcsin\frac{y_c}{v_e}+\Delta\theta_f$$

因为 $\Delta\theta_f\geqslant 0$，$0<y_c<1$，有

$$\frac{y_c}{v_e}\leqslant\frac{1}{v_e}\Leftrightarrow\arcsin\left(\frac{y_c}{v_e}\right)\geqslant-\arcsin\left(\frac{1}{v_e}\right)=\pi-\theta_c$$

所以

$$\theta_{vT0}\geqslant\pi-\arcsin\left(\frac{y_c}{v_e}\right)>\pi-\theta_c \tag{3.98}$$

由式(3.87)，$\pi-\theta_c\leqslant\theta_{vT0}\leqslant\pi+\theta_c$，结合式(3.98)知

$$\left(\theta_{vT0}\geqslant\pi-\arcsin\left(\frac{y_c}{v_e}\right)\right)\cap(\pi-\theta_c\leqslant\theta_{vT0}\leqslant\pi+\theta_c)=\pi-\arcsin\left(\frac{y_c}{v_e}\right)\leqslant\theta_{vT0}\leqslant\pi+\theta_c \tag{3.99}$$

由 $|y_1|\leqslant y_c$ 得 $|\sin(\theta_{vM0}-(1-\beta)\Delta\theta_f|\leqslant y_c$，由式(3.87)知，$-y_c\leqslant\sin(\theta_1+2k\pi)\leqslant y_c$，即 $-\arcsin y_c\leqslant\theta_1\leqslant\arcsin y_c$，所以

$$-\arcsin y_c-(\beta-1)\Delta\theta_f+2k\pi\leqslant\theta_{vM0}\leqslant\arcsin y_c+2k\pi-(\beta-1)\Delta\theta_f\leqslant\arcsin y_c+2k\pi$$

其中 $k\in\mathbf{Z}$，$-\dfrac{3}{4}\leqslant k\leqslant\dfrac{3}{4}+\dfrac{(\beta-1)}{2}$。故

$$-\arcsin y_c-(\beta-1)\Delta\theta_f+2k\pi\leqslant\theta_{vM0}\leqslant\arcsin y_c+2k\pi \tag{3.100}$$

又由式(3.93)知，$\psi(y_1)=\theta_{vM0}-2k\pi+(\beta-1)(\theta_{vT0}-\pi)$，求解得

$$\theta_{vT0}=\pi-\frac{\theta_{vM0}-\psi(y_1)}{\beta-1}+\frac{2k\pi}{\beta-1}=\pi-\frac{\theta_{vM0}}{\beta-1}+\frac{\psi(y_1)}{\beta-1}+\frac{2k\pi}{\beta-1} \tag{3.101}$$

其中 $k\in\mathbf{Z}$，$-\dfrac{3}{4}\leqslant k\leqslant\dfrac{3}{4}+\dfrac{\beta-1}{2}$。由式(3.93)知，函数 $\psi(y_1)$是奇函数，关于原点对称，即

$$\begin{cases}\psi(0)=0\\ \psi(y_c)=\arcsin y_c-(\beta-1)\arcsin\dfrac{y_c}{v_e}\\ \psi(-y_c)=\arcsin y_c+(\beta-1)\arcsin\dfrac{y_c}{v_e}=-\psi(y_c)\end{cases}$$

且当 $|y_1|\leqslant y_c$ 时，$\dfrac{\mathrm{d}\psi(y_1)}{\mathrm{d}y_1}\leqslant 0$，可近似绘制该函数，如图 3-5 所示。

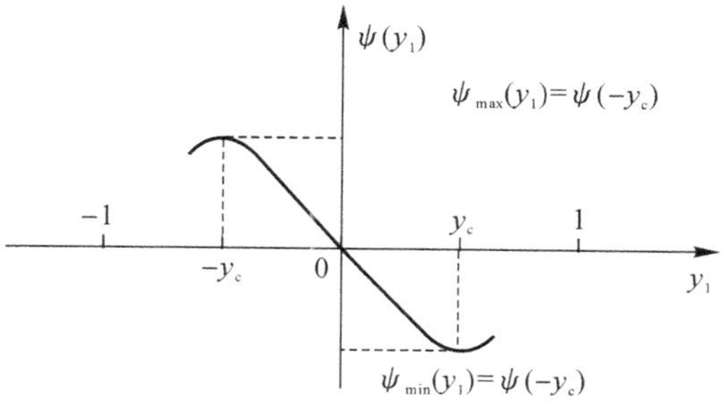

图 3-5　函数曲线示意图

因为 $|y_1|\leqslant y_c<1$，所以

$$\left.\begin{aligned}\psi_{\max}(y_1)&=\psi(-y_c)\\ \psi_{\min}(y_1)&=\psi(y_c)\end{aligned}\right\} \tag{3.102}$$

由式(3.101)和式(3.102)知

$$\left.\begin{aligned}\theta_{vT0}\geqslant\pi-\frac{\theta_{vT0}}{\beta-1}+\frac{\psi(y_1)_{\min}}{\beta-1}+\frac{2k\pi}{\beta-1}=\pi\frac{\theta_{vM0}-\psi(y_c)}{\beta-1}+\frac{2k\pi}{\beta-1}\\\theta_{vT0}\leqslant\pi-\frac{\theta_{vM0}}{\beta-1}+\frac{\psi(y_1)_{\max}}{\beta-1}+\frac{2k\pi}{\beta-1}=\pi\frac{\theta_{vM0}+\psi(y_c)}{\beta-1}+\frac{2k\pi}{\beta-1}\end{aligned}\right\}\tag{3.103}$$

综上，由式(3.87)、式(3.99)、式(3.100)和式(3.103)得此时捕获条件为

$$\begin{cases}\theta_{vT0}\Leftrightarrow\pi-\arcsin\left(\dfrac{y_c}{v_e}\right)\leqslant\theta_{vT0}\leqslant\pi+\theta_c\\\theta_{vM0}\Leftrightarrow\begin{cases}\theta_{vM0}-(1-\beta)\Delta\theta_f=\theta_1+2k\pi\\-\arcsin y_c-(\beta-1)\Delta\theta_f+2k\pi\leqslant\theta_{vM0}\leqslant\arcsin y_c+2k\pi\\\theta_1\in\left[-\dfrac{\pi}{2},\dfrac{\pi}{2}\right]\\\theta_{vM0}\in[-\pi,\pi]\end{cases}\\\theta_{vT0}\text{ and }\theta_{vM0}\Leftrightarrow\begin{cases}\theta_{vT0}\leqslant\pi-\arcsin\left(\dfrac{1}{v_e}\sin(\theta_{vM0})\right)\\\theta_{vT0}\leqslant\pi-\dfrac{\theta_{vM0}+\psi(y_c)}{\beta-1}+\dfrac{2k\pi}{\beta-1}\\\theta_{vT0}\geqslant\pi-\dfrac{\theta_{vM0}+\psi(y_c)}{\beta-1}+\dfrac{2k\pi}{\beta-1}\end{cases}\\\beta-1>v_e,y_c=\sqrt{\dfrac{(\beta-1)^2-v_e^2}{(\beta-1)\beta}}\\k\in\mathbf{Z},-\dfrac{3}{4}\leqslant k\leqslant\dfrac{3}{4}+\dfrac{\beta-1}{2}\end{cases}\tag{3.104}$$

下面对式(3.104)中重复出现的约束化简合并。对式组

$$\begin{cases}\pi-\arcsin\left(\dfrac{y_c}{v_e}\right)\leqslant\theta_{vT0}\leqslant\pi+\theta_c\\\theta_{vT0}\leqslant\pi-\arcsin\left(\dfrac{1}{v_e}\sin\theta_{vM0}\right)\end{cases}$$

当 $\theta_{vM0}=\arcsin y_c$ 时，有

$$\pi-\arcsin\left(\frac{1}{v_e}\sin\theta_{vM0}\right)=\pi-\arcsin\left(\frac{y_c}{v_e}\right)$$

因此，当 $\theta_{vM0}=\arcsin$ 时，有

$$\pi-\arcsin\left(\frac{y_c}{v_e}\right)\leqslant\theta_{vT0}\text{，且 }\theta_{vT0}\leqslant\pi-\arcsin\left(\frac{y_c}{v_e}\right)$$

故

$$\theta_{vT0}=\pi-\arcsin\left(\frac{y_c}{v_e}\right)$$

即两个约束项在 $\theta_{vM0}=\arcsin y_c$ 处交会。令 $\pi+\theta_c=\pi-\arcsin\left(\dfrac{1}{v_e}\sin(\theta_{vM0})\right)$，根据 θ_c 的取值范围和反正弦函数的定义，可解得

$$-\theta_c=\arcsin\left(\frac{1}{v_e}\sin\theta_{vM0}\right)\Leftrightarrow-\sin\theta_c=\frac{1}{v_e}\sin\theta_{vM0}\Leftrightarrow\frac{1}{v_e}=\frac{1}{v_e}\sin\theta_{vM0}$$

所以 $\sin\theta_{vM0}=-1$，即该水平线约束与 $\theta_{vT0}\leqslant\pi-\arcsin\left(\frac{1}{v_e}\sin\theta_{vM0}\right)$ 相切于 $\theta_{vM0}=-\frac{\pi}{2}\pm\frac{mn}{2}$，$m\in\mathbf{Z}$。即 $\pi-\arcsin\left(\frac{1}{v_e}\sin\theta_{vM0}\right)\leqslant\pi+\theta_c$ 恒成立。合并后约束条件为

$$S_1=\begin{cases}\theta_{vT0}\Leftrightarrow\theta_{vT0}\geqslant\pi-\arcsin\left(\dfrac{y_c}{v_e}\right)\\ \theta_{vM0}\Leftrightarrow\begin{cases}\theta_{vM0}-(1-\beta)\Delta\theta_f=\theta_1+2k\pi\\ -\arcsin y_c-(\beta-1)\Delta\theta_f+2k\pi\leqslant\theta_{vM0}\leqslant\arcsin y_c+2k\pi\\ \theta_1\in\left[-\dfrac{\pi}{2},\dfrac{\pi}{2}\right]\\ \theta_{vM0}\in[-\pi,\pi]\end{cases}\\ \theta_{vT0}\ \text{and}\ \theta_{vM0}\Leftrightarrow\begin{cases}\theta_{vT0}\leqslant\pi-\arcsin\left(\dfrac{1}{v_e}\sin\theta_{vM0}\right)\\ \theta_{vT0}\leqslant\pi-\dfrac{\theta_{vM0}+\psi(y_c)}{\beta-1}+\dfrac{2k\pi}{\beta-1}\\ \theta_{vT0}\geqslant\pi-\dfrac{\theta_{vM0}+\psi(y_c)}{\beta-1}+\dfrac{2k\pi}{\beta-1}\end{cases}\\ \beta-1>v_e,\ y_c=\sqrt{\dfrac{(\beta-1)^2-v_e^2}{(\beta-1)\beta}}\\ k\in\mathbf{Z},\ -\dfrac{3}{4}\leqslant k\leqslant\dfrac{3}{4}+\dfrac{(\beta-1)}{2}\end{cases}\tag{3.105}$$

因此，采用PPN拦截速度大于拦截弹速度的目标时的捕获区为

$$\mathrm{CR}_{\mathrm{PPN}}=\{(\theta_{vM0},\theta_{vT0})\mid(\theta_{vM0},\theta_{vT0})\in S_1\}$$

捕获条件中的目标初始速度方向的限制，由以拦截弹初始速度指向为自变量的一条以 2π 为时间周期的周期性曲线 Γ_1、一条直线 Γ_2 和两条直线簇 Γ_3、Γ_4 构成，各曲线定义为

$$\begin{cases}\Gamma_1=\theta_{vT0}-\left(\pi-\arcsin\left(\dfrac{1}{v_e}\sin\theta_{vM0}\right)\right)=0\\ \Gamma_2=\theta_{vT0}-\left(\pi-\arcsin\left(\dfrac{y_c}{v_e}\right)\right)=0\\ \Gamma_3=\theta_{vT0}-\left(\pi-\dfrac{\theta_{vM0}-\psi(y_c)}{\beta-1}+\dfrac{2k\pi}{\beta-1}\right)=0\\ \Gamma_4=\theta_{vT0}-\left(\pi-\dfrac{\theta_{vM0}-\psi(y_c)}{\beta-1}+\dfrac{2k\pi}{\beta-1}\right)=0\end{cases}$$

在 $(\theta_{vM0},\theta_{vT0})$ 平面内绘制相应的曲线。

相关参数取为 $\beta=5$，$v_e=2$，结果如图3-6所示。

由图3-6知，在目标速度远远大于拦截器速度的情况下，正如前面指出的那样，满足捕获条件的捕获区很小，也就是对拦截器的初始状态有严格的要求。下面通过两种方法验证

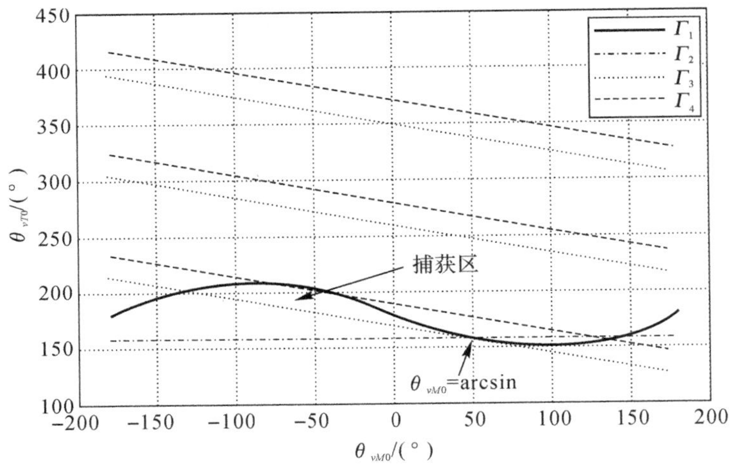

图 3-6　给定条件下的捕获区域

上面的推导结果。

(2)捕获条件验证分析。

1)基于数值仿真方法的捕获条件分析。采用数值仿真方法分析捕获条件,实质是基于给定的捕获条件关系式,采用数值仿真的方法搜索符合条件的区域,并对该区域进行分析与研究。

根据捕获条件:

$$\begin{cases} \forall\,\theta\in[\theta_0,\theta_f],\boldsymbol{e}_{vT}\cdot\boldsymbol{e}_r<0\Leftrightarrow\begin{cases}\dfrac{\pi}{2}<\theta_{vT0}<\dfrac{3\pi}{2}\\ \dfrac{\pi}{2}<\theta_{vT0}-\Delta\theta_f<\dfrac{3\pi}{2}\end{cases}\\ \bar{v}(\theta_f)=0\Leftrightarrow\sin(\theta_{vT0}-\Delta\theta_f)=\dfrac{1}{v_e}\sin[\theta_{vM0}-(1-\beta)\Delta\theta_f] \end{cases}$$

且 $\Delta\theta_f\in[0,2\theta_c]$,$\theta_{vM0}\in[-\pi,\pi]$。以 $\Delta\theta_f\in[0,2\theta_c]$为 X 轴,以 $\theta_{vM0}\in[-\pi,\pi]$为 Y 轴,间隔 0.02rad,搜索满足

$$\sin(\theta_{vT0}-\Delta\theta_f)=\frac{1}{v_e}\sin[\theta_{vM0}-(1-\beta)\Delta\theta_f]$$

θ_{vT0} 的取值。结果如图 3-7 所示。

由图 3-7 知,图中最外侧是对应的 $\Delta\theta_f=0°$的情形,从制导律的角度来说,是对应的平行接近法,此时,弹目交会过程中视线变化量为零。从图中可以看出,此时拦截弹速度允许方向范围是最大的,可达 360°,即拦截弹可全向发射。将图中曲面投影到对应的 θ_{vT0} 和 θ_{vM0} 平面,如图 3-8 所示。

由图 3-8 知,式(3.105)所示约束是正确的,且直线簇约束 Γ_3、Γ_4 是非严格的,图中有部分可行点落在该直线约束外侧。这是由于使用约束式(3.103)时 $\Psi(y_c)$也是 θ_{vM0} 的函数,因此,该直线约束不可能找到真实的确切边界,是一个较为精确的近似解,想要求解该精确边界是较为困难的。

2）基于相对运动状态变化的捕获条件分析。采用相对运动状态变化的方法分析捕获条件，实际是通过分析拦截过程中，不同条件下拦截弹与目标的相对运动状态变化关系，得出不同捕获条件下的状态变化关系。

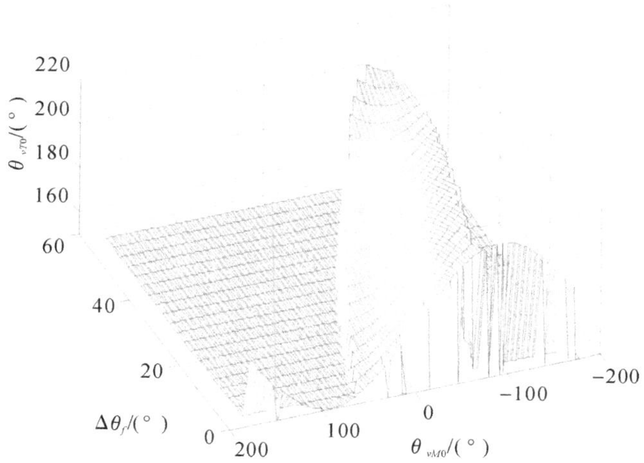

图 3－7　给定条件下的捕获区域

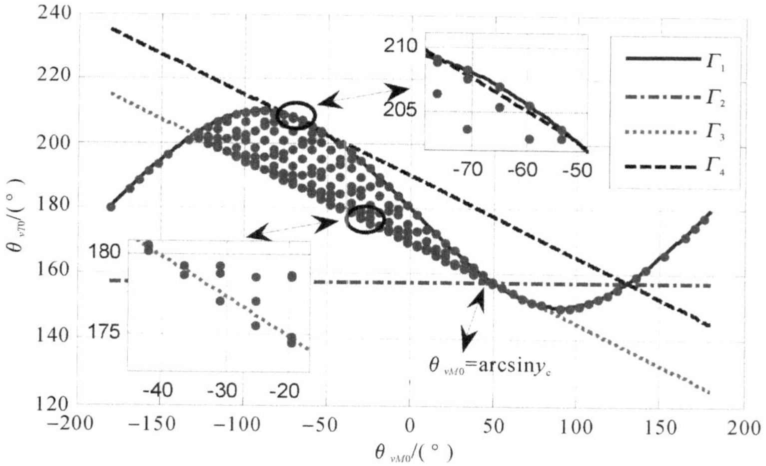

图 3－8　给定条件下的捕获区域

在推导视线角变化范围时，已经介绍并使用过该方法，此处详细阐述。由式(3.54)知

$$\begin{cases}\bar{u}p\bar{r}_T\cos(\theta_{vT0}-\Delta\theta)-\bar{r}_M\cos[\theta_{vM0}-(1-\beta)\Delta\theta]\\ \bar{v}p\bar{r}_T\sin(\theta_{vT0}-\Delta\theta)-\bar{r}_M\sin[\theta_{vM0}-(1-\beta)\Delta\theta]\end{cases}$$

在 θ_{vT0}、θ_{vM0}、p、β，$\bar{r}_T$、$\bar{r}_M$ 参数确定的情况下，以 $\Delta\theta$ 为自变量，在以 $\bar{u}$、$\bar{v}$ 为坐标轴的坐标系中，可绘制相对运动状态 $\bar{u}$、$\bar{v}$ 的变化曲线。前面已经指出，β 取值将决定曲线的形状，θ_{vT0}、θ_{vM0} 将决定曲线起始点。由 $0=v_T(\boldsymbol{e}_{vT}\cdot\boldsymbol{e}_{\Omega})-v_M(\boldsymbol{e}_{vM}\cdot\boldsymbol{e}_{\Omega})$ 知

$$1-\bar{r}_M^2=p^2(1-\bar{r}_T^2)$$

若已知目标和拦截弹的速度比 p、v_e，可求得 $\bar{r}_T$、$\bar{r}_M$，具体方法如下。由 $v_e=\dfrac{p\bar{r}_T}{\bar{r}_M}$，得 $\bar{r}_T=\dfrac{v_e\bar{r}_M}{p}$，代入 $1-\bar{r}_M^2=P^2(1-\bar{r}_T^2)$，得 $1-\bar{r}_M^2=p^2\left(1-\left(\dfrac{v_e\bar{r}_M}{p}\right)\right)$，从而解得

$$\bar{r}_M=\sqrt{\frac{p^2-1}{v_e^2-1}},\bar{r}_T=\frac{v_e}{p}\sqrt{\frac{p^2-1}{v_e^2-1}},p>1$$

又因为 $\bar{r}_M=\sqrt{1-(\boldsymbol{e}_{vM}^{\mathrm{T}}\boldsymbol{e}_\Omega)}\leqslant 1$，所以在 $p>1$ 时应保证 $v_e^2>p^2$，在 $p\leqslant 1$ 时应保证 $v_e^2\leqslant p^2$。

从图 3－8 中捕获区中选择一点作为起始点，相关参数选择与图 3－8 一致，取为 $\beta=5$，$v_e=2$，增加参数 $\rho=1.5<v_e$，$\theta_{vT0}=190°$、$\theta_{vM0}=-50°$。

计算结果如图 3－9 所示。

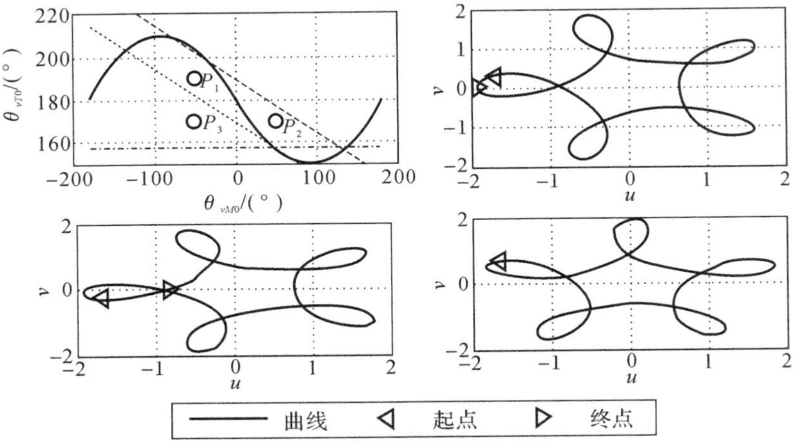

图 3－9　不同初始点对应的状态曲线变化

由图 3－9 知，位于捕获区内的初始点，能够满足 $\bar{v}\geqslant 0$，且存在终端状态使得 $\bar{v}_f=0$、$\bar{u}_f\leqslant 0$，即满足捕获条件。位于捕获区之外的初值，则因为 $\bar{v}_0<0$ 或不存在 $\bar{v}_f=0$、$\bar{u}_f\leqslant 0$ 的终端状态（见图 3－9 中 P_3）而无法实现弹目交会。

3. 拦截弹速度大于目标速度的捕获条件分析

（1）捕获条件建模。在中远程面空导弹作战过程中，其典型的空气动力目标，如各类作战飞机、巡航导弹等目标，其飞行速度通常都小于拦截弹的速度，也就是目标与拦截弹的速度比 $p\leqslant 1$。针对这种情况，本书根据 PPN 捕获充分条件，推导分析拦截弹和目标的初始速度应满足的约束。

由捕获的充分条件（1）$\forall\theta\in[\theta_0\theta_f]$，都有 $\boldsymbol{e}_{vT}\cdot\boldsymbol{e}_r$，知

$$\forall\theta\in[\theta_0\theta_f],\boldsymbol{e}_{vT}^{\mathrm{T}}\cdot\boldsymbol{e}_r=\bar{r}_T\cos(\theta_{vT0}-\Delta\theta)<0$$

据式（3.70），有

$$\left.\begin{aligned}&\frac{\pi}{2}<\theta_{vT0}<\frac{3\pi}{2}\\&\frac{\pi}{2}<\theta_{vT0}-\Delta\theta_{f}<\frac{3\pi}{2}\end{aligned}\right\}\tag{3.106}$$

由捕获的充分条件(2)，令 $\bar{\rho}_{f}=0$，则根据式(3.54)有

$$\bar{v}(\theta_{f})=p\bar{r}_{T}\sin(\theta_{vT0}-\Delta\theta_{f})-\bar{r}_{M}\sin[\theta_{vM0}-(1-\beta)\Delta\theta_{f}]=0$$

即 $v_{e}(\theta_{vT0}-\Delta\theta_{f})=\sin[\theta_{vM0}-(1-\beta)\Delta\theta_{f}]$，因此

$$\sin[\theta_{vM0}-(1-\beta)\Delta\theta_{f}]\leqslant v_{e}\tag{3.107}$$

又根据条件(3)，由式(3.82)、式(3.83)，在 $\rho(\theta_{f})=0$ 的条件下，$\left.\frac{d\bar{v}}{d\theta}\right|_{\theta=\theta_{f}}=\bar{u}(\theta_{f})$，由 $\bar{u}(\theta_{f})\leqslant 0$，所以

$$\cos[\theta_{vM0}-(1-\beta)\Delta\theta_{f}]=\frac{2\bar{u}(\theta_{f})}{\beta\bar{r}_{M}}\geqslant 0\tag{3.108}$$

由以上两式可知

$$-\arcsin v_{e}+2k\pi\leqslant\theta_{vM0}-(1-\beta)\Delta\theta_{f}\leqslant\arcsin v_{e}+2k\pi,k\in\mathbf{Z}\tag{3.109}$$

因此，$\theta_{vT0}-\Delta\theta_{f}$ 和 $\theta_{vM0}-(1-\beta)\Delta\theta_{f}$ 的取值范围如图 3-10 所示。

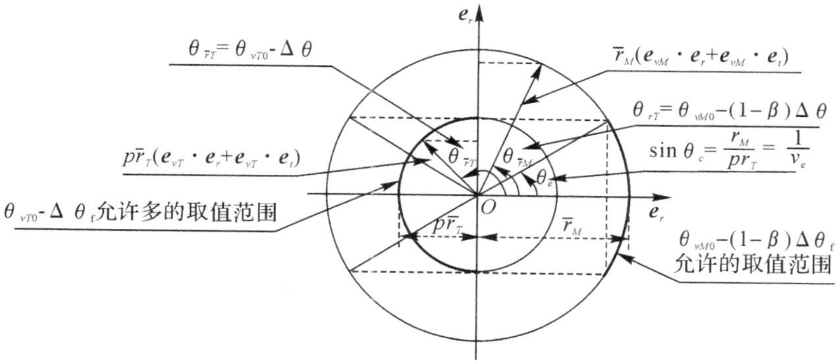

图 3-10　$\boldsymbol{e}_{r}$ 与 $\boldsymbol{e}_{t}$ 所在平面示意图

根据定义，$\forall\theta\in[\theta_{0},\theta_{f}]$，$\bar{v}\geqslant 0$，特别地，当 $\theta=\theta_{0}$ 时，有

$$\bar{v}(\theta_{0})=p\bar{r}_{T}\sin\theta_{vT0}-\bar{r}_{M}\sin\theta_{vM0}\geqslant 0$$

因此

$$P\bar{r}_{T}\sin\theta_{vT0}\geqslant\bar{r}_{M}\sin\theta_{vM0}\tag{3.110}$$

对应到图 3-10，等价为在初始时刻，$p\bar{r}_{T}(\boldsymbol{e}_{vt}\cdot\boldsymbol{e}_{r}+\boldsymbol{e}_{vT}\cdot\boldsymbol{e}_{t})$ 向量在 $\boldsymbol{e}_{t}$ 轴上的分量不能小于 $\bar{r}_{M}$ 向量在$(\boldsymbol{e}_{vM}\cdot\boldsymbol{e}_{r}+\boldsymbol{e}_{vM}\cdot\boldsymbol{e}_{t})$轴上的分量，所以

$$\sin(\theta_{vM0})\leqslant v_{e}\sin\theta_{vT0}\leqslant v_{e}\tag{3.111}$$

若 $\arcsin v_{e}<\theta_{vM0}<\pi-\arcsin v_{e}$，无论 θ_{vT0} 如何取值，均无法保证初始时刻满足 $p\bar{r}_{T}\sin\theta_{vT0}\geqslant\bar{r}_{M}\sin\theta_{vM0}$。因此

$$\theta_{vM0}\geqslant\pi-\arcsin v_{e}\quad 或\quad \theta_{vM0}\leqslant\arcsin v_{e}\tag{3.112}$$

如图 3-11 阴影部分所示。

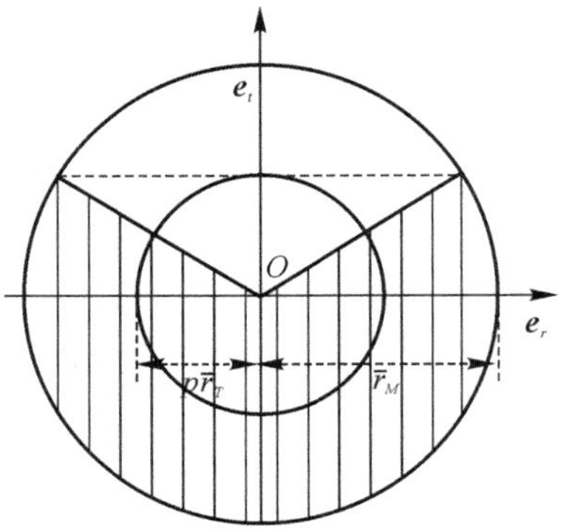

图 3-11 e_r 与 e_t 所在平面坐标轴示意图

为保证自变量的连续性，取

$$\theta_{vM0}\in\left[-\frac{3\pi}{2},\frac{\pi}{2}\right] \tag{3.113}$$

则式(3.112)变为

$$\theta_{vM0}\in[-\pi-\arcsin v_e,\arcsin v_e] \tag{3.114}$$

由 $p\bar{r}_T\sin\theta_{vT0}\geqslant\bar{r}_M$，知

$$\sin\theta_{vT0}\geqslant\frac{\sin\theta_{vM0}}{v_e} \tag{3.115}$$

讨论：令 $\left|\dfrac{\sin\theta_{vM0}}{v_e}\right|\leqslant 1$，得

$$\theta_{vM0}\in[-\pi-\arcsin v_e,-\pi+\arcsin v_e]\cup[-\arcsin v_e,\arcsin v_e] \tag{3.116}$$

当 $\theta_{vM0}\in[-\pi+\arcsin v_e,\arcsin v_e]$时，因为 $\sin\theta_{vT0}\geqslant-1\geqslant\dfrac{\sin\theta_{vM0}}{v_e}$，所以式(3.115)恒成立。因此，$\forall\,\theta_{vM0}\in[-\pi-\arcsin v_e,-\pi+\arcsin v_e]\cup[-\arcsin v_e,\arcsin v_e]$，有

$$\theta_{vT0}\leqslant\pi-\arcsin\left(\frac{\sin\theta_{vM0}}{v_e}\right) \tag{3.117}$$

综上所述，由捕获充分条件(1)(2)，可得到如下条件：

$$\begin{cases}\dfrac{\pi}{2}<\theta_{vT0}<\dfrac{3\pi}{2}\\ \dfrac{\pi}{2}<\theta_{vT0}-\Delta\theta_f<\dfrac{3\pi}{2}\\ \theta_{vM0}\in[-\pi-\arcsin v_e,\arcsin v_e]\\ -\arcsin v_e+2k\pi\leqslant\theta_{vM0}-(1-\beta)\Delta\theta_f\leqslant\arcsin v_e+2k\pi,k\in\mathbf{Z}\\ \theta_{vT0}\leqslant\pi-\arcsin\left(\dfrac{\sin\theta_{vM0}}{v_e}\right),\begin{cases}-\arcsin v_e\leqslant\theta_{vM0}\arcsin v_e\\ \pi-\arcsin v_c\leqslant\theta_{vM0}\leqslant\pi+\arcsin v_c\end{cases}\end{cases} \tag{3.118}$$

记 $\theta_1\in[-\arcsin v_e,\arcsin v_e]$，则由式(3.109)

$$\theta_{vM0}-(1-\beta)\Delta\theta_f=\theta_1+2k\pi,k\in\mathbf{Z} \tag{3.119}$$

由式(3.82),在 $\rho(\theta_f)=0$ 的条件下,$\left.\frac{\mathrm{d}\bar{v}}{\mathrm{d}\theta}\right|_{\theta=\theta_f}=\bar{u}(\theta_f)$。由捕获充分条件(3)$\bar{u}(\theta_f)\leqslant 0$ 知,必有 $\left.\frac{\mathrm{d}\bar{v}}{\mathrm{d}\theta}\right|_{\theta=\theta_f}\leqslant 0$。

下面进一步确定 $\rho(\theta_f)$的条件下,$\bar{u}(\theta_f)\leqslant 0$ 的充分必要条件,也即$\left.\frac{\mathrm{d}\bar{v}}{\mathrm{d}\theta}\right|_{\theta=\theta_f}\leqslant 0$ 的充分必要条件。按照上节推导思路推导,可得到与推论 2 一样的结论,但是在应用结论时需要分别讨论,具体如下。

因为$\frac{y_1}{v_e}=\sin(\pi-(\theta_{vT0}-\Delta\theta_f))$,所以$|\sin(\pi-(\theta_{vT0}-\Delta\theta_f))|=\frac{|y_1|}{v_e}\leqslant\frac{y_c}{v_e}$,当 $v_e>1$ 时,$\frac{y_c}{v_e}<1$ 恒成立,但是,当 $v_e\leqslant 1$ 时,$\frac{y_c}{v_e}<1$ 不再恒成立,需分别考虑。

讨论:1)若 $y_c\leqslant v_c$,即 $1\geqslant v_c\geqslant\frac{\beta-1}{\sqrt{\beta^2-\beta+1}}$时,$|\pi-(\theta_{vT0}-\Delta\theta_f)|\leqslant\arcsin\left(\frac{y_c}{v_e}\right)$成立,求解不等式得,$\pi-\arcsin\left(\frac{y_c}{v_e}\right)\leqslant\pi-\arcsin\left(\frac{y_c}{v_e}\right)+\Delta\theta_f\leqslant\theta_{vT0}$,即

$$\theta_{vT0}>\pi-\arcsin\left(\frac{y_c}{v_e}\right) \tag{3.120}$$

2)若 $y_c>v_e$,即 $v_e<\frac{\beta-1}{\sqrt{\beta^2-\beta+1}}$时,$|\sin(\pi-(\theta_{vT0}-\Delta\theta_f))|=\frac{|y_1|}{v_e}\leqslant\frac{y_c}{v_e}$恒成立。对 θ_{vT0} 不构成约束。但是,由于定义 $y_2=\frac{y_1}{v_c}=\sin x_2$,注意到此时

$$|y_1|=|\sin[\theta_{vM0}-(1-\beta)\Delta\theta_f]|\leqslant v_e<y_c \tag{3.121}$$

因此根据推论 2,当$|y_1|\leqslant y_c$,$y_c>v_e$ 时,$\frac{\mathrm{d}\psi(y_1)}{\mathrm{d}y_1}\leqslant 0$,可近似绘制该函数,如图 3-12 所示。

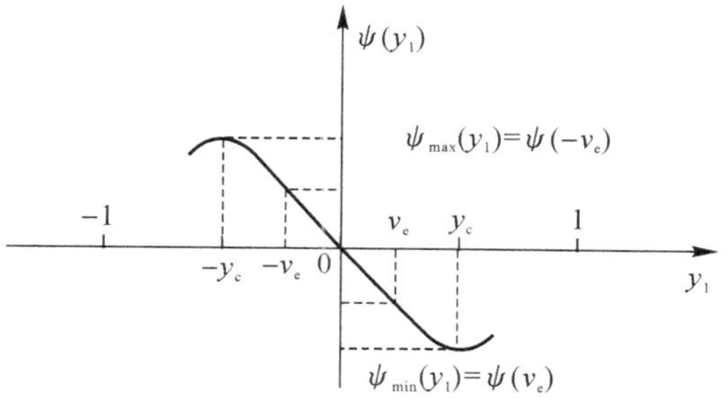

图 3-12　函数曲线示意图

由图 3-12,函数 $\psi(y_1)$ 最值不再是 $\psi(y_c)$ 和 $\psi(-y_c)$,而变为 $\psi(v_e)$ 和 $\psi(-v_e)$,即

$$\left.\begin{aligned}\psi(y_1)_{\max}&=\begin{cases}\psi(-y_c), y_c\leqslant v_e\\ \psi(-v_c), y_c\leqslant v_e\end{cases}\\ \psi(y_1)_{\min}&=\begin{cases}\psi(-y_c), y_c\leqslant v_e\\ \psi(-v_c), y_c\leqslant v_e\end{cases}\end{aligned}\right\}\tag{3.122}$$

又由式(3.93),$\psi(y_1)=\theta_{vM0}-2k\pi+(\beta-1)(\theta_{vT0}-\pi)$,求解得

$$\theta_{vT0}=\pi\frac{\theta_{vM0}-\psi(y_1)}{(\beta-1)}+\frac{2k\pi}{(\beta-1)}=\pi-\frac{\theta_{vM0}}{(\beta-1)}+\frac{\psi(y_1)}{(\beta-1)}+\frac{2k\pi}{(\beta-1)}\tag{3.123}$$

所以

$$\left.\begin{aligned}\theta_{vT0}&\geqslant\pi-\frac{\theta_{vM0}}{(\beta-1)}+\frac{\psi_{\min}(y_1)}{(\beta-1)}+\frac{2k\pi}{(\beta-1)}\\ \theta_{vT0}&\leqslant\pi-\frac{\theta_{vM0}}{(\beta-1)}+\frac{\psi_{\max}(y_1)}{(\beta-1)}+\frac{2k\pi}{(\beta-1)}\end{aligned}\right\}\tag{3.124}$$

由式(3.118)、式(3.120)和式(3.124)得

$$\boldsymbol{S}_2=\begin{cases}\theta_{vT0}\Leftrightarrow\begin{cases}\dfrac{\pi}{2}<\theta_{vT0}<\dfrac{3\pi}{2}\\ \theta_{vT0}\geqslant\pi-\arcsin\left(\dfrac{y_c}{v_e}\right)\text{当 } y_c\leqslant v_e\text{,即}\left(1\geqslant v_e\geqslant\dfrac{\beta-1}{\sqrt{\beta^2-\beta+1}}\right)\end{cases}\\ \theta_{vM0}\Leftrightarrow\begin{cases}\theta_{vM0}\in[-\pi-\arcsin v_e,\arcsin v_e]\\ -\arcsin y_c+2k\pi\leqslant\theta_{vM0}-(1-\beta)\Delta\theta_f\leqslant-\arcsin y_c+2k\pi,k\in\mathbf{Z}\end{cases}\\ \theta_{vT0}\text{ and }\theta_{vM0}\Leftrightarrow\begin{cases}\theta_{vT0}\leqslant\pi-\arcsin\left(\dfrac{\sin(\theta_{vM0})}{v_e}\right)\text{,当}\begin{cases}-\arcsin v_e\leqslant\theta_{vM0}\leqslant\arcsin v_e\\ \pi-\arcsin v_e\leqslant\theta_{vM0}\leqslant\pi+\arcsin v_e\end{cases}\\ \begin{cases}\theta_{vT0}\geqslant\pi-\dfrac{\theta_{vM0}}{\beta-1}+\dfrac{\psi_{min}(y_1)}{\beta-1}+\dfrac{2k\pi}{\beta-1}\\ \theta_{vT0}\leqslant\pi-\dfrac{\theta_{vM0}}{\beta-1}+\dfrac{\psi_{max}(y_1)}{\beta-1}+\dfrac{2k\pi}{\beta-1}\end{cases}\end{cases}\\ \beta-1>v_e\\ y_c=\sqrt{\dfrac{(\beta-1)^2-v_c^2}{(\beta-1)\beta}}\\ \begin{cases}\psi_{\max}(y_1)=\begin{cases}\psi(-y_c),y_c\leqslant v_e\\ \psi(v_e),y_c>v_e\end{cases}\\ \psi_{\min}(y_1)=\begin{cases}\psi(y_c),y_c\leqslant v_e\\ \psi(v_e),y_c>v_e\end{cases}\end{cases}\end{cases}\tag{3.125}$$

因此,采用 PPN 拦截速度小于拦截弹速度的目标时,捕获的充分条件为

$$\mathrm{CR_{PPN}}=\{(\theta_{vM0},\theta_{vT0})\mid(\theta_{vM0},\theta_{vT0})\in S_2\}$$

该捕获条件中的目标初始速度方向的限制,由以拦截弹初始速度指向为自变量的三条

直线和一条以 2π 为时间周期的周期性曲线构成。定义曲线

$$\begin{cases}\Gamma_1=\theta_{vT0}-\left(\pi-\dfrac{3\pi}{2}\right)=0\\ \Gamma_2=\theta_{vT0}-\left(\pi-\dfrac{\theta_{vM0}}{(\beta-1)}+\dfrac{\psi_{\min}(y_1)}{(\beta-1)}+\dfrac{2k\pi}{(\beta-1)}\right)=0\\ \Gamma_3=\theta_{vT0}-\left(\pi-\dfrac{\theta_{vM0}}{(\beta-1)}+\dfrac{\psi_{\max}(y_1)}{(\beta-1)}+\dfrac{2k\pi}{(\beta-1)}\right)=0\\ \Gamma_4=\theta_{vT0}-\left(\pi-\arcsin v_e\left(\dfrac{y_c}{v_e}\right)\right)=0,\ y_c\leqslant v_e,\text{即}\left(1\geqslant v_e\geqslant\dfrac{\beta-1}{\sqrt{\beta^2-\beta+1}}\right)\\ \Gamma_5=\theta_{vT0}-\left(\pi-\arcsin\left(\dfrac{\sin\theta_{vM0}}{v_e}\right)\right)=0,\ \begin{cases}-\arcsin v_e\leqslant\theta_{vM0}\leqslant\arcsin v_e\\ \pi-\arcsin v_e\leqslant\theta_{vM0}\leqslant\pi+\arcsin v_e\end{cases}\end{cases}$$

在 $(\theta_{vM0},\theta_{vT0})$ 平面内绘制 $\beta=5,v_e=0.5$ 的曲线，结果如图 3-13 所示。

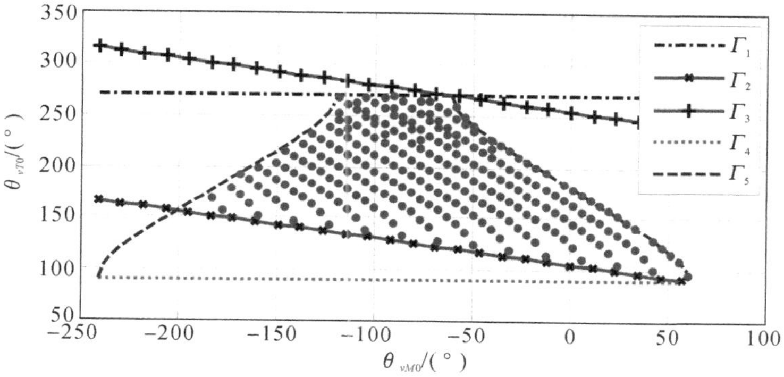

图 3-13　给定条件下的捕获区域

图 3-13 中点集是使用上节验证时使用的搜索法计算得到的可行点。由图 3-13 可知式(3.125)直线簇约束 Γ_2、Γ_3 是非严格的，图中有部分可行点落在该直线约束外侧，这是由于使用约束式(3.124)时，$\psi(y_1)$ 也是 θ_{vM0} 的函数，想要求解精确边界是较为困难的。

(2)捕获条件验证分析。下面采用基于相对运动状态变化的捕获条件分析方法验证约束的正确性。由 $v_T(\boldsymbol{e}_{vT}\cdot\boldsymbol{e}_\Omega)-v_M(\boldsymbol{e}_{vT}\cdot\boldsymbol{e}_\Omega)$，得 $1-\bar{r}_M^2=p^2(1-\bar{r}_T^2)$。又由 $v_e=\dfrac{p\bar{r}_T}{\bar{r}_M}$，得 $r_T=\dfrac{v_e\bar{r}_M}{p}$，代入 $1-\bar{r}_M^2=p^2(1-\bar{r}_T^2)$ 得

$$1-\bar{r}_M^2=p^2\left(1-\left(\frac{v_e\bar{r}_M}{p}\right)^2\right)$$

解得

$$\bar{r}_M=\sqrt{\frac{1-p^2}{1-v_e^2}},\ \bar{r}_T=\frac{v_e}{p}\sqrt{\frac{1-p^2}{1-v_e^2}},\ p\leqslant1$$

又因为 $\bar{r}=\sqrt{1-(\boldsymbol{e}_{vM}^{\mathrm{T}}\boldsymbol{e}_\Omega)_0^2}\leqslant1$，所以在 $p\leqslant1$ 时，应保证 $v_e^2\leqslant p^2$。从图 3-12 中捕获区域中选择一点作为起始点，相关参数选择与图 3-12 一致，取为 $\beta=5,p=0.9<1,v_e=$

$\dfrac{\beta-1}{\sqrt{\beta^2-\beta+1}}=0.8729<p$，$\theta_{vT0}$，$\theta_{vM0}$ 取值如图 3-14 所示。

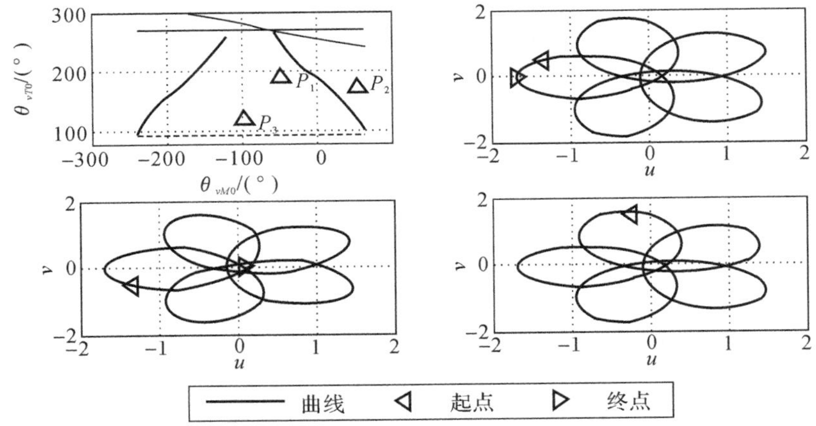

图 3-14 不同初始点对应的状态曲线变化

由图 3-14 可知，位于捕获区内的初始点，能够满足 $\bar{v}\geqslant0$，且存在终端状态使得 $\bar{v}_f=0$、$\bar{u}_f\leqslant0$，即满足捕获条件。位于捕获区之外的初值，则因为 $\bar{v}<0$ 或不存在 $\bar{v}_f=0$、$\bar{u}_f\leqslant0$ 的终端状态（见图 3-14 中 P_3）而无法实现弹目交会。

4. 捕获区特性定性与定量分析比较

首先，对捕获区特性做定性分析。

由推论 1，在视线固联坐标系中

$$(\boldsymbol{e}_{vM}^{\mathrm{T}}\boldsymbol{e}_{\Omega})_0^2\leqslant p^2\leqslant\frac{1}{(\boldsymbol{e}_{vM}^{\mathrm{T}}\boldsymbol{e}_{\Omega})_0^2}$$

当 $p\to+\infty$ 时，即目标速度远大于拦截弹速度时，有 $(\boldsymbol{e}_{vT}^{\mathrm{T}}\boldsymbol{e}_{\Omega})_0$。又由 $v_e^2>p^2>1$，$\pi-\arcsin\dfrac{1}{v_e}\leqslant\theta_{vT0}\leqslant\pi+\arcsin\dfrac{1}{v_e}$，因此 $\theta_{vT0}\to\pi$，即当目标速度远高于拦截弹时，目标在 $\boldsymbol{e}_{\Omega}$ 的分量必须为零，也即目标速度不能存在垂直于拦截平面的分量，拦截变为二维平面的迎头碰撞问题。当 $p\to0^+$ 时，即目标速度远小于拦截弹速度时，有

$$(\boldsymbol{e}_{vM}^{\mathrm{T}}\boldsymbol{e}_{\Omega})_0\to0$$

即当目标速度远小于拦截弹时，拦截弹在 $\boldsymbol{e}_{\Omega}$ 的分量必须为零，也即拦截弹速度不能存在垂直于拦截平面的分量，拦截也变为二维问题。

另外，根据对坐标系及其运动方程建立过程的分析，可知该坐标系存在如下缺陷：

(1)由于建立坐标系时需要条件：$\boldsymbol{e}_r\cdot\dot{\boldsymbol{e}}_r$，即当 $\dot{\boldsymbol{e}}_r\neq\boldsymbol{0}$ 时，$\boldsymbol{e}_r\perp\dot{\boldsymbol{e}}_r$，因此在该坐标系中无法描述没有视线偏转的情形，包括迎击和尾追。但是这两种情形又是很显而易见的，所以在坐标系中不体现也影响不大。

(2)因为定义了 $\bar{v}=\dfrac{v}{v_M}=\dfrac{\rho\|\boldsymbol{\Omega}\|}{v_M}$，所以 $\forall\theta\in[\theta_0,\theta_f]$，$\bar{v}\geqslant0$。这个条件导致当 $\bar{v}<0$

时，初始约束就不满足。但是在图 3 - 9 和图 3 - 14 中均出现了 P_2，能够找到合适的终点，因此本章给出的捕获条件是充分而非必要的。更为重要的一点是，在推导捕获的充分条件的过程中，要求 $\bar{v}$ 不能恒等于零，换句话说就是要求必须有视线的转动，这与(1)中结论该坐标系无法描述没有视线偏转的情形是一致的。

为进一步展现捕获区的变化特点和规律，下面分情形对捕获条件做定量分析。

(1) 速度比大于 1 条件下的捕获区比较。首先，研究 β 变化对捕获区大小和形状的影响规律。给定 $p=1.5>1$，$v_e=2>p$，β 由 4 变化到 6 时，捕获区的变化如图 3 - 15 所示。

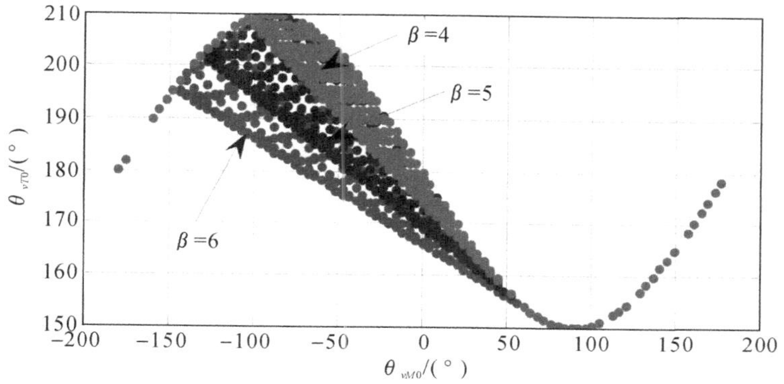

图 3 - 15　β 变化对捕获区的影响

由图 3 - 15 知，β 变化主要影响直线 Γ_3、Γ_4 的斜率，随着 β 增大，直线斜率绝对值变小而其他约束不变，捕获区变大。因此从增大捕获区的角度讲，β 应取较大值，但是 β 过大带来制导系统稳定性的问题，需综合考虑。另外，更为重要的是，在 $p=1.5$ 的条件下，β 变化不影响满足捕获状态的目标速度指向与弹目视线夹角的范围，即指向拦截弹的左右 30°范围，这个范围决定了采用 PPN 制导时，拦截弹可行的初始位置和速度。

下面研究 β 一定、v_c 变化对捕获区大小和形状的影响规律。给定 $\beta=6$，$v_c=2,3,4$ 时捕获区的变化如图 3 - 16 所示。

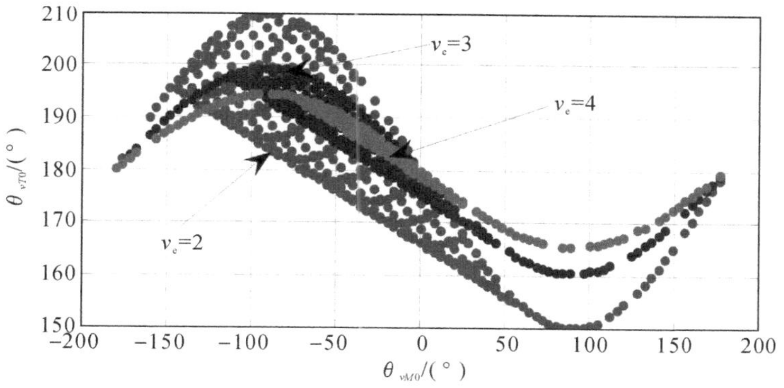

图 3 - 16　v_e 变化对捕获区的影响

结合式(3.105)，由图 3 - 16 知，v_e 变化主要影响曲线 Γ_1、Γ_2。随着 v_e 增大，曲线最高

点变低，$y_c=\sqrt{\dfrac{(\beta-1)^2-v_e^2}{(\beta-1)\beta}}$减小，直线约束 Γ_3、Γ_4 下限上移，上限下移，捕获区变小。更为有意义的是，由于

$$v_e=\frac{p\bar{r}_T}{\bar{r}_M}=\frac{p\sqrt{1-(\boldsymbol{e}_{vT}^{\mathrm{T}}\boldsymbol{e}_\Omega)_0^2}}{\sqrt{1-(\boldsymbol{e}_{vT}^{\mathrm{T}}\boldsymbol{e}_\Omega)_0^2}}$$

在 p 不变的情况下，若$(\boldsymbol{e}_{vT}^{\mathrm{T}}\boldsymbol{e}_\Omega)_0$ 不变，则 v_e 增大等价于$(\boldsymbol{e}_{vM}^{\mathrm{T}}\boldsymbol{e}_\Omega)_0$ 增大，该结论解释为：在速度比不变的前提下，$(\boldsymbol{e}_{vM}^{\mathrm{T}}\boldsymbol{e}_\Omega)_0$ 增大不利于目标的捕获，即拦截弹速度矢量在保证能够应对目标速度在 $\boldsymbol{e}_\Omega$ 分量的前提下，应集中速度在拦截平面上。同理，在 p 不变的情况下，若$(\boldsymbol{e}_{vM}^{\mathrm{T}}\boldsymbol{e}_\Omega)_0$ 不变则 v_e 增大。该结论可解释为：在速度比不变的前提下，$(\boldsymbol{e}_{vT}^{\mathrm{T}}\boldsymbol{e}_\Omega)_0$ 减小有利于目标逃逸，目标也应该集中速度在拦截平面上而尽量减少速度在 $\boldsymbol{e}_\Omega$ 上的分量。

另外，在速度比不变的情况下，v_e 变化严重影响满足捕获状态的目标速度指向与弹目视线夹角的范围，从图 3-16 可以看出，在 v_e 从 2 变化到 4 的过程中，目标速度指向与弹目视线的允许夹角从 30°降低到 15°左右，大大减小了采用 PPN 制导时，拦截弹可行的初始位置和速度范围。

(2) 速度比小于 1 条件下的捕获区比较。首先，研究 β 变化对捕获区大小和形状的影响规律。给定 $p=0.8$，$v_e=0.5$，β 由 2 变化到 6 时，捕获区的变化如图 3-17 所示。

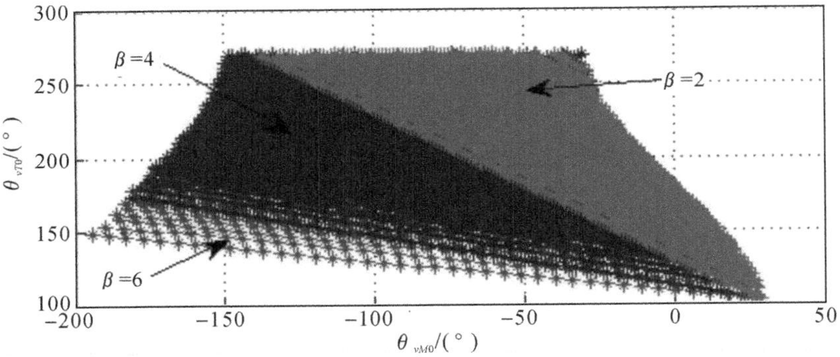

图 3-17　β 变化对捕获区的影响规律

结合式(3.125)，由图 3-17 知，与速度比 p 大于 1 的情形一样，β 变化主要影响直线 Γ_2、Γ_3 的斜率，随着 β 增大，直线斜率绝对值变小，而其他约束不变，捕获区变大。下面研究 β 一定、v_e 变化对捕获区大小和形状的影响规律。给定 $\beta=4$，$v_e=0.5$、0.7、0.9 时，捕获区的变化如图 3-18 所示。

由图 3-18 知，与 $p>1$ 的情形一样，v_c 变化主要影响曲线 Γ_5，随着 v_c 增大，曲线向中间收缩，同时 $y_c=\sqrt{\dfrac{(\beta-1)^2-v_e^2}{(\beta-1)\beta}}$减小，直线约束 Γ_2、Γ_3 下限上移，上限下移，捕获区变小。当 v_e 增大至一定程度时，两条曲线将收缩并相交成为一条曲线，成为速度比 p 大于 1 的情形。

(3) 不同速度比条件下的捕获区的比较。捕获区的大小能够衡量目标和拦截弹的速度

比对捕获区的影响。对 PPN 本身来说，下面给定 $\beta=5$，分别给定 $v_e=0.5$、1、1.5，捕获区的形状和大小，如图 3-19 所示。

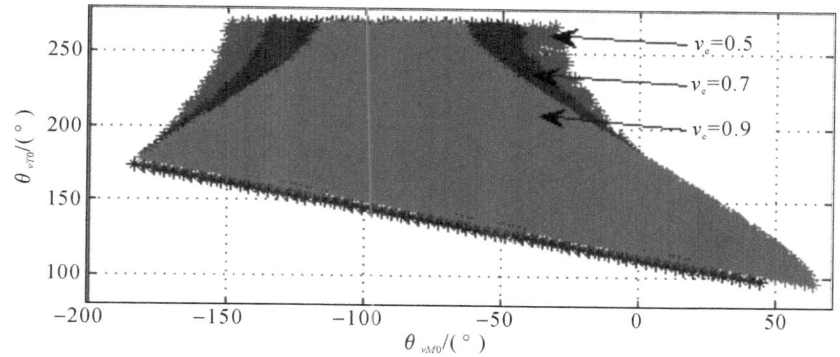

图 3-18　v_e 变化对捕获区的影响规律

由图 3-19 知，在给定 β 的条件下，随着 v_e 增大，捕获区在减小，且目标和拦截弹的速度比等于 1 是变化的临界点。

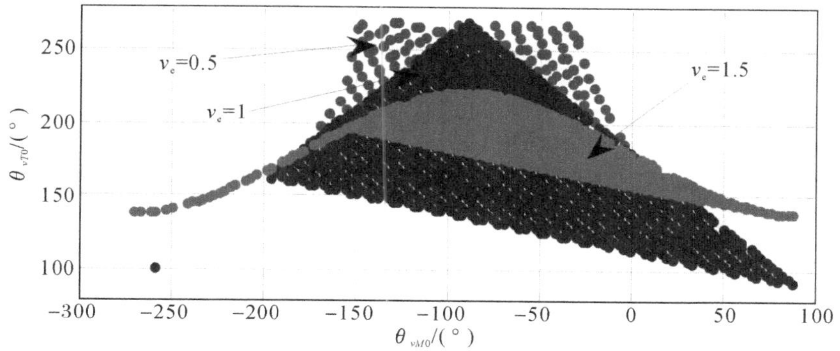

图 3-19　v_e 变化对捕获区的影响规律

3.4　中末制导交接班窗口分析

3.4.1　末制导捕获窗口

1. 拦截弹位置与速度约束描述

假设导引头可探测距离为 $R_{\max}$，目标速度矢量在末制导过程中不改变且速度大小和方向已知。在末制导阶段忽略目标机动对其速度方向和大小的影响，假设通过中制导弹道的合理设计能够将拦截弹导引至与目标同一运动平面内，则拦截弹和目标在交会平面外没有相对运动，即 $(\boldsymbol{e}_{vM}^{T}\boldsymbol{e}_{\Omega})_0^{\ 2}=0$、$(\boldsymbol{e}_{vT}^{T}\boldsymbol{e}_{\Omega})_0^{\ 2}=0$，此时式(3.48)变为

$$\left.\begin{aligned}\bar{r}_M=\sqrt{1-(\boldsymbol{e}_{vM}^{\mathrm{T}}\boldsymbol{e}_{\Omega})_0^{\ 2}}=1\\ \bar{r}_{\mathrm{T}}=\sqrt{1-(\boldsymbol{e}_{vT}^{\mathrm{T}}\boldsymbol{e}_{\Omega})_0^{\ 2}}=1\end{aligned}\right\}\tag{3.126}$$

由式(3.126)可得

$$\left.\begin{aligned}\cos\theta_{vM0}=\frac{(\boldsymbol{e}_{vM}^{\mathrm{T}}\boldsymbol{e}_{r})_0}{\bar{r}_M}=(\boldsymbol{e}_{vM}^{\mathrm{T}}\boldsymbol{e}_{r})_0\\ \cos\theta_{vT0}=\frac{(\boldsymbol{e}_{vT}^{\mathrm{T}}\boldsymbol{e}_{r})_0}{\bar{r}_{\mathrm{T}}}=(\boldsymbol{e}_{vT}^{\mathrm{T}}\boldsymbol{e}_{r})_0\end{aligned}\right\}\tag{3.127}$$

此时，式中 θ_{vM0} 和 θ_{vT0} 分别为拦截弹速度矢量、目标的速度向量与弹目视线的夹角，拦截弹和目标在弹目交会平面不变情况下的弹目几何关系如图 3 - 20 所示。

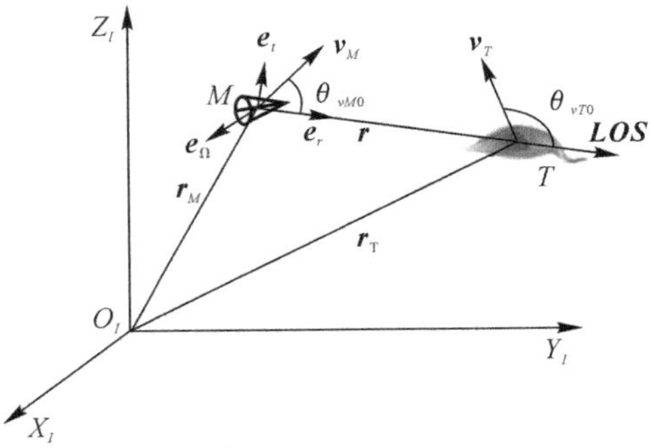

图 3 - 20　弹目几何关系

在 PN 导引律捕获区的基础上，下面将以图 3 - 20 所示的弹目几何关系为基础描述拦截弹在交接班时刻位置和速度指向的约束集合，为中制导弹道设计提供可靠的终端约束条件。假设拦截弹利用迎面拦截方式对来袭高速目标进行防御，通过目标轨迹预测获得的目标速度为 2 250 m/s，拦截弹的平均速度为 1 500 m/s。通过计算可得目标与导弹速度比为 $p=1.5$，选择 PPN 比例系数为 4。

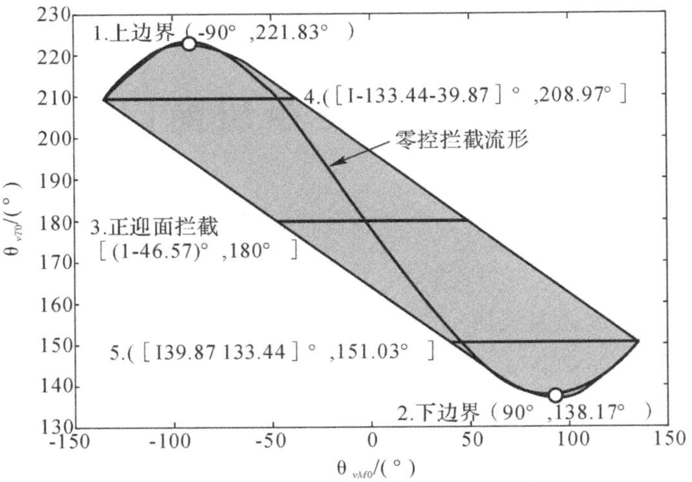

图 3 - 21　$p=1.5, N=4$ 时 PPN 的捕获区

图 3-21 中阴影区域为本书所推导的 PPN 的捕获区，其中红色曲线边界表征零控拦截流形所满足的弹目相对运动关系，由此可知交接班捕获窗口的约束条件包含零控拦截流形的约束条件。由图 3-21 可以获得 PPN 的交接班捕获窗口特征点数据，见表 3-1。

表 3-1 描述交接班捕获窗口的特征点选取

θ_{vT0} 的选取	θ_{vM0} 变化范围
特征点 1：$\theta_{vT0}=221.83°$	$\theta_{vM0}=-90°$
特征点 2：$\theta_{vT0}=138.17°$	$\theta_{vM0}=90°$
特征点 3：$\theta_{vT0}=180°$	$\theta_{vM0}\in(-46.57°,46.57°)$
特征点 4：$\theta_{vT0}=208.97°$	$\theta_{vM0}\in(-133.44°,-39.87°)$
特征点 5：$\theta_{vT0}=151.03°$	$\theta_{vM0}\in(39.87°,133.44°)$

为了描述拦截弹在交接班时刻的位置和速度指向约束，以目标 T 为参考点，在目标速度方向不变情况下，根据表 3-1 中的特征点 1 和特征点 2 得到拦截弹位置约束的上边界 TM_1 和下边界 TM_2；根据特征点 3、4 和 5 可以确定拦截弹对目标进行迎面拦截的有利区域；根据上述所得的拦截弹位置约束，通过捕获区条件可以得到相应的拦截弹速度指向约束。最后得到拦截弹位置与速度指向约束如图 3-22 所示。

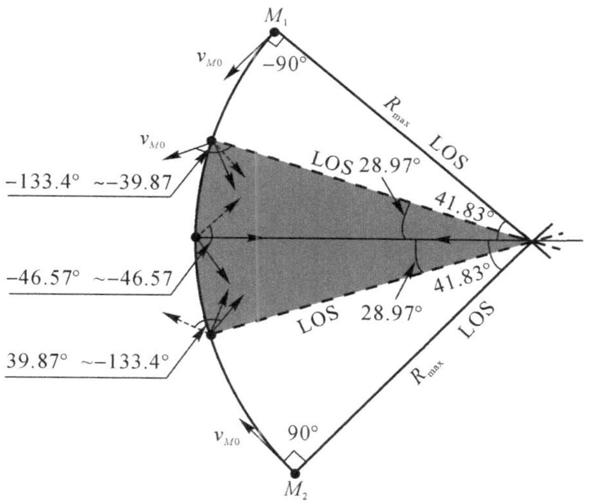

图 3-22 拦截弹位置与速度指向约束

在图 3-22 的基础上，根据零控拦截流形数学关系 $\sin\theta_{vT0}=\dfrac{1}{v_e}\sin\theta_{vM0}$ 可以得到拦截弹零控交接区域。在拦截弹位置约束范围内，任选一点 M 为拦截弹所在位置，MT 为视线，以目标速度矢量 $\boldsymbol{v}_{T0}$ 的终点 O 作为圆心，以拦截弹的速度大小 v_{M0} 为半径做圆，与弹目视线 MT 相交于点 A 和点 B，所得的 AO 即为拦截弹在 M 点的实现零控交接班的速度指向，AO 和 TO 构成碰撞三角形，满足零控拦截流形约束。从而得到拦截弹的零控交接区域如图 3-

23 所示。

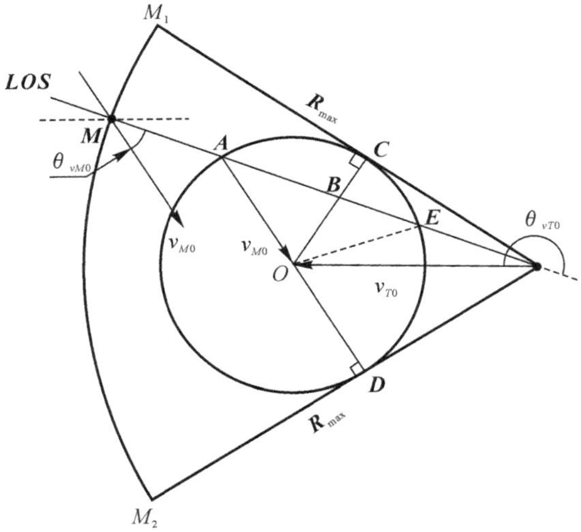

图 3-23　拦截弹零控交接区域

图 3-22 给出了交接班时刻拦截弹位置范围与速度指向范围的约束集合(图中蓝色箭头为拦截弹速度指向约束范围,红色箭头为满足零控交接班约束的速度指向),导弹末制导采用 PPN 拦截高速目标时,交接班时刻必须控制拦截弹处于理想位置以保证弹目视线与目标速度夹角不大于 41.83°;在满足上述约束条件的情况下,弹目视线与目标速度夹角越小,拦截弹可拦截目标的初始速度可行范围就越大,若拦截弹处于图 3-22 中蓝色条纹区域,即弹目视线与目标速度夹角小于 28.97°时,拦截弹初始速度指向约束比较宽松且变化平缓,为了保证对目标的杀伤概率,本书将该区域作为拦截弹位置约束范围。图 3-23 给出了拦截弹零控交接班区域,该区域是拦截弹的最优拦截几何,是最理想的交接班条件。交接班捕获窗口是要成功拦截目标的必要条件,而零控交接班区域是充分条件。拦截弹中制导弹道终端约束条件设计应瞄准零控交班条件;若考虑目标轨迹预测误差情况下,能够保证拦截弹弹道终端状态不偏离中末制导交接班捕获窗口条件。

2. 拦截弹过载受限下的速度指向约束

临近空间稀薄大气环境中,拦截弹可用过载将会严重受限。可用过载越小,拦截弹速度指向约束也会变得越严格。假设拦截弹在末段的最大可用过载为 a_{max},在交接班时刻拦截的相对于目标的横向距离为 $d=\|\boldsymbol{v}_h\times\boldsymbol{r}_h/\|\boldsymbol{v}_h\|\|$,要保证拦截弹在过载受限情况下能够成功拦截目标,则必须满足如下关系式

$$d\leqslant a_{max}t_f^2/2 \tag{3.128}$$

式中:$\boldsymbol{v}_h$ 和 $\boldsymbol{r}_h$ 为交接班时刻弹目相对运动速度和相对距离矢量;末制导时间近似表示为 $t_f\approx\|\boldsymbol{r}_h\|/\|\boldsymbol{V}_h\|$。定义 $v_\perp=d/t_f$,在零控交接区域的基础之上,以 O 为圆心以 $v_\perp$ 为半径,过原点 O 向视线 MT 做垂线与小圆相交于点 H 和 F,分别以 F 和 H 为原点以拦截弹

的速度大小 v_{M0} 为半径做圆与视线 MT 相交于 I 和 J，从而得到拦截弹在最大可用过载为 a_{max} 的速度指向约束。

下面将通过仿真定量分析拦截弹可用过载对速度指向的约束，设拦截弹导引头最大探测距离为 $R_{max}=100$ km，以纵向平面内弹目交会问题为例分析拦截弹可用过载受限对速度指向约束的影响。设定拦截弹末制导阶段，拦截弹的速度为 1 500 m/s，位置为(0,40)km，目标飞行速度为 2 250m/s，位置为(90,30)km，目标的初始弹道倾角 $\theta_{T0}=180°$。目标与导弹速度比为 $p=1.5$，通过零控拦截流形表达式可知拦截弹零控拦截的速度指向为 $\theta_{M0}=-15.85°$。分析最大可用过载为过载 5 g 时，拦截弹末制导初始时刻弹道倾角的可行范围。设置拦截弹的初始弹道倾角从 $-30.856\ 2°\sim-0.856\ 2°$ 每间隔 1°进行遍历，利用 PPN 作为末制导律进行仿真，仿真结果如图 3-25 所示。

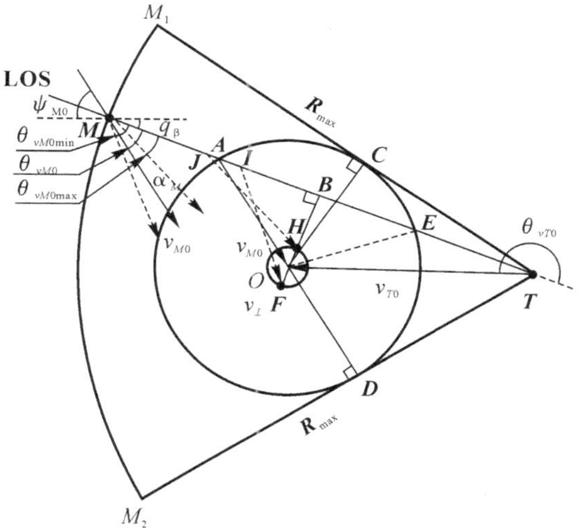

图 3-24　可用过载对速度指向的限制原理图

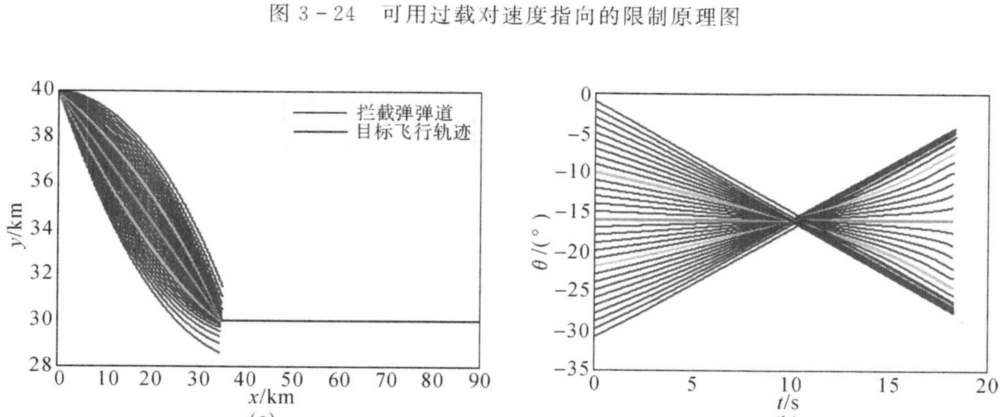

图 3-25　拦截弹采用不同初始弹道倾角的仿真结果

(a)拦截弹和目标轨迹曲线；(b) 拦截弹弹道倾角变化曲线

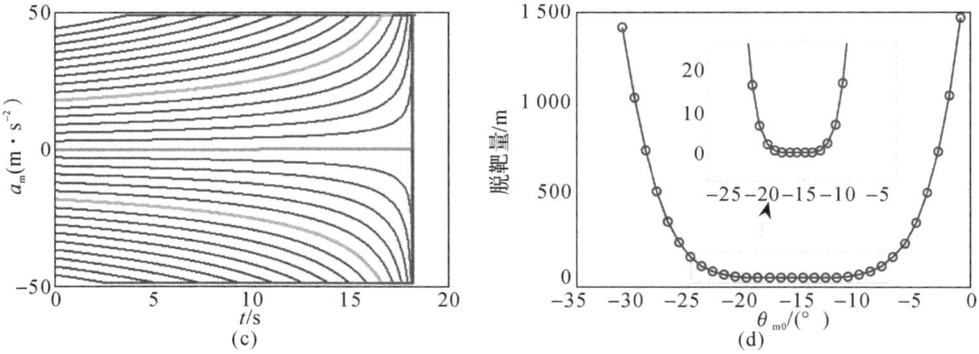

续图 3-25 拦截弹采用不同初始弹道倾角的仿真结果

(c)拦截弹过载指令曲线;(d) 不同初始弹道倾角下脱靶量变化

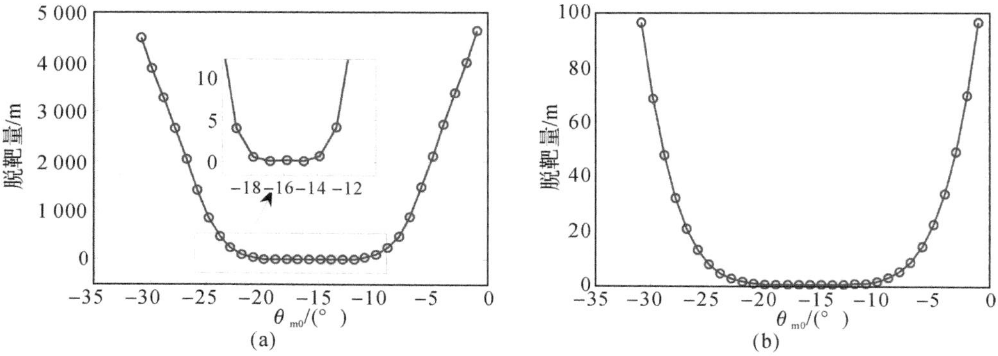

图 3-26 不同可用过载下脱靶量变化曲线

(a)可用过载为 $3g$;(b)可用过载为 $10g$

图 3-25 给出了拦截弹采用不同初始弹道倾角对高速目标进行防御的仿真结果。已知:拦截弹满足零控交接班条件的速度指向为 $\theta_{M0}=-15.85°$,此时需用过载为零;初始弹道倾角越靠近 $\theta_{M0}=-15.85°$,其需用过载越小;当初始弹道倾角 $\theta_{M0}<-22°$或者 $\theta_{M0}>-10°$时,拦截弹脱靶量大于 10 m,认定为脱靶。图 3-26 给出了可用过载分别为 $3g$ 和 $10g$ 时脱靶量变化曲线。由图 3-26 可知:可用过载越小,拦截弹速度指向范围越小;可用过载越大,拦截弹速度指向范围越大。在临近空间稀薄大气环境中的拦截弹可用的过载十分有限,若速度指向偏离零控交接班条件过大,则有必要引进直接力进行快速修正。

3.4.2 导引头截获窗口

在交接班过程中要保证视线被稳定地控制在侧窗视场内。传统的末制导过程大多对交接班方式不做过多的要求,一般的设计使末制导过程中视线转率收敛即可。然而,对于采用侧窗探测的导弹,导弹要保证侧窗探测导引头能够成功截获目标,其交接班时刻的位置和弹道控制量都会受到约束。下面先引入一个新的坐标系,即体视线坐标系。

定义 3.3 体视线坐标系($O-x_b y_b z_b$):坐标系原点选为拦截弹的质心位置,Ox_b 轴与弹目视线方向重合,指向目标方向为正;Oy_b 轴位于拦截弹的纵向对称面内并与 Ox_b 轴互相垂直，向上为正；Oz_b 轴由右手定则确定。

定义 3.4　体视线高低角 q_ε^b：视线在弹体坐标系纵向对称平面 Ox_1y_1 上的投影与 Ox_1 之间的夹角，若视线位于 Ox_1 轴之上则为正，反之为负。

定义 3.5　体视线方位角 q_β^b：视线与弹体坐标系 Ox_1y_1 之间的夹角，如果视线逆时针旋转至 Ox_1y_1 平面，则为正。

后续推导主要围绕体视线坐标系和弹体坐标系展开，体视线坐标系与弹体坐标系之间的关系如图 3-27 所示。

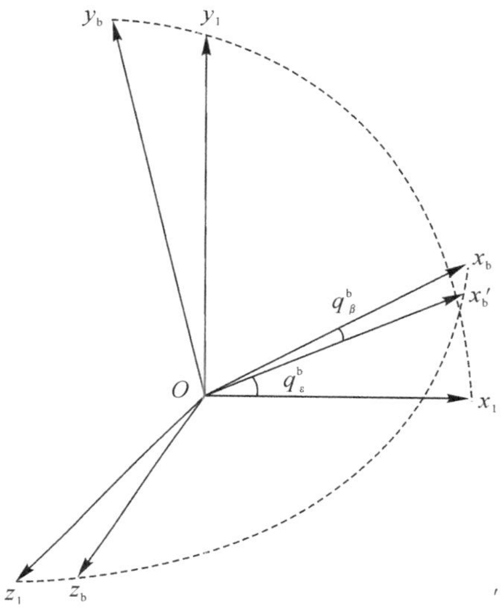

图 3-27　体视线坐标系与弹体坐标系之间的关系

侧窗探测导引头安装在弹体的侧边来躲避热流密集区，其视场范围受到一定的约束，通常设定为 $q_\varepsilon^b \in [5°, 55°]$，$q_\beta^b \in [-5°, 5°]$。因此弹体在运动的过程中要能保证弹目视线位于侧窗探测的视场之内。很显然对弹体在交接班时刻和末制导阶段的姿态产生了约束。本书不考虑姿态控制问题，下面主要分析侧窗探测机制对交接班时刻弹道的约束问题。体视线系与弹体系之间的转换关系，得到弹目体视线向量在弹体系下的表达式为

$$\boldsymbol{L}(q_\beta^b, q_\varepsilon^b) = \begin{bmatrix} \cos q_\beta^b \cos q_\varepsilon^b & \sin q_\beta^b \cos q_\varepsilon^b & -\sin q_\beta^b \\ -\sin q_\varepsilon^b & \cos q_\varepsilon^b & 0 \\ \sin q_\varepsilon^b \cos q_\beta^b & \sin q_\beta^b \sin q_\varepsilon^b & \cos q_\beta^b \end{bmatrix} \tag{3.129}$$

$$\begin{bmatrix} R_{1x} \\ R_{1y} \\ R_{1z} \end{bmatrix} = \boldsymbol{L}(q_\beta^b, q_\varepsilon^b) \begin{bmatrix} R \\ 0 \\ 0 \end{bmatrix} = \begin{bmatrix} R\cos q_\beta^b \cos q_\varepsilon^b \\ R\cos q_\beta^b \sin q_\varepsilon^b \\ -R\sin q_\beta^b \end{bmatrix} \tag{3.130}$$

根据体视线坐标系与弹体坐标系之间的变换关系，考虑姿态的变化影响大于制导过程的影响，即假设弹目视线是稳定的，可以看作相对于视线系是不动的。假设拦截弹相对于地面惯性坐标系的转动角速度为$\boldsymbol{\omega}_1$。拦截弹和目标的相对速度矢量在弹体坐标系下可以表示为

$$\boldsymbol{v}_1 = \frac{\mathrm{d}\boldsymbol{R}_1}{\mathrm{d}t} = \frac{\delta \boldsymbol{R}_1}{\delta t} + \boldsymbol{\omega}_1 \times \boldsymbol{R}_1 \tag{3.131}$$

转动角速度为$\boldsymbol{\omega}_1$投影到弹体各轴为

$$\boldsymbol{\omega}_1=\begin{bmatrix}\omega_{1x}\\ \omega_{1y}\\ \omega_{1z}\end{bmatrix}=\begin{bmatrix}\dot{\gamma}\\ 0\\ 0\end{bmatrix}+\boldsymbol{L}(\gamma)\begin{bmatrix}0\\ 0\\ \dot{\vartheta}\end{bmatrix}+\boldsymbol{L}(\gamma)\boldsymbol{L}(\vartheta)\begin{bmatrix}0\\ \dot{\psi}\\ 0\end{bmatrix}=\begin{bmatrix}\dot{\psi}\sin\vartheta+\dot{\gamma}\\ \dot{\psi}\cos\vartheta\cos\gamma+\dot{\vartheta}\sin\gamma\\ -\dot{\psi}\cos\vartheta\sin\gamma+\dot{\vartheta}\cos\gamma\end{bmatrix} \tag{3.132}$$

式中:ϑ、ψ和γ分别俯仰角、偏航角和滚转角。

将式(3.130)和式(3.132)代入式(3.131)可以得到弹目相对速度在弹体各轴的分量表达式为

$$\begin{bmatrix}v_{1x}\\ v_{1y}\\ v_{1z}\end{bmatrix}=\begin{bmatrix}\dot{R}_{1x}\\ \dot{R}_{1y}\\ \dot{R}_{1z}\end{bmatrix}+\begin{bmatrix}0 & -\omega_{1z} & \omega_{1y}\\ \omega_{1z} & 0 & -\omega_{1x}\\ -\omega_{1y} & \omega_{1x} & 0\end{bmatrix}\begin{bmatrix}R_{1x}\\ R_{1y}\\ R_{1z}\end{bmatrix}=\begin{bmatrix}\dot{R}_{1x}-\omega_{1z}R_{1y}+\omega_{1y}R_{1z}\\ \dot{R}_{1y}+\omega_{1z}R_{1x}-\omega_{1x}R_{1z}\\ \dot{R}_{1z}-\omega_{1y}R_{1x}+\omega_{1x}R_{1z}\end{bmatrix} \tag{3.133}$$

进一步可以得到弹目相对加速度矢量在弹体各轴的投影表达式为

$$\boldsymbol{a}_1=\frac{\mathrm{d}\boldsymbol{v}_1}{\mathrm{d}t}=\frac{\delta\boldsymbol{v}_1}{\delta t}+\boldsymbol{\omega}_1\times\boldsymbol{v}_1 \tag{3.134}$$

$$\begin{aligned}\begin{bmatrix}a_{1x}\\ a_{1y}\\ a_{1z}\end{bmatrix}=&\begin{bmatrix}R_{1x}\\ R_{1y}\\ R_{1z}\end{bmatrix}+\begin{bmatrix}0 & -\omega_{1z} & \omega_{1y}\\ \omega_{1z} & 0 & -\omega_{1x}\\ -\omega_{1y} & \omega_{1x} & 0\end{bmatrix}\begin{bmatrix}\dot{R}_{1x}\\ \dot{R}_{1y}\\ \dot{R}_{1z}\end{bmatrix}+\\ &\begin{bmatrix}-(\omega_{1z}^2+\omega_{1y}^2) & -\omega_{1z}^2+\omega_{1x}\omega_{1y} & -\omega_{1x}\omega_{1z}\\ -\omega_{1x}\omega_{1y} & -\omega_{1z}^2-\omega_{1x}^2 & \omega_{1y}\omega_{1z}\\ \omega_{1x}\omega_{1z} & \omega_{1y}\omega_{1z} & -\omega_{1y}^2-\omega_{1x}^2\end{bmatrix}\begin{bmatrix}R_{1x}\\ R_{1y}\\ R_{1z}\end{bmatrix}\end{aligned} \tag{3.135}$$

假设俯仰和偏航及其变化为零,滚转产生侧向力,由侧向加速度关系式可得

$$a_{1y}=\dot{R}_{1y}+\dot{\gamma}\dot{R}_{1z}-\dot{\gamma}^2\dot{R}_{1y} \tag{3.136}$$

由式(3.136)可得

$$\dot{\gamma}=-\dot{q}_{\beta}^{\mathrm{b}}/\sin q_{\varepsilon}^{\mathrm{b}} \tag{3.137}$$

拦截弹采用BTT转弯模式,侧滑角为零,假设$\sigma=\gamma$,可得

$$\sigma=-(q_{\beta0}^{\mathrm{b}}-q_{\beta}^{\mathrm{b}})/\sin q_{\varepsilon}^{\mathrm{b}} \tag{3.138}$$

$$q_{\beta0}^{\mathrm{b}}=q_{\beta}^{\mathrm{b}}-\sigma\sin q_{\varepsilon}^{\mathrm{b}}\in[-5^\circ\quad 5^\circ] \tag{3.139}$$

$$\sigma\in\left[\frac{q_{\beta}^{\mathrm{b}}-5^\circ}{\sin q_{\varepsilon}^{\mathrm{b}}}\quad\frac{q_{\beta}^{\mathrm{b}}+5^\circ}{\sin q_{\varepsilon}^{\mathrm{b}}}\right] \tag{3.140}$$

假设交接班时刻$\gamma=0$,可得侧窗探测视场对攻角的约束条件为

$$q_{\varepsilon0}^{\mathrm{b}}-\theta-\alpha=q_{\varepsilon}^{\mathrm{b}} \tag{3.141}$$

$$q_{\varepsilon0}^{\mathrm{b}}=q_{\varepsilon}^{\mathrm{b}}+\theta+\alpha \tag{3.142}$$

$$\alpha\in[5^\circ-q_{\varepsilon}^{\mathrm{b}}-\theta,55^\circ-q_{\varepsilon}^{\mathrm{b}}-\theta] \tag{3.143}$$

通过上述推导可知,拦截弹被视为可控质点,不考虑姿态控制问题后,交接班时刻侧窗探测机制对拦截弹位置和姿态的约束可以转化为对位置、速度和弹道控制量攻角和倾侧角的约束条件。要保证拦截弹导引头成功截获目标,必须通过控制导引头视场覆盖范围,实现导引头视场对目标存在区域的最大化覆盖。

3.4.3　中制导弹道终端约束条件设置

本章全面分析了末制导捕获条件以及导引头截获条件对导弹中末制导交接班的影响，拦截弹在交接班时刻要满足中末制导交接班窗口所描述的约束条件，必须将中末制导交接班窗口应用到中制导弹道终端约束条件设计中。中制导弹道终端约束条件设定步骤如下：

Step1：利用天基、空基、海基和地基等综合探测平台对来袭目标进行跟踪探测，基于探测系统的量测信息对目标在中末制导交接班时刻的运动状态进行预测。

Step2：根据获得的目标交接班时刻的预测信息，解算导引头交接班合适的指向，确定拦截弹交接班时刻位置和拦截弹姿态约束条件，从而得到拦截弹导引头截获条件，并应用于拦截弹中制导终端约束条件设计。

Step3：根据获得的目标预测信息($\hat{x}_{Tf}$，$\hat{y}_{Tf}$，$\hat{z}_{Tf}$，$\hat{v}_{T}$，$\hat{\theta}_{Tf}$，$\hat{\psi}_{Tvf}$)结合拦截弹自身运动信息(v_M，$a_{M\max}$，PPN)，可以计算目标与拦截弹的速度比 p 和给定 N，计算拦截弹末制导捕获区，本书以 PPN 导引律为例。

Step4：以目标当前状态($\hat{x}_{Tf}$，$\hat{y}_{Tf}$，$\hat{z}_{Tf}$，$\hat{v}_{T}$，$\hat{\theta}_{Tf}$，$\hat{\psi}_{Tvf}$)为参考，根据上述所计算的导引律捕获区，确定拦截弹的位置和速度指向的可行范围，并应用于拦截弹中制导终端约束条件设计。

Step5：随着目标预测信息的不断更新，中末制导交接班窗口也要进行动态解算并应用于中制导终端约束条件的设置之中。

上述中末制导交接班窗口计算步骤可用流程图表示，如图 3-28 所示。

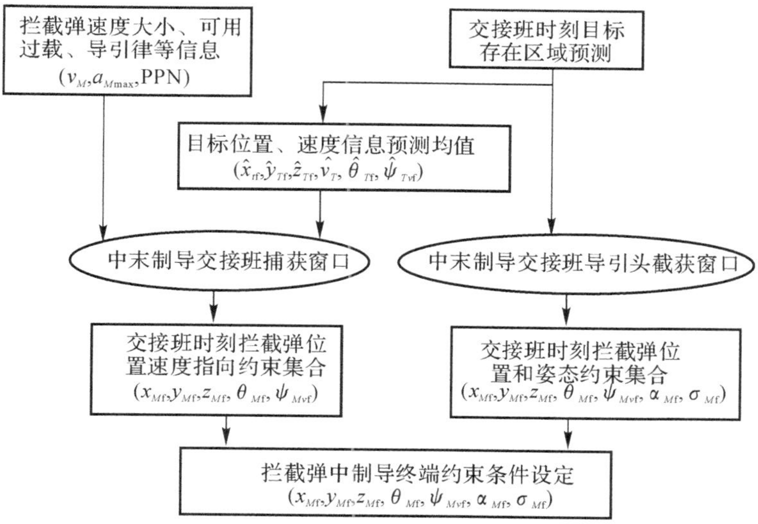

图 3-28　中制导弹道终端约束条件设置

注 3.2　临近空间拦截弹中末制导交接班条件复杂多变，从而使得中末制导交接班问题由传统交接班时刻问题转变为交接班过程问题。随着目标持续机动，拦截弹中制导必须动态解算中制导终端约束条件。

第4章　面向中末交接班的拦截弹中制导弹道优化

4.1　中制导弹道优化概述

中制导段结束时拦截弹的运动状态将决定拦截弹在末制导起始时刻是否处于有利的拦截阵位，在实际拦截作战过程中，确保末制导性能的中末交接班窗口对中制导过程构成了严格的终端约束；通过对中制导弹道的合理设计，可以为拦截弹进入末制导提供良好的初始条件，提高拦截弹最终的制导控制性能。随着目标速度越来越高，拦截弹末制导捕获条件变得更加苛刻，捕获区变小，对拦截弹进入末制导时刻的状态要求越来越高；通过合理的中制导弹道设计可在一定程度上充分利用拦截弹的能力，优化进入末制导的状态，为拦截弹进入末制导实现精确拦截打下良好的基础，这就对拦截弹中制导弹道优化提出了较高的需求。

拦截弹中制导弹道优化问题属于飞行器轨迹优化的范畴，是一种严格非线性、带有状态约束和控制量约束的最优控制问题，求解此类问题一般借助于最优控制理论与方法。起初学者们大都基于最优控制理论，通过理论推导得到解析解，尽管这种方法比较简单，但难以处理复杂非线性系统。具体求解办法一般分为间接法和直接法两种。

间接法使用庞特里亚金最小值原理和经典变分法，将包含性能指标的泛函最优化问题转换成为两点边值问题(Two Point Boundary Value Problem，TPBVP)，通过引入与状态变量相同维度的协态变量，构建哈密尔顿函数。然后利用偏微分求导得到正则条件、极值条件、横截条件等一系列最优化方程，统称为哈密尔顿边值问题。求解哈密尔顿边值问题得到的控制量极值曲线即为原问题的最优解。极值曲线一般表示成为状态量以及协态量的连续表达式，精度较高，曲线能够保证一阶平滑，便于工程应用以及在线实现。这种方法求解精度较高，且其解满足最优性条件，但需要推导最优解与横截条件，过程复杂、烦琐，且 HBVP 收敛域很小，对初值估计精度要求很高。对于带有多约束条件、强非线性状态方程以及多状态量约束和协态量估计的拦截弹中制导弹道生成问题而言，应用间接法求解哈密尔顿边值问题的解析表达式将会变得十分困难，甚至是不可能的。具体原因有以下几点：①由于哈密尔顿边值问题的推导过程十分复杂，极值曲线对模型和约束条件的改变非常敏感，即使状态方程或者边界约束条件发生极小改变，都需要再次推导最优解，设计工作十分复杂。②由于哈密尔顿边值问题的收敛域较小，往往只有当协态量的初始猜测值较准确时才会求得最优解。然而在工程应用中协态量并没有实际的物理含义，合适的初始值估计是制约间接法应用的一个难点。③对于存在中间过程约束条件的最优控制问题而言，应用间接法需要求解得到切换曲线，这进一步增大了应用间接法求解拦截弹中制导弹道生成问题在工程实践中的难度。

与间接法不同，直接法无须推导最优控制问题的一阶最优性条件，而是通过将状态量或控制量在特定的节点上进行离散化处理，将最优控制问题转换成为非线性规划问题(NLP)，然后利用求解非线性规划问题的方法得到离散的最优解。由于直接法不需要猜测协态量的初始值，所以鲁棒性更强，在飞行器轨迹优化领域得到了广泛应用。直接法包括仅离散控制变量和同时离散控制与状态变量两种方法，因此具体分为直接打靶法和配点法。近年来随着科学技术的发展以及处理器计算能力的提升，基于直接法的轨迹优化方法得到了飞速发展，其中最为引人注目的当属伪谱法(Pseudospectral Method，PM)。伪谱法属于直接法中配点法的一种。根据参数化过程中配点选取的不同，伪谱法又进一步分为 Gauss 伪谱法(GPM)、Legendre 伪谱法(LPM)、Chebyshev 伪谱法(CPM)以及 Radau 伪谱法(RPM)等。其中 GPM 和 RPM 的研究比较深入，在许多实际问题中得到了应用并取得了理想的效果。

为确保拦截弹中制导结束后，可为末制导提供良好的初始条件，本章以中远程面空导弹中末交接班窗口为约束，研究拦截弹中制导弹道优化方法。通过分析拦截飞行过程中的热流密度、动压、过载、控制量等过程约束，以及中末交接班窗口等状态约束，建立中制导弹道优化模型；并在此基础上，利用 Radau 伪谱法将连续的弹道优化问题转化为离散的非线性规划问题并对其进行求解，通过引入网格自适应细化算法解决控制量不光滑的弹道优化问题，为开展拦截弹中制导弹道在线生成方法研究奠定了基础。

4.2　强约束下中制导弹道优化问题描述

一般的面空导弹弹道优化问题可描述成为多约束条件下的连续最优控制问题。中制导弹道设计除了要考虑热流、动压、过载以及控制量等过程约束条件外，其弹道终端状态还要满足中末制导交接班窗口的严格约束。

4.2.1　面向中末交接班的中制导弹道约束建模

1. 过程约束

根据拦截弹执行机构的性能，为保证对拦截弹道的有效跟踪控制，对拦截弹攻角和倾侧角以及变化率大小加以限制。其约束设置如下：

$$\left.\begin{aligned}\alpha_{\min}\leqslant\alpha\leqslant\alpha_{\max}\\ \sigma_{\min}\leqslant\sigma\leqslant\sigma_{\max}\\ \dot{\alpha}_{\min}\leqslant\dot{\alpha}\leqslant\dot{\alpha}_{\max}\\ \dot{\sigma}_{\min}\leqslant\dot{\sigma}\leqslant\dot{\sigma}_{\max}\end{aligned}\right\}\tag{4.1}$$

动压极限值主要取决于热防护材料强度与气动控制铰链力矩。其约束设置为

$$q=0.5\rho v^2\leqslant q_{\max} \tag{4.2}$$

在飞行过程中,拦截弹所能提供的气动力过载大小有限,过载约束设置为

$$n=\frac{\sqrt{(C_D qS)^2+(C_L qS)^2}}{mg}\leqslant n_{\max} \tag{4.3}$$

考虑到拦截器的热流密度约束,其简化计算式为

$$\dot{Q}=k_Q\sqrt{\rho}v^{3.15}\leqslant \dot{Q}_{\max} \tag{4.4}$$

2. 终端约束

为了保证拦截弹顺利交接班,拦截弹中制导段终端约束条件必须满足如下等式,即中制导终端位置约束以及角度约束条件

$$\boldsymbol{\psi}_{\mathrm{f}}=[x-x_{\mathrm{f}}\quad y-y_{\mathrm{f}}\quad z-z_{\mathrm{f}}\quad \theta-\theta_{\mathrm{f}}\quad \psi-\psi_{v\mathrm{f}}]^{\mathrm{T}}=\mathbf{0} \tag{4.5}$$

式中:x_{f},y_{f},z_{f} 和 θ_{f},$\psi_{v\mathrm{f}}$ 分别为终端期望位置和期望速度指向,满足零控拦截流形约束。对于采用侧窗探测的导引头,为了保证导引头在交接班时刻能够成功捕获目标,在交接班时刻还需添加额外的终端时刻攻角和倾侧角约束,分别为

$$\left.\begin{array}{l}\alpha_{\min1}\leqslant\alpha_{\mathrm{f}}\leqslant\alpha_{\max1}\\ \sigma_{\min1}\leqslant\sigma_{\mathrm{f}}\leqslant\sigma_{\max1}\end{array}\right\} \tag{4.6}$$

式中:$\alpha_{\max1}$ 和 $\alpha_{\min1}$ 为交接班时刻侧窗探测导引头视场对攻角的约束;$\sigma_{\min1}$ 和 $\sigma_{\max1}$ 为交接班时刻侧窗探测导引头对倾侧角的约束。

4.2.2 拦截弹典型中制导弹道性能指标设计

按照设计要求不同,弹道优化时可选择不同的性能指标函数。为了适应不同的临近空间防御作战场景对拦截弹弹道性能的要求,本章设计末速最大、横程最大、制导时间最短三种性能指标。

(1)优化指标 J_1:横(侧)向射程最大中制导弹道,即 $J_1=-y_{\mathrm{f}}$。

为了能够适应目标侧向机动突防带来的挑战,拦截弹需要具备良好的侧向机动能力。寻优横程最大弹道的目的是为了探求拦截弹的最大侧向机动能力。横程最大弹道优化可以表述为在满足边界条件和路径约束条件下,寻优 y 最大的控制量时间历程。其主要的影响因素为升阻比、倾侧角、攻角、初始速度以及射程。

(2)优化指标 J_2:末速最大中制导弹道,即 $J_2=-v_{\mathrm{f}}$。

由于拦截弹速度有限,高速目标超快的飞行速度就意味着较小的弹目速度比,这样会使得拦截弹末制导捕获区急剧减小。为了拓宽拦截弹可行的末制导初始条件以及保证拦截弹的杀伤效果,选择末端速度最大也作为一个终端优化指标。

(3)优化指标 J_3:拦截时间最短中制导弹道,即 $J_3=t_{\mathrm{f}}$。

为了满足快速拦截要求,有必要研究时间最短中制导弹道。拦截弹飞行时间短可以降低目标逃逸的概率,同时降低了对目标轨迹预测时长,缓解了目标轨迹长期预测的压力。

4.2.3　中制导弹道优化运动模型

为了实现在交接班时刻拦截弹侧窗探测导引头能够成功捕获目标，拦截弹姿态约束转变为弹道设计约束。为了保证攻角和倾侧角的连续性和光滑性，同时保证在交接班时刻攻角和倾侧角在预定范围内变化，本书将攻角和倾侧角扩张为状态量，将攻角和倾侧角的导数作为控制量。状态量 $\boldsymbol{x}=[x \quad y \quad z \quad v \quad \theta \quad \psi_v \quad \alpha \quad \sigma]^{\mathrm{T}}$，控制量 $\boldsymbol{u}=[\dot{\alpha} \quad \dot{\sigma}]^{\mathrm{T}}$，由式(2.67)可得

$$\left.\begin{aligned}
\dot{x}&=v\cos\theta\cos\psi_v\\
\dot{y}&=v\sin\theta\\
\dot{z}&=v\cos\theta\sin\psi_v\\
\dot{v}&=\frac{-D}{m}-g\sin\theta\\
\dot{\theta}&=\frac{L\cos\sigma}{mv}-\frac{g\cos\theta}{v}+\frac{v\cos\theta}{h+r_e}\\
\dot{\psi}&=\frac{L\sin\sigma}{mv\cos\theta}\\
\dot{\alpha}&=\dot{\alpha}\\
\dot{\sigma}&=\dot{\sigma}
\end{aligned}\right\} \tag{4.7}$$

式(4.7)中的相关变量已在2.3节进行过描述，这里不再赘述。

4.3　基于自适应 Radau 伪谱法的弹道优化

4.3.1　弹道优化问题一般描述

通过式(4.7)可得拦截弹的状态方程为

$$\dot{\boldsymbol{x}}(t)=\boldsymbol{f}(\boldsymbol{x}(t),\boldsymbol{u}(t),t),\quad t\in[t_0,t_f] \tag{4.8}$$

式中：t_0 表示中制导起始时刻；t_f 表示交接班时刻。式(4.8)也是后面弹道优化设计的系统方程。

中制导弹道的不等式过程约束可以表示为

$$\boldsymbol{C}(\boldsymbol{x}(t),\boldsymbol{u}(t),t)\leqslant\boldsymbol{0},\quad t\in[t_0,t_f] \tag{4.9}$$

中制导弹道的边界约束可以表示为

$$\boldsymbol{\psi}(\boldsymbol{x}(t_f),t_f)=\boldsymbol{0} \tag{4.10}$$

中制导弹道优化问题的本质属于非线性最优控制问题，即在时间区间 $t\in[t_0,t_f]$ 中，在满足约束条件式(4.9)和式(4.10)的情况下，寻找弹道的最优控制量 $u(t)$，使得性能指标函数 J 最小，即

$$J=\varphi(\boldsymbol{x}(t_{\mathrm{f}}),t_{\mathrm{f}})+\int_{t_0}^{t_{\mathrm{f}}}\boldsymbol{L}(\boldsymbol{x}(t),\boldsymbol{u}(t),t)\mathrm{d}t \tag{4.11}$$

式中：J 为复合型性能指标函数，该类最优控制问题被称为波尔扎问题；$\varphi(\cdot)$为终端时刻拦截弹弹道需要满足的末值性能指标，用来约束弹道终端状态；$\boldsymbol{L}(\cdot)$为弹道状态量和控制量在整个优化过程都要满足的积分性能指标。中制导弹道优化模型的定义域和值域已在4.2节说明，假设函数 $\varphi(\cdot)$，$\boldsymbol{L}(\cdot)$，$\boldsymbol{f}(\cdot)$，$\boldsymbol{C}(\cdot)$，$\boldsymbol{\psi}(\cdot)$满足一阶光滑条件。

4.3.2 基于Radau伪谱法的弹道优化求解

1. Radau伪谱法基本原理

伪谱法求解最优控制问题的原理是通过时间域的离散，把动态、连续的最优控制问题转化为一个静态、离散和优化变量有限的问题。伪谱法中未知变量包括状态变量、控制变量和未知参数，其中未知参数属于静态变量。因此对状态量和控制量需要进行离散化处理。应用最为广泛的有 Gauss 伪谱法和 Radau 伪谱法，Radau 伪谱法利用 Legendre - Gauss - Radau(LGR)配点法将多区间的连续时间最优控制问题离散化为 NLP 问题，相比较 Gauss 伪谱法，Radau 伪谱法在区间切换点的状态变量连续性条件 $x(t_k^-)=x(t_k^+)$实现上更具有优势，Radau 伪谱法求解多区间连续最优控制问题效率更高，所得到的结果满足连续时间最优问题的 KKT 一阶必要条件。下面基于 Radau 伪谱法将连续的弹道优化问题进行离散化求解。

由于最优控制问题的时域一般为$[t_0,t_{\mathrm{f}}]$，而采用 Radau 伪谱法的离散点分布在$[-1,1]$区间，先通过时域变换将式(4.11)中的一般优化问题转换为多区间非线性优化问题：

将弹道优化问题的时间区域$[t_0,t_{\mathrm{f}}]$划分为 K 个子区间：

$$\tau=\frac{2t-(t_{k-1}+t_k)}{t_k+t_{k-1}},t_{k-1}<t<t_k,1\leqslant k\leqslant K \tag{4.12}$$

由式(4.12)可得

$$\frac{\mathrm{d}\tau}{\mathrm{d}t}=\frac{2}{t_k-t_{k-1}} \tag{4.13}$$

式(4.12)可以将式(4.11)标准波尔扎问题转化为适合于伪谱法求解的波尔扎问题。并将时间区间 $t\in[t_{k-1},t_k]$变化为$\tau\in[-1,1]$。

中制导弹道优化模型式(4.8)～式(4.11)经过分区间离散化后变为

性能指标：

$$J=\varphi(\boldsymbol{x}^{(1)}(-1),\boldsymbol{x}^{(K)}(+1))+\sum_{k=1}^{K}\frac{t_k-t_{k-1}}{2}\int_{-1}^{+1}\boldsymbol{L}(\boldsymbol{x}^{(k)}(\tau),\boldsymbol{u}^{(k)}(\tau))\mathrm{d}\tau \tag{4.14}$$

系统方程：

$$\frac{d\boldsymbol{x}^{(k)}(\tau)}{\mathrm{d}\tau}\equiv\dot{\boldsymbol{x}}^{k}(\tau)=\frac{t_k-t_{k-1}}{2}\boldsymbol{f}(\boldsymbol{x}^{(k)}(\tau),\boldsymbol{u}^{(k)}(\tau)) \tag{4.15}$$

过程约束：

$$\boldsymbol{C}_{\min}\leqslant\boldsymbol{C}(\boldsymbol{x}^{(k)}(\tau),\boldsymbol{u}^{(k)}(\tau))\leqslant\boldsymbol{C}_{\max} \tag{4.16}$$

边界约束：

$$\boldsymbol{\psi}(\boldsymbol{x}^{(1)}(-1),\boldsymbol{x}^{(K)}(+1))=\mathbf{0} \tag{4.17}$$

上述相邻网格区间的连接点状态是连续的，即

$$x^{(k)}(+1)=x^{(k+1)}(-1) \tag{4.18}$$

2. NLP 问题转换

将整个时间区间划分为多个子区间后，每个子区间内的状态变量用 N_k 阶多项式进行近似表示为

$$\boldsymbol{x}^{(k)}(\tau)\approx\boldsymbol{X}^{(k)}(\tau)=\sum_{j=1}^{N_k+1}\boldsymbol{X}_j^{(k)}(\tau)\ell_j^{(k)}(\tau) \tag{4.19}$$

$$\ell_j^{(k)}(\tau)=\prod_{l=1,l\neq j}^{N_k+1}\frac{\tau-\tau_l^{(k)}}{\tau_j^{(k)}-\tau_l^{(k)}},k\in[1,\cdots,K] \tag{4.20}$$

式中：$\tau\in[-1,+1]$；$\ell_j^{(k)}(\tau),j=1,\cdots,N_k+1$，为 Lagrange 基函数；$(\tau_1^{(k)},\cdots,\tau_{N_k}^{(k)})$ 为 LGR 离散点，$\tau_{N_k+1}^{(k)}=+1$ 不属于 LGR 离散点。

对式(4.19)的状态变量求导得

$$\dot{\boldsymbol{x}}^{(k)}\approx\frac{\mathrm{d}\boldsymbol{X}^{(k)}(\tau)}{\mathrm{d}\tau}=\sum_{j=1}^{N_k+1}\boldsymbol{X}_j^{(k)}\frac{\mathrm{d}\ell_j^{(k)}(\tau)}{\mathrm{d}\tau}=\sum_{j=1}^{N_k+1}D_{ij}^{(k)}\boldsymbol{X}_j^{(k)} \tag{4.21}$$

式中

$$D_{ij}^{(k)}=\frac{\mathrm{d}\ell_j^{(k)}(\tau_i^{(k)})}{\mathrm{d}\tau},1\leqslant i\leqslant N_k,1\leqslant j\leqslant N_k+1 \tag{4.22}$$

式(4.22)代表第 k 子区间中 $N_k\times(N_k+1)$ 阶 Radau 伪谱法的微分矩阵。

通过上述 Radau 伪谱法的数值近似，将连续的 Bolza 问题式(4.14)～式(4.18)转化为 NLP 问题如下：

首先利用 LGR 积分将性能指标函数式(4.14)近似为

$$J=\varphi(X_1^{(1)},X_{N_k+1}^{(K)})+\sum_{k=1}^{K}\sum_{j=1}^{N_k}\frac{t_k-t_{k-1}}{2}\omega_j^{(k)}L_j^{(k)} \tag{4.23}$$

系统方程式(4.15)在 LGR 点的离散形式为

$$\sum_{j=1}^{N_k+1}\boldsymbol{X}_j^{(k)}D_{ij}^{(k)}-\frac{t_k-t_{k-1}}{2}f_i^{(k)}=0,1\leqslant i\leqslant N_k \tag{4.24}$$

过程约束式(4.16)在 LGR 点的离散形式为

$$\boldsymbol{C}_{\min}\leqslant\boldsymbol{C}(\boldsymbol{X}_i^{(k)},\boldsymbol{U}_i^{(k)})\leqslant\boldsymbol{C}_{\max} \tag{4.25}$$

边界约束式(4.17)在 LGR 点的离散形式为

$$\boldsymbol{\psi}(\boldsymbol{X}_1^{(1)},\boldsymbol{X}_{N_k+1}^{(K)})=\mathbf{0} \tag{4.26}$$

为了保证各个子区间之间连接点的连续性，需要满足等式约束为

$$\boldsymbol{X}_{N_k+1}^{(k)}=\boldsymbol{X}_1^{(k+1)} \tag{4.27}$$

该 NLP 问题为在满足系统方程式(4.24)、过程约束式(4.25)和边界约束式(4.26)的情况下，使得性能指标函数式(4.23)最小。目前求解 NLP 问题通常采用序列二次规划算法(Sequential Quadratic Programming，SQP)，国外科研人员应用 SQP 算法开发了一些通用的 NLP 问题求解器，可以求解多种大型非线性规划问题，求解的规模和效率都比较高，典型的有 SNOPT、IPOPT 等。这类 NLP 求解器采用基于梯度信息的求解算法，寻优时根据目

标函数、约束函数关于优化变量的雅可比矩阵判断最优解的搜索方法。由于最优控制数值求解器在航天航空等工程领域已得到应用，也比较成熟，所以本书在仿真过程中将利用 SNOPT 软件求解 NLP 问题。

4.3.3 网格自适应细化算法设计

面向中末制导交接班的中制导弹道优化问题是强约束下的最优控制问题，是一种典型的非光滑最优控制问题。针对传统伪谱法在解决非光滑最优控制问题时精度不够高和效率不足的问题，本小节引入网格自适应细化算法对 Radau 伪谱法进行改进。自适应网格细化算法的目的是通过网络重构，提高离散后的计算精度。每个子区间内设定一个离散状态方程和过程约束的误差容忍度 ε，如果在当前网格划分条件下，每段子区间内的计算精度大于 ε，则对当前的网格进行重构。由于网格的细化更新需要离散的误差信息，而最优控制问题的解事先是未知的，所以需要对离散误差进行估计。

1. 相对误差的估计

假定离散的 Bolza 最优控制问题的解在网格区间 $S_k=[t_{k-1},t_k]$ 中有 N_k 个 LGR 配点。当 LGR 配点数增加时，解的精度也能随之提高，因而设有 $M_k=N_k+1$ 个 LGR 配点 $(\hat{\tau}_1^{(k)},\cdots,\hat{\tau}_{M_k}^{(k)})$，其中 $\hat{\tau}_1^{(k)}=\tau_1^{(k)}=t_{k-1}$，$\hat{\tau}_{M_k}^{(k)}=t_k$。根据式(4.20)，$M_k$ 个 LGR 配点 $(\hat{\tau}_1^{(k)},\cdots,\hat{\tau}_{M_k}^{(k)})$ 处的状态近似值为 $(x(\hat{\tau}_1^{(k)}),\cdots,x(\hat{\tau}_{M_k}^{(k)}))$，控制变量拉格朗日插值的基为

$$\boldsymbol{U}^{(k)}(\tau)=\sum_{j=1}^{N_k}U_j^{(k)}(\tau)\ell_j^{(k)}(\tau) \tag{4.28}$$

式中，$\ell_j^{(k)}(\tau)=\prod\limits_{N_k}\dfrac{\tau-\tau_l^{(k)}}{\tau_j^{(k)}-\tau_l^{(k)}}\ (1\leqslant l\leqslant M_k+1)$，其中，$M_k$ 表示 S_k 区间上的配点个数。式(4.24)采用隐式积分形式表示，可得

$$X^{(k)}(\hat{\tau}_j^{(k)})=X^{(k)}(\tau_{k-1})+\frac{t_f-t_0}{2}\sum_{l=1}^{M_k}\hat{I}_{jl}^{(k)}f(X^{(k)}(\hat{\tau}_j^{(k)}),U^{(k)}(\hat{\tau}_j^{(k)}),t(\hat{\tau}_i^{(k)},t_0,t_f)) \tag{4.29}$$

式中，$\hat{I}_{jl}^{(k)}(j,l=1,2,\cdots,M_k,k=1,2,\cdots,N)$ 是在 LGR 配点 $(\hat{\tau}_1^{(k)},\hat{\tau}_2^{(k)},\cdots,\hat{\tau}_{M_k}^{(k)})$ 上定义的 $M_k\times M_k$ 的 LGR 积分矩阵，且 $\boldsymbol{I}^{(k)}=[D_2^{(k)},\cdots,D_{M_k+1}^{(k)}]^{-1}$，$\boldsymbol{I}^{(k)}D_1^{(k)}=1$。由此可以根据 $\boldsymbol{X}(\hat{\tau}_j^{(k)})$ 与 $\hat{\boldsymbol{X}}(\hat{\tau}_j^{(k)})$ 之间的相对误差与绝对误差分别表示为

$$E_i^{(k)}(\hat{\tau}_l^{(k)})=\left|\hat{\boldsymbol{X}}_i^{(k)}(\hat{\tau}_l^{(k)})-\boldsymbol{X}_i^{(k)}(\hat{\tau}_l^{(k)})\right| \tag{4.30}$$

$$e_i^{(k)}(\hat{\tau}_l^{(k)})=\frac{E_i^{(k)}(\hat{\tau}_l^{(k)})}{1+\max\limits_{j\in[1,2,\ldots,M_k+1]}\left|\boldsymbol{X}_i^{(k)}(\tau_l^{(k)})\right|} \tag{4.31}$$

式中，$l=1,\cdots,M_k+1$；$i=1,\cdots,n_x$，n_x 表示状态变量的数量。在网格区间 S_k 内，最大相对误差可定义为

$$e_{\max}^{(k)}=\max_{i\in[1,\cdots,n_x],l\in[1,\cdots,M_k+1]}e_i^{(k)}(\hat{\tau}_j^{(k)}) \tag{4.32}$$

根据配点法收敛性定理，Bolza 型最优控制问题的解的真实值 $(\boldsymbol{X},\boldsymbol{U})$ 与估计值 $(\hat{\boldsymbol{X}},\hat{U})$

之间满足如下关系：

$$\| \hat{X}-\boldsymbol{X} \|_{\infty}+\| \hat{\boldsymbol{U}}-U \|_{\infty} \leqslant \frac{ch^{q}}{N^{q-2.5}} \tag{4.33}$$

式中：c 是常量；N 表示网格配点数；h 表示网格区间的宽度；q 的取值与配点个数 N 有关。式(4.33)给出了$[-1,1]$区域内误差的上界，能够为研究网格细化和配点优化提供依据。

2. 自适应网格更新方法

(1)非光滑处定位。当网格区间 $k \in [1,\cdots,K]$需进一步细化时，需要判断是增加网格区间数还是增加插值多项式的阶次，本书采用的方法如下，若需细化的网格区间是非光滑的，则增加网格区间数，即拆分当前的网格区间，将非光滑网格分成两个网格区间，使子区间尽可能光滑；若需细化的网格区间是光滑的，则增加插值多项式的阶次，提高拟合的效果。

为了简便，在网格区间 $k \in [1,\cdots,K]$中，令

$$P_{ij}^{(M)}=|X_i^{(M)}(\tau_{ij})|,P_{ij}^{(M-1)}=|X_i^{(M-1)}(\tau_{ij})|,(i=1,\cdots,n_x,j=1,\cdots,L_i) \tag{4.34}$$

式中：$\tau_{ij} \in S_k$ 为$|\ddot{X}_i^{(M)}(\tau)|$取的局部极大值的点。相似地，$P_{ij}^{(M-1)}$ 为$|X_i^{(M-1)}(\tau)|$在 $\tau_{ij} \in S_k$ 邻域内取极大值的点。设 M 表示当前优化次数，若有

$$R_{ij}=\frac{P_{ij}^{(M)}}{P_{ij}^{(M-1)}} \geqslant \bar{R} \tag{4.35}$$

则网格区间 S_k 为非光滑处，其中 $\bar{R}$ 为给定的比值。

(2)网格区间的分解。当网格区间 S_k，$k \in [1,\cdots,K]$处 $e_{\max}^{(k)}>\varepsilon$，$\varepsilon$ 为给定的最大容许误差，且存在 $\tau_{ij} \in S_k$ 使得式(4.35)成立，即网格区间 S_k 中存在非光滑点。假设对于任意 $j \in [1,\cdots,H_k]$，存在 $i \in [1,\cdots,n_x]$使得 $R_{ij} \geqslant \bar{R}$ 成立，则认为网格区间 S_k 中存在 H_i 个非光滑点，以这 H_k 个非光滑点为分界点将网格区间 S_k 分成 H_k+1 个子区间。

为使子网格区间的数量不至于过大，有必要限制子网格区间数目的增长，因而子网格区间数量必须设定最大值，子网格区间数量最大为

$$H_{\max}=[\log_{N_k}(e^{(k)}/\varepsilon)] \tag{4.36}$$

子网格区间数量上界 $H_{\max}$ 变化如下，当 $e^{(k)} \gg \varepsilon$(如 10^6)时，$H_{\max}$ 取 15～25，当 $e^{(k)} \to \varepsilon$ 时，$H_{\max}$ 趋近于 0。子网格区间数量为

$$S=\min(H_k+1,H_{\max}) \tag{4.37}$$

(3)增加网格配点数。当网格区间 S_k，$k \in [1,\cdots,K]$处 $e_{\max}^{(k)}>\varepsilon$，且对任意的 $\tau \in S_k$，都有 $R_{ij}<\bar{R}$，网格区间 S_k 为光滑处。为使相对误差估计 $e_{\max}^{(k)}$ 达到 ε 以内，则其误差必须缩小 $\varepsilon/e_{\max}^{(k)}$ 倍。通过增加配点数 P_k 来达到要求，其中 $N_k^{-P_k}=\varepsilon/e_{\max}^{k}$，即

$$P_k=\log_{N_k}\left(\frac{e_{\max}^{(q)}}{\varepsilon}\right) \tag{4.38}$$

其中，P_k 为整数，因而式(4.38)改写成为

$$P_k=\left[\log_{N_k}\left(\frac{e_{\max}^{(q)}}{\varepsilon}\right)\right] \tag{4.39}$$

(4)减小网格配点数。网格区间 $S_k=[T_{k-1},T_k]$的相对误差估计 $e_{\max}^{(k)}$ 小于 ε，下面进一步讨论在配点数减少的情况下，该网格区间的相对误差估计 $e_{\max}^{(k)}$ 仍小于 ε，令 $\mu_k=(T_{k-1}+T_k)/2$，$h_k=(T_k-T_{k-1})/2$，则有

$$X_i^{(k)}(\tau)=\sum_{j=1}^{N_k+1}X_{ij}\ell_j\left(\frac{\tau-\mu_k}{h_k}\right),\ell_j(s)=\prod_{N_k+1}\left(\frac{s-s_i}{s_j-s_i}\right) \tag{4.40}$$

其中，$-1=s_1<s_2<\cdots<s_{N_k}<s_{N_k+1}=1$，多项式 $\ell_j(s)$ 可写成如下形式

$$\ell_j(s)=\sum_{l=0}^{N_k}a_{lj}s^l \tag{4.41}$$

设多项式 $Q_j(s)$ 与 $\ell_j(s)$ 的根相同，$Q_j(s)$ 的根为 $\{s_k\}_{k=1,k\neq j}^{N_k+1}$，那么有

$$Q_j(s)=\sum_{l=0}^{N_k}Q_{lj}s^l \tag{4.42}$$

因为 $\ell_j(s_j)=1$

$$\ell_j(s)=\frac{1}{Q_j(s_j)}Q_j(s)=\sum_{l=0}^{N_k}\frac{Q_{lj}}{Q_j(s_j)}s^l \tag{4.43}$$

从而推导出

$$a_{lj}=\frac{Q_{lj}}{Q_j(s_j)} \tag{4.44}$$

系数 a_{lj} 仅依赖于配点数 N_k。联立式(4.40)与式(4.41)，得

$$X_i^{(k)}(\tau)=\sum_{l=0}^{N_k}b_{ij}\left(\frac{\tau-\mu_k}{h_k}\right)^l,b_{ij}=\sum_{j=1}^{N_k+1}X_{ij}a_{ij} \tag{4.45}$$

$\tau\in S_k$，则 $|\tau-\mu_k|/h_k\leqslant 1$。若 N_k 阶项去掉，则网格区间 S_k 的最大误差为 $|b_{iN_k}|$。为了便于比较，必须标准化系数 b_{ij}，令

$$\beta_{ij}=1+\max_{k\in[1,\cdots,K]}\max_{\tau\in S_k}|X_i^{(k)}(\tau)|,i=1,\cdots,n_x \tag{4.46}$$

去掉最高阶次项，直到系数 $|b_{ij}|/\beta_{ij}>\varepsilon$ 为止。对于状态的每一个分量 $i\in[1,\cdots,n_y]$ 都进行相同的计算，得到 n_x 个拟合项阶次 $N_1^{(k)},\cdots,N_{n_x}^{(k)}$。$X^{(k)}(\tau)$ 的差值多项式阶次取 $(N_1^{(k)},\cdots,N_{n_x}^{(k)})$ 中的最大值。

(5)合并相邻网格区间。网格区间合并之前必须按照减小网格区间配点数的方法消去两网格区间插值多项式的最高阶次，然后对相邻网格区间的配点数进行一个大致的判断，若 $N_{k+1}\neq N_k$，则网格区间 $S_{k+1}=[T_k,T_{k+1}]$ 与网格区间 $S_k=[T_{k-1},T_k]$ 不能合并，因为这两个相邻网格区间的差值多项式最高阶次不等。合并的新网格区间以原两个网格区间的所有配点为配点，两个网格区间能合并的条件主要有三个：

1)两个网格区间必须相邻；

2)两个网格区间的相对误差估计都不大于 ε；

3)合并后的大网格区间相对误差估计也不大于 ε。

4.3.4 自适应 Radau 伪谱法计算流程

自适应 Radau 伪谱法求解弹道优化问题的具体步骤描述如下，其流程图如图 4-1 所示。

Step1 初始化网格区间 $S_k=[T_{k-1},T_k]$ $(k=1,\cdots,K)$，及网格区间配点数 N_k，利用 Radau 伪谱法将最优控制问题在 LGR 点进行离散，转化为 NLP 问题，采用序列二次规划

(SNOPT)对 NLP 问题进行求解；

Step2　判断所有网格区间相对误差估计 $e_{\max}^{(k)}(k=1,\cdots,K)$是否都满足 $e_{\max}^{(k)}<\varepsilon$，是则退出程序，否则进入 Step3；

Step3　判断网格区间 $S_k(k=1,\cdots,K)$的相对容许误差 $e_{\max}^{(k)}$ 是否满足 $e_{\max}^{(k)}<\varepsilon$，是则减小网格配点数，否则增加网格配点数；

Step4　根据 Step4 的计算结果构建新的网格区间，求解此时的 NLP 问题；

Step5　判断所有网格区间相对误差估计 $e_{\max}^{(k)}(k=1,\cdots,K)$是否都满足 $e_{\max}^{(k)}<\varepsilon$，是则退出程序，否则进入 Step6；

Step6　判断网格区间 $S_k(k=1,\cdots,K)$的相对容许误差 $e_{\max}^{(k)}$ 是否满足 $e_{\max}^{(k)}<\varepsilon$，是则进入 Step8，否则进入 Step7；

Step7　判断网格区间 $S_k(k=1,\cdots,K)$是否光滑，光滑则增加网格区间配点数，否则拆分网格。完成后返回 Step4。

Step8　对于单个网格区间，减小网格区间配点数，对于相邻网格区间，判断是否满足合并条件，满足则合并，否则不合并。完成后返回 Step4。

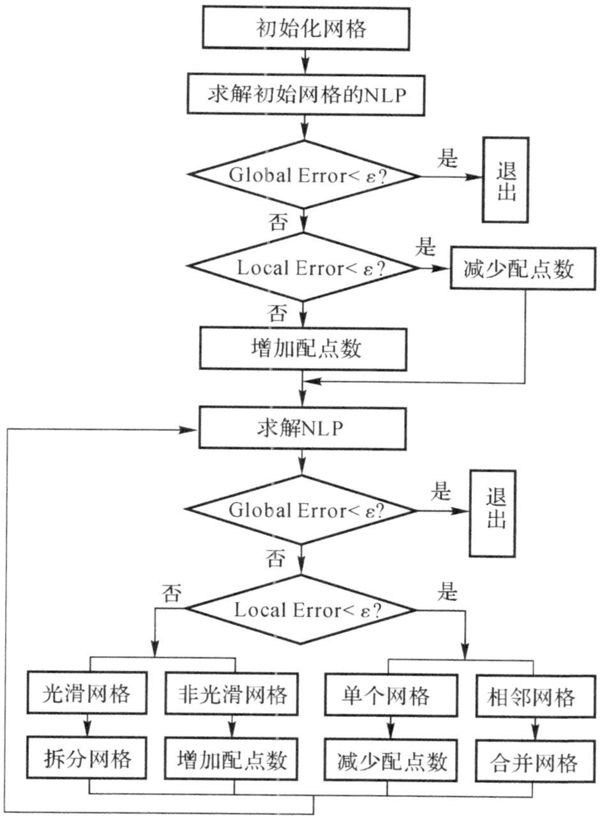

图 4－1　自适应 Radau 伪谱法流程图

需要说明的是，尽管图 4－1 给出的是自适应 Radau 伪谱法流程和求解过程，但该网格划分与自适应细化调整方法也可对其它配点法求解过程中的配置点设计提供参考和借鉴。

4.3.5 中制导典型最优弹道算例仿真

针对不同的拦截场景，利用自适应 Radau 伪谱法解算中制导最优弹道。拦截弹在下面的仿真情景中的初始条件都相同，而目标在交接班时刻的状态将会影响到拦截弹弹道终端约束条件的设置，针对目标不同的拦截情景设定不同的终端约束。拦截弹弹道初始状态和过程约束设置见表 4-1 和表 4-2。

表 4-1　拦截弹初始状态设置

$v_0/(\mathrm{m\cdot s^{-1}})$	x_0/km	y_0/km	z_0/km	$\theta_0/(°)$	$\psi_{v0}/(°)$
3 000	0	0	80	−5	0

表 4-2　过程约束条件设置如下

q_{max}/kPa	n_{ymax}/g	$Q_{max}/(\mathrm{MW\cdot m^{-2}})$	$\alpha/(°)$	$\sigma/(°)$
500	8	2	(0,40)	(−75,75)

情景 4.1：面向中末制导交接班的中制导弹道仿真分析。

假设通过对目标进行轨迹预测可以获得其在交接班时刻的速度和位置。目标在交接班时刻的位置和速度见表 4-3。

表 4-3　目标在交接班时刻的状态设置

$v_f/(\mathrm{m\cdot s^{-1}})$	x_f/km	y_f/km	z_f/km	$\theta_f/(°)$	$\psi_{vf}/(°)$
2 800	700	40	40	0	0

为了给拦截弹末制导创造良好的初始条件，设计满足零控交班条件的拦截弹弹道终端状态约束。并分别设计末速弹道和时间最短弹道，见表 4-4。若目标进行侧向机动，其交接班时刻的只有位置在侧向发生变化，又设计横程最大弹道来验证拦截弹对目标的侧向拦截能力。

表 4-4　拦截弹在交接班时刻的状态设置

x_f/km	y_f/km	z_f/km	$\theta_f/(°)$	$\psi_{vf}/(°)$	J
600	40	40	0	0	v_{max}
600	40	40	0	0	t_{min}
600	max	40	0	0	y_{max}

三种最优弹道都以零控交接条件为终端状态约束，同时为了保证导引头能够看到目标还将攻角和倾侧角控制在合理的区间。在相同的前提条件下，对最优弹道进行解算，结果如图 4-2 所示。

由图 4-2(a)(b)可知，三种最优弹道都有一定的侧向机动，这使得控制量在开始阶段

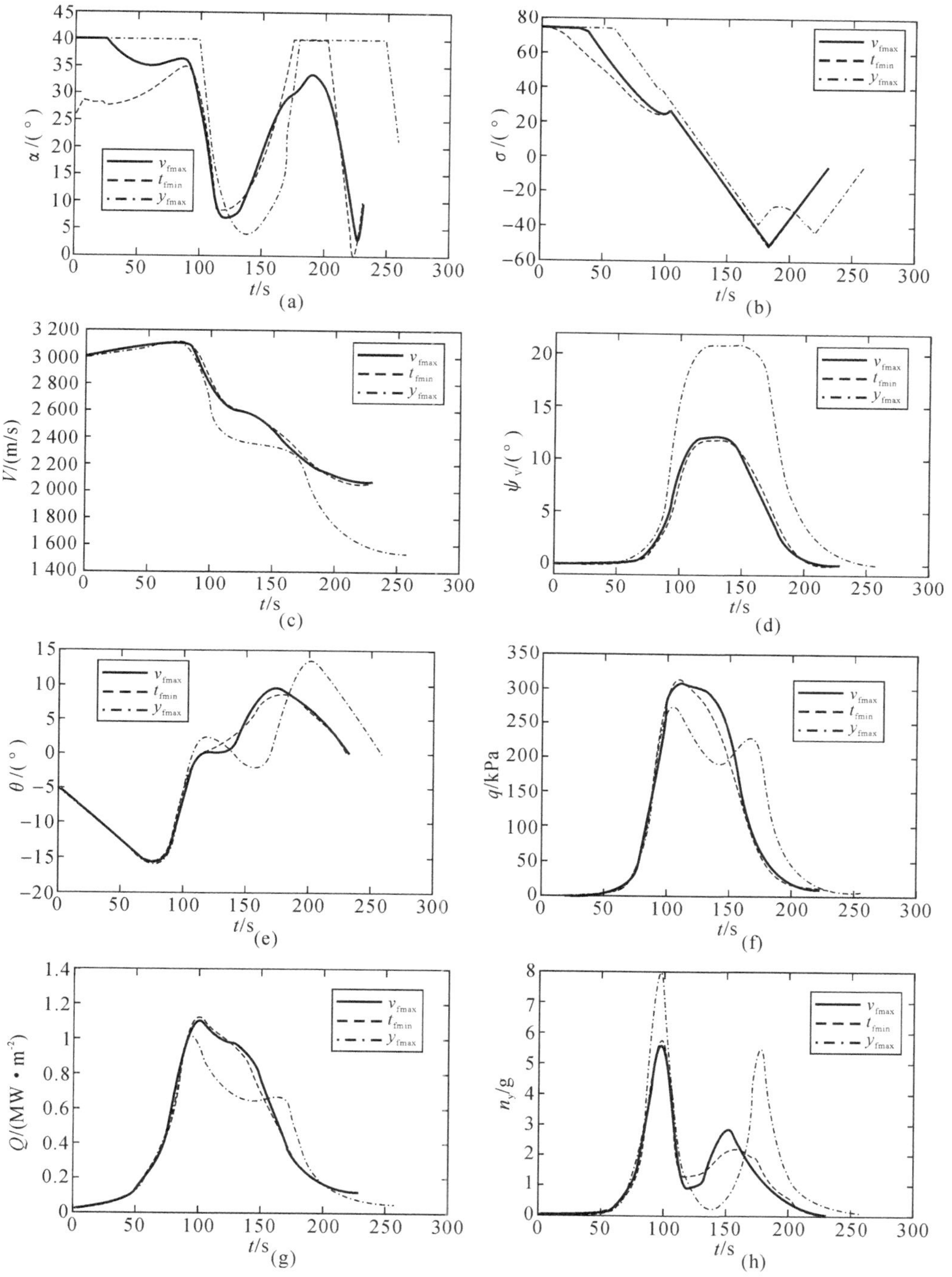

图 4-2　情景 1 仿真结果

(a)攻角变化曲线;(b)倾侧角变化曲线;(c)速度变化曲线(d)弹道偏角变化曲线;

(e)弹道倾角变化曲线;(f)动压变化曲线;(g)热流变化曲线;(h)过载变化曲线

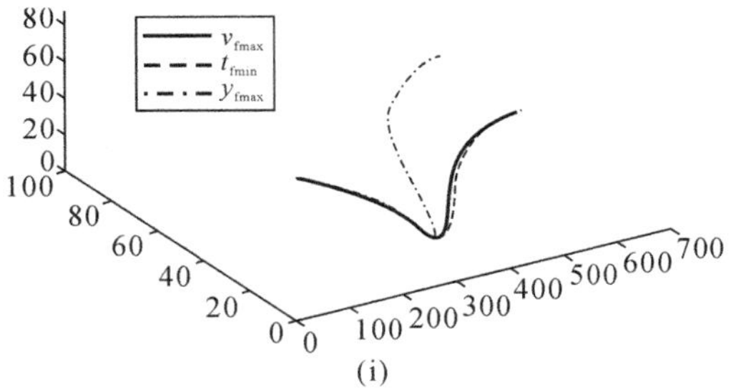

(i)

续图 4-2　情景 4.1 仿真结果

(i)拦截弹三维最优弹道曲线

的值都比较大;另外拦截弹要完成侧向机动飞行,需要先改变弹道偏角。但为了实现弹目在交接班时刻实现正迎面碰撞,又要使得交接班时刻弹道倾角置零。这就使得拦截弹的倾侧角必须由正值变换为负值,速度方向的反复变化。由图 4-2(c)可知,拦截弹进行侧向机动,会使得拦截弹交接班时刻的能量和速度有折损,侧向机动范围越大,折损越严重。由图 4-2(i)可知,在相同的交接班条件约束下,末速最大弹道和时间最短弹道非常的接近,这也说明了末速最大弹道在交接班时刻不仅具有末端速度的优势,同时其对拦截时间的要求也不高,符合高速目标快速作战的要求。由图 4-2(h)可知,拦截弹较大范围的侧向机动对其可用过载提出了较高的要求,这也就要求拦截弹需要较大的升阻比产生足够大的升力。这也和传统拦截问题相符合,即要实现对目标成功拦截,拦截弹的可用过载需要是目标机动值的 3 倍左右。

情景 4.2:为了验证本章所设计的自适应 Radau 伪谱法在解决强约束弹道优化问题的优越性,下面将其与 Gauss 伪谱法进行对比分析,仿真条件与情景 4.1 相同。提高容许误差的要求 $\varepsilon_d \leqslant 1e^{-6}$,仿真结果如图 4-3 所示。

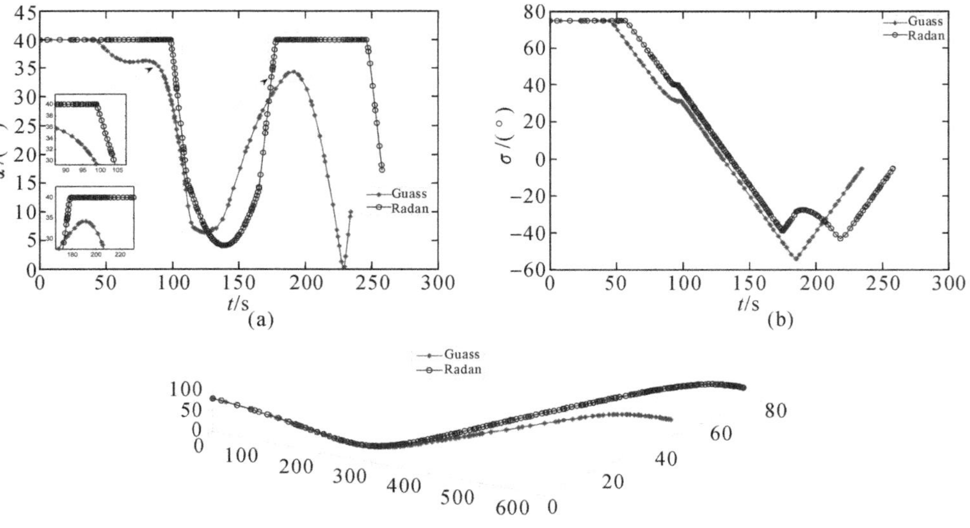

(c)

图 4-3　情景 2 仿真结果

(a)攻角变化曲线;(b)倾侧角变化曲线;(c)拦截弹三维最优弹道曲线

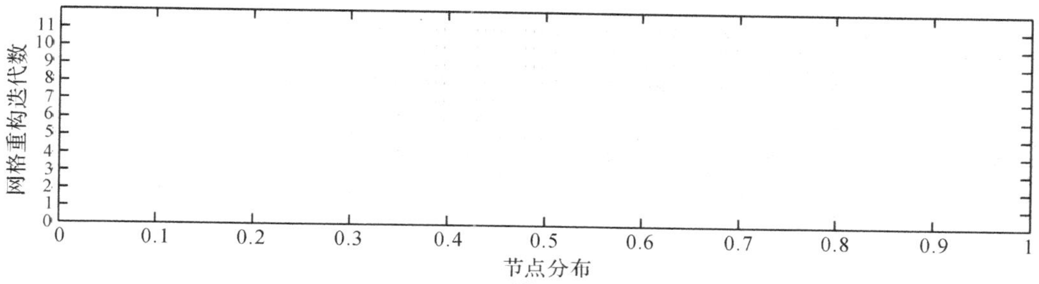

(d)

续图 4－3　情景 2 仿真结果

(d) Radau 求解横程最大弹道的网格优化过程

横程最大弹道优化问题是典型的不光滑最优控制问题，由图 4－3(a)～(c)可知，与 Guass 伪谱法相比较，Radau 伪谱法在决定不光滑的最优控制问题时，有更强的适应性，能够很好的处理控制量不光滑的优化问题，所得到的最大横程明显大于 Guass 伪谱法的结果，图 4－3(a)(b)中可以发现在控制量不光滑处，Radau 配点个数明显多于 Guass，主要是因为 Radau 伪谱法可以根据当前误差对子区间内节点个数进行重配置以达到期望的精度，而 Guass 伪谱法就难以处理不光滑的优化问题。由表 4－5 可知，自适应 Radau 伪谱法可以在保证精度的同时有效的提高解算效率。

表 4－5　自适应 Radau 伪谱法优化结果

		末速最大	时间最短	横程最大
Radau	仿真耗时/s	5.97	4.18	6.18
	e_{max}	8.13e－07	8.58e－07	9.20e－07
Guass	仿真耗时/s	6.97	8.18	7.18
	e_{max}	6.31e－06	5.83e－06	9.61e－06

4.4　仿真分析

拦截作战过程中，高速目标若进行侧向大范围的机动，拦截弹要保证导引头能够截获目标，必须具备侧向的弹道调整能力；同时还要兼顾考虑中末制导交接班窗口的复杂约束条件。下面将分析拦截弹考虑交接班窗口约束条件下的侧向机动能力，并对于目标不同侧向机动情形生成面向零控交接班的最优基准弹道。为后续拦截弹进行在线弹道调整提供基准弹道数据和能力参考。

4.4.1　面向交接班约束的拦截弹机动性能分析

情景 4.3：考虑终端时刻弹道偏角约束的情况，拦截弹在纵向平面飞行的基础上，进行不同的侧向机动飞行以应对目标的侧向机动。为了给拦截弹末制导创造良好的初始条件，拦截弹的终端位置和速度指向都分别进行约束。拦截弹交接班时刻 y 取值分别为 0 km，10 km，20 km，30 km，40 km，50 km。拦截弹中制导弹道的初始状态和终端状态设置见表 4－6。

表 4－6　拦截弹初始时刻和交接班时刻的状态设置

x_0	y_0	z_0	θ_0	ψ_{v_0}	$v_0/(\mathrm{m\cdot s^{-1}})$
0	0	80	−5	0	3 000
x_f	y_f	z_f	θ_f	ψ_{vf}	J
600	变化	40	0	0	v_{max}

图 4－4 给出了拦截弹在不同侧向机动飞行情况下的中制导弹道仿真结果。由图 4－4(b)(c)可知，倾侧角的变化幅度要明显高于攻角，主要因为拦截弹要产生较大范围的侧向机动要依靠弹体滚转，使得升力在侧向有足够的分量形成机动过载。由图 4－4(d)可知，拦截弹侧向机动范围越大，速度折损则越严重；然而拦截弹在末制导初始阶段，目标自身速度一定的前提下，速度越小捕获区约束则越苛刻。因此拦截弹在进行侧向机动时，必须也要考虑拦截对自身速度的要求。图由 4－4(e)(f)可知，拦截弹速度指向满足正迎面拦截的要求；但对弹道偏角限制的越严格，则拦截弹就要付出越大的拦截代价，反而使得难以成功交接班。根据中末制导交接班窗口的描述，在拦截弹交接班时刻位置合适的情况下，在可用过载允许的情况下，可以适当放开对速度指向的约束。由图 4－4(g)可知，在初始条件和终端约束一致的前提下，拦截弹侧向机动范围越大，其飞行时间则越长，但与拦截弹的飞行时间对比，影响并不显著。

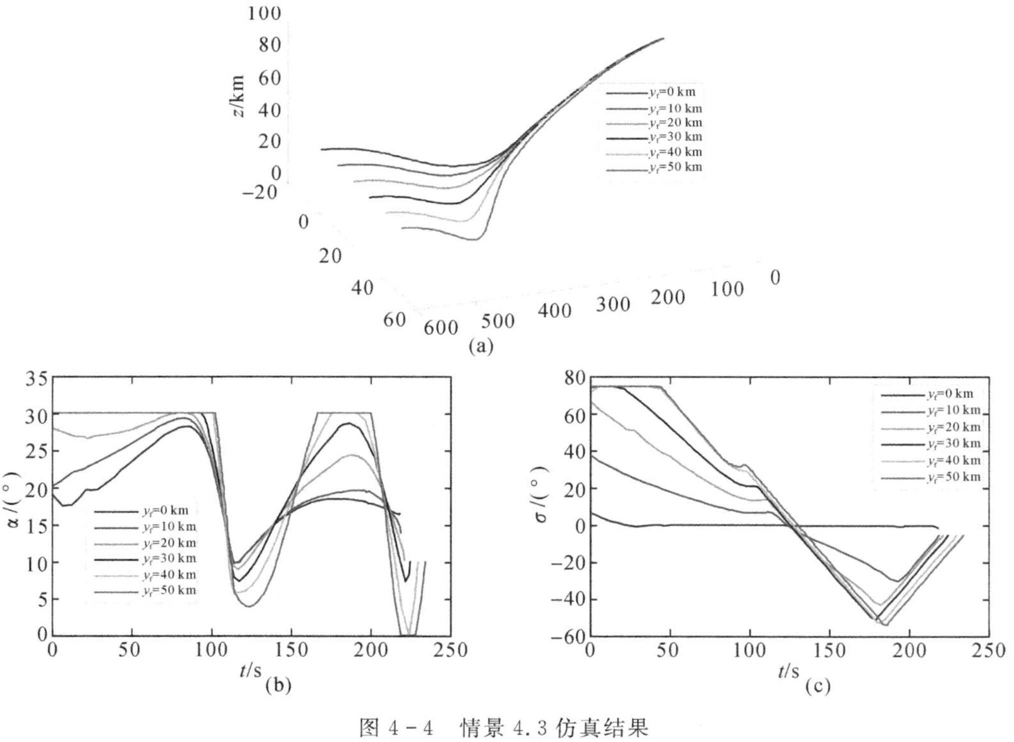

图 4－4　情景 4.3 仿真结果

(a)拦截弹三维最优弹道曲线(b)攻角变化曲线；(c)倾侧角变化曲线

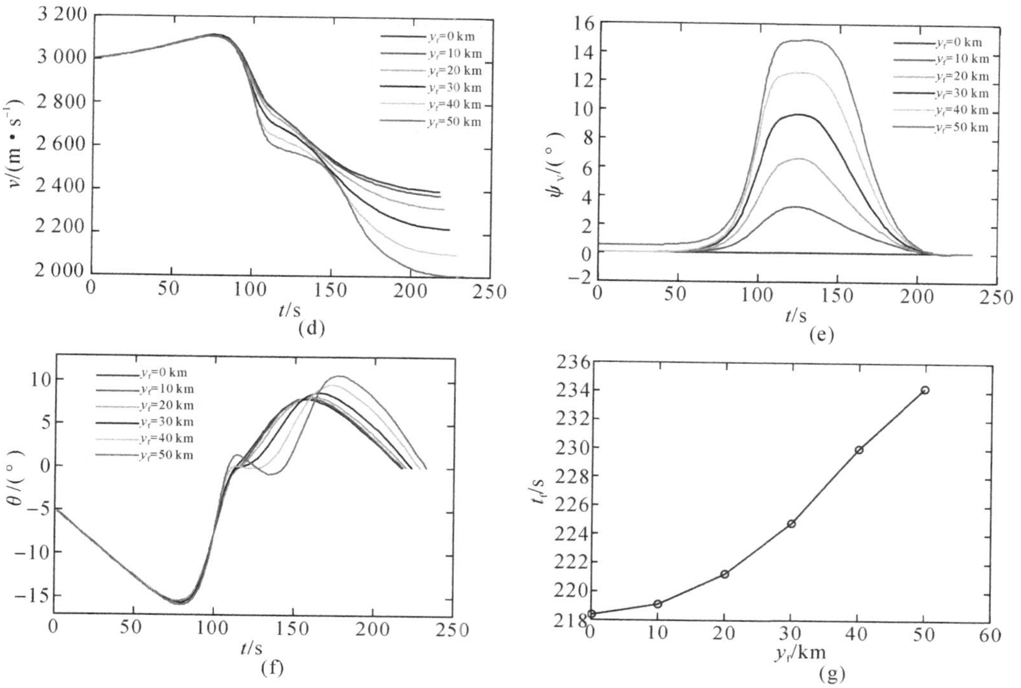

图 4-4　情景 4.3 仿真结果

(d)速度变化曲线;(e)弹道偏角变化曲线;(f)弹道倾角变化曲线;(g)侧向机动对中制导时间的影响

情景 4.4:考虑终端时刻弹道偏角自由的情况,拦截弹交接班时刻 y 取值分别为从 0 ～ 100 km 每间隔 10 km 进行遍历。拦截弹中制导弹道的初始状态和终端状态设置见表 4-7。

表 4-7　拦截弹初始时刻和交接班时刻的状态设置

x_0/km	y_0/km	z_0/km	θ_0/(°)	ψ_{v0}/(°)	v_0/(m·s^{-1})
0	0	80	−5	0	3 000
x_f/km	y_f/km	z_f/km	θ_f/(°)	ψ_{vf}/(°)	J
600	变化	40	0	free	v_{max}

由图 4-5 给出了在终端弹道偏角自由情况下,拦截弹不同侧向机动的仿真结果。由图 4-5(a)可知,拦截弹终端弹道倾角自由的情况下,其侧向机动范围明显变大,使得拦截弹能够更好地满足目标较大范围侧向机动情况下的拦截需求。与情景 4.3 对比,不同侧向机动弹道的攻角的差异变得更小,主要还是依靠倾侧角调整侧向的机动范围,但倾侧角变化幅度明显低于情景 4.3;速度的折损程度也

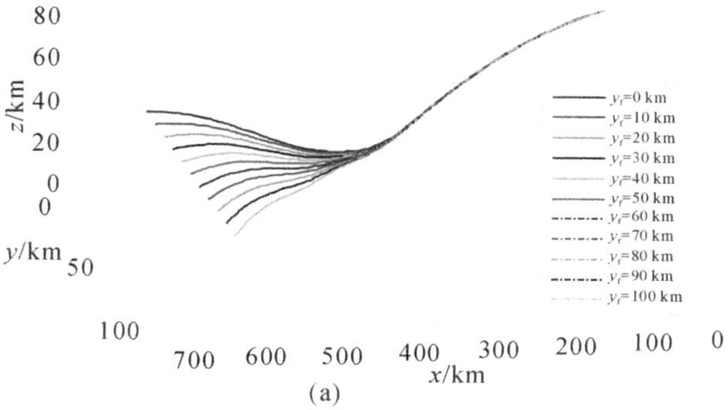

图 4-5　情景 2 仿真结果

(a)拦截弹三维最优弹道曲线;

小于情景 4.3；由图 4-5(g)可知，拦截弹侧向机动范围有限的情况下，对拦截弹的飞行时间影响并不大，侧向机动范围越大，对飞行时间影响则越显著。

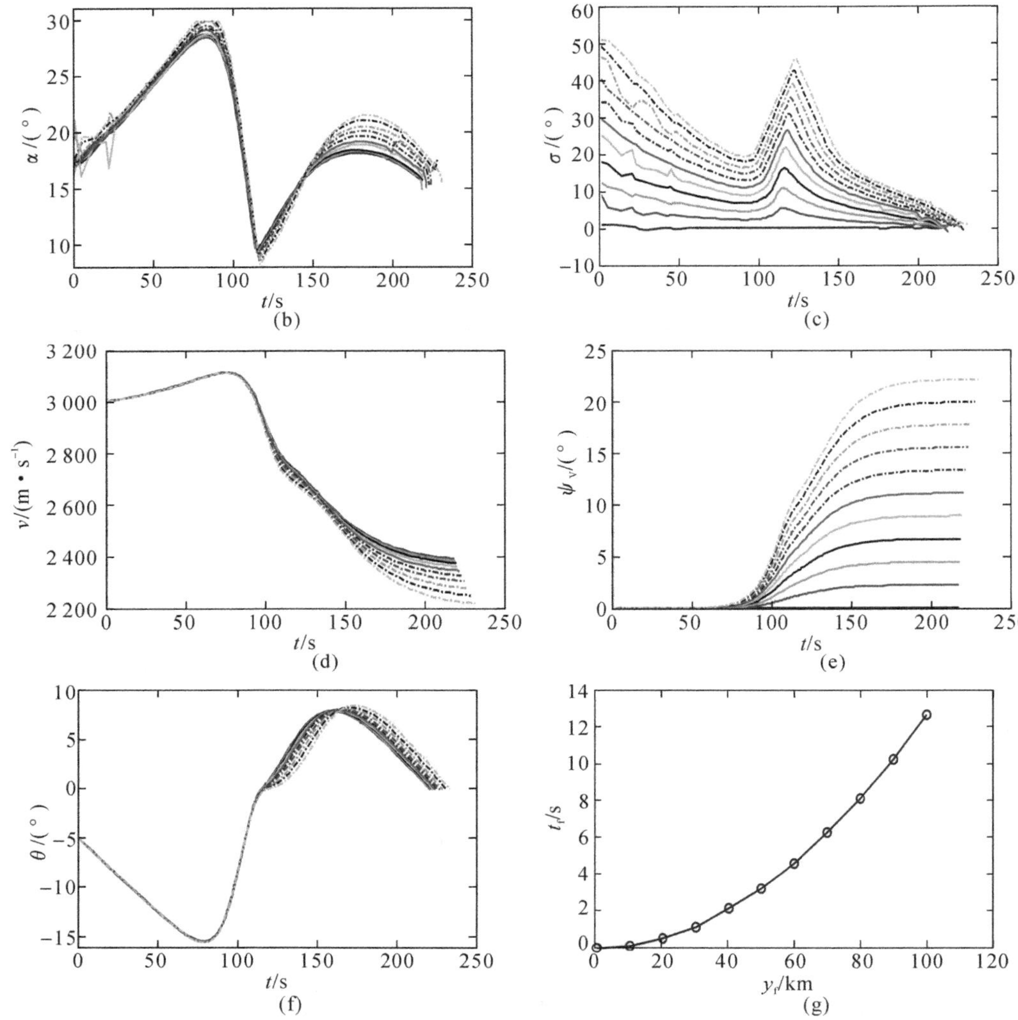

图 4-5　情景 4.4 仿真结果

(b)攻角变化曲线(c)倾侧角变化曲线；(d)速度变化曲线

(e)弹道偏角变化曲线；(f)弹道倾角变化曲线；(g)侧向机动对中制导时间的影响

4.4.2　面向零控交接班的最优弹道优化

高速机动目标在侧向分别做机动幅值 30 km，40 km，50 km 的摆动机动，机动频率都为 $2\pi/400$ Hz，将目标分别标记为 $T1$，$T2$，$T3$。假设已知目标在交接班时刻的状态，见表 4-8。

表 4-8　目标交接班时刻的状态

	$v_f/(m \cdot s^{-1})$	x_f/km	y_f/km	z_f/km	$\theta_f/(°)$	$\psi_{vf}/(°)$
T1	3 610	699.8	42.72	35	0	174.03
T2	3 532	698.9	57.6	35	0	172.18
T3	3 427	699.3	72.9	35	0	170.47

表 4-8 为目标 T1、T2 和 T3 在交接班时刻的状态，设计零控交接班基准弹道 M1、M2 和 M3，假定末制导导引头最大探测距离为 100 km，根据零控拦截流形数学关系 $\boldsymbol{v} \times \boldsymbol{R} = \boldsymbol{0}$，通过设定 3 条基准弹道在中制导终端状态为 $x_f = 600$ km，$z_f = 35$ km，$\theta_f = 0°$，可以求解 y_f 和 ψ_f，从而得到其中一组零控交接班数据(见表 4-9)。

表 4-9　拦截弹零控交接班条件

	$v_f/(m \cdot s^{-1})$	x_f/km	y_f/km	z_f/km	$\theta_f/(°)$	ψ_{vf}	t_f/s
M1	3 427	600	42.73	35	0	9	219.31
M2	3 610	600	58.97	35	0	9.88	222.05
M3	3 532	600	72.28	35	0	15	223.46

将表 4-9 所得的数据应用到拦截弹弹道优化中得到的结果如图 4-6 所示。

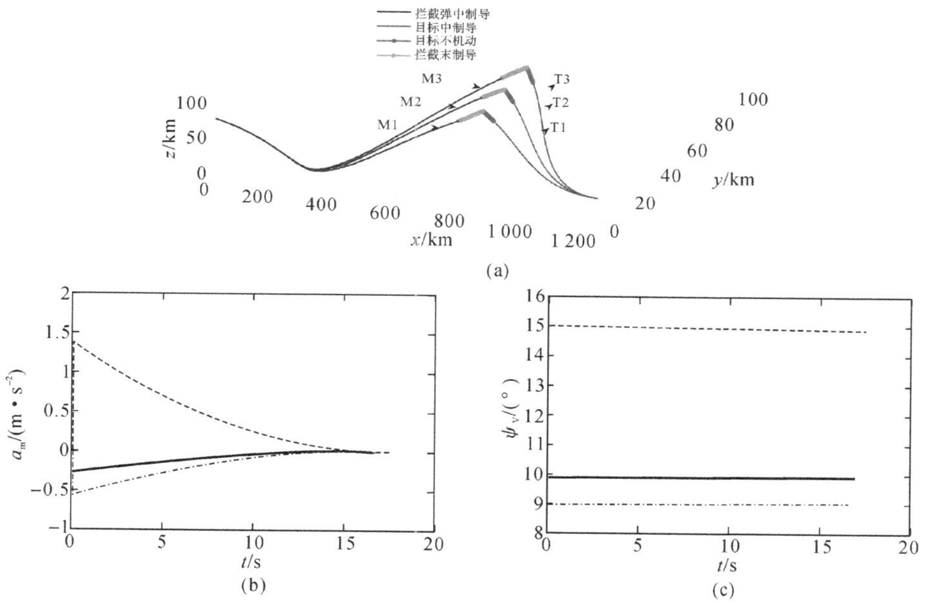

图 4-6　弹道优化结果和末制导验证

(a)面向零控交接班的弹道优化结果；(b)末制导阶段过载变化曲线；(c)末制导阶段弹道偏角变化曲线

目标在进行不同的侧向机动情况下，给出了解算零控交接班的原理，并以表 4-9 为终端约束，生成图 4-6(a)所示的面向零控交接班的最优弹道。通过图 4-6(b)(c)验证了零控交接班条件的有效性。通过仿真可知针对目标侧向机动拦截情形，主要通过调节 y_f 和 ψ_{vf} 来实现零控交接班。

第 5 章　中制导弹道在线调整技术

5.1　中制导弹道调整概述

拦截弹发射后，按照基准弹道制导飞行，在制导飞行过程中，拦截弹不可避免地受到目标机动等不确定性因素的影响，导致拦截弹按照预先设计的弹道飞行将不可避免产生制导误差；同时，随着拦截过程时间的推进，拦截弹获取外部目标最新信息不断更新，对目标状态了解越来越准确，为了降低制导误差，拦截弹可利用这些信息对中制导弹道进行持续调整，如图 5-1 所示。这其中，最直接的方法是采用经典导引律进行弹道调整，典型的导引律有比例导引法，这种方法易于实现，计算量小，应用也较为广泛，但是在制导的过程中易于受到目标机动的诱导，往往能量快速损失，降低导弹末制导的能力。

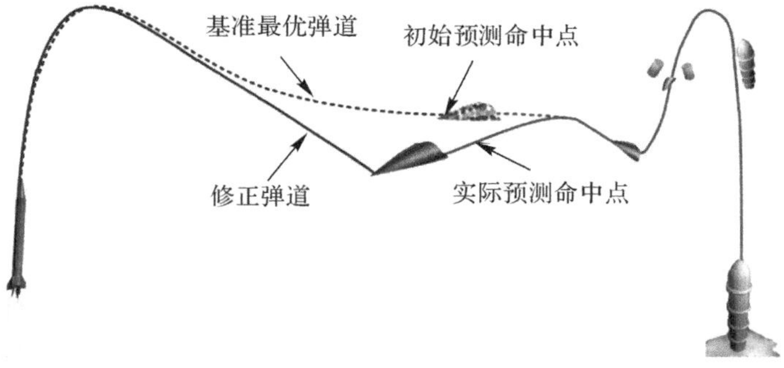

图 5-1　中制导段弹道修正示意图

针对这种问题，一种有效的解决方法是采用优化方法进行弹道调整。考虑弹道优化过程实时性的问题，当各种不确定带来的偏差较小时，可基于离线生成的基准最优弹道，快速生成一条满足终端约束的优化轨迹。典型的弹道生成方法有邻域最优法，首先应用庞特里亚金最小值原理，将离线解算得到的最优轨道相关矩阵存储在弹载计算机中，当终端约束条件发生变化时，将变化量作为扰动值代入最优解的哈密尔顿方程以及状态方程中，假设 Clebsch-Legendre 条件成立，则可以一步求解得到原最优控制基础上需要补偿的控制量，在确保满足终端约束条件的同时，能够保证指标函数的最优性。这种弹道生成方法的实质是基于反馈修正原理，对拦截弹真实飞行过程中基准最优弹道相对于实际飞行弹道的偏差进行不断修正，通过偏差修正对标称控制量进行补偿控制，本质是利用了控制系统的鲁棒性。然而，控制系统的鲁棒性通常都是有一定裕度范围的，当超出该范围时，这种方法就不能有效地进行弹道调整了。

当状态发生较大变化时，通常需要以拦截弹当前状态和终端约束状态作为两点边值约束条件，对于剩余弹道进行重新优化求解；然而，在线弹道优化生成对弹道优化过程的效率与可靠性提出了较高的要求，相关研究也是近年来探索的一个重要方向。

基于上述分析，本章介绍中制导弹道在线调整方法，重点考虑以下两种思路：①利用高效的弹道优化算法将当前状态与约束状态作为边值条件，求解两点边值问题对弹道进行重新优化生成。由于需要在线求解最优控制问题，这种思路的主要缺点是对算法的求解精度以及求解效率提出了较高的要求。②将改变后的约束条件作为基准弹道的扰动，利用线性化的方法反馈求解所需控制量补偿量，由于不需要重新在线寻优，而是在原有弹道数据基础上进行修正，所以这种思路一般具有较高的求解效率，更加适于在线修正需求。

5.2　基于导引律的中制导弹道在线调整

为实现对目标的高精度拦截，拦截弹往往需要通过合理的中制导为末制导提供良好的初始条件。然而，对于中远程面空导弹而言，在中制导阶段通常难以利用自身导引头获取目标信息，形成弹道调整指令。因此，在此阶段通常利用外部系统提供的目标信息解算弹道调整指令，目标信息的数据率与精度对于中制导阶段弹道调整的性能至关重要。本书仅对外部信息支持下的中制导弹道调整方法进行简单介绍，对于外部信息的来源以及影响不作分析。

外部信息通常按照一定的周期给出，在此条件下，拦截弹实际是获得了周期性的目标信息与拦截弹自身信息，利用这些信息可以较为方便的获取到目标相对于拦截弹的相对运动信息。因此，拦截弹可直接利用这些信息形成导引指令，完成弹道的调整。

直接利用目标与导弹相对信息形成导引指令的一种典型导引方法是经典的自导引方法。

为方便分析导引方法，可作如下假设：①导弹和目标均视为质点；②制导系统理想工作；③导弹速度是已知函数；④目标的运动规律已知。

当仅研究纵向平面内的拦截问题时，采用极坐标（r、q）系统来表示导弹和目标的相对位置，如图 5-2 所示。

r 表示导弹与目标之间的相对距离，当导弹命中目标时 $r=0$。导弹和目标的连线 $\overline{DM}$ 称为目标瞄准线，简称目标线或瞄准线。

q 表示目标瞄准线与攻击平面内某一基准线 $\overline{Dx}$ 之间的夹角，称为目标线方位角（简称视角），从基准线逆时针转向目标线为正。

σ、σ_m 分别表示导弹速度向量、目标速度向量与基准线之间的夹角，从基准线逆时针转向速度向量为正。当攻击平面为铅垂平面时，σ 就是弹道倾角 θ；当攻击平面是水平面时，σ 就是弹道偏角 ψ_v。η、η_m 分别表示导弹速度向量、目标速度向量与目标线之间的夹角，称为导弹前置角和目标前置角。速度矢量逆时针转到目标线时，前置角为正。

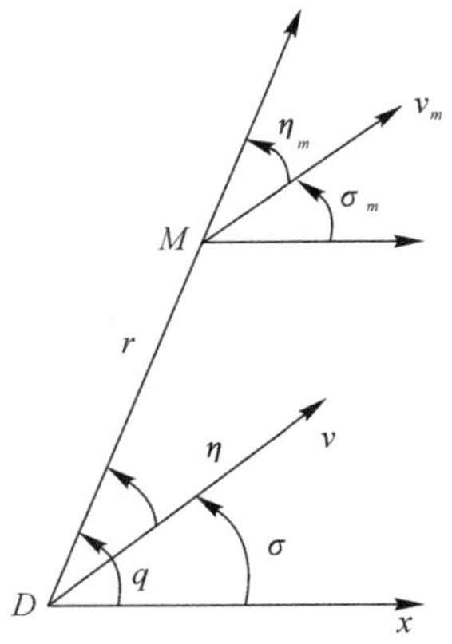

图 5－2　导弹与目标的相对位置

由图 5－2 可见，导弹速度向量 $\boldsymbol{v}$ 在目标线上的分量 $\boldsymbol{v}\cos\eta$，是指向目标的，它使相对距离 r 缩短，而目标速度向量 $\boldsymbol{v}_m$ 在目标线上的分量 $\boldsymbol{v}_m\cos\eta_m$，则背离导弹，它使 r 增大。dr/dt 为导弹到目标的距离变化率。显然，相对距离 r 的变化率 dr/dt 等于目标速度向量和导弹速度向量在目标线上分量的代数和，即

$$\frac{dr}{dt}=v_m\cos\eta_m-v\cos\eta$$

dq/dt 表示目标线的旋转角速度。显然，导弹速度向量 $\boldsymbol{v}$ 在垂直于目标线方向上的分量 $\boldsymbol{v}\sin\eta$，使目标线逆时针旋转，q 角增大；而目标速度向量 $\boldsymbol{v}_m$ 在垂直于目标线方向上的分量 $\boldsymbol{v}_m\sin\eta_m$，使目标顺时针旋转，$q$ 角减小。由理论力学可知，目标线的旋转角速度 dq/dt 等于导弹速度向量和目标速度向量在垂直于目标线方向上分量的代数和除以相对距离 r，即

$$\frac{dq}{dt}=\frac{1}{r}(v\sin\eta-v_m\sin\eta_m)$$

再考虑图 5－2 中的几何关系，可以列出自动瞄准的相对运动方程组为

$$\left.\begin{aligned}&\frac{dr}{dt}=v_m\cos\eta_m-v\cos\eta\\&r\frac{dq}{dt}=v\sin\eta-v_m\sin\eta_m\\&q=\sigma+\eta\\&q=\sigma_m+\eta_m\\&\varepsilon_1=0\end{aligned}\right\}\tag{5.1}$$

方程组式(5.1)中包含 8 个参数：r、q、$\boldsymbol{v}$、η、σ、$\boldsymbol{v}_m$、η_m、σ_m。$\varepsilon_1=0$ 是导引关系式，它反映出各种不同导引弹道的特点。

分析相对运动方程组式(5.1)可以看出，导弹相对目标的运动特性由以下三个因素来决定：

(1)目标的运动特性,如飞行高度、速度及机动性能;

(2)导弹飞行速度的变化规律;

(3)导弹所采用的导引方法。

在上述原理中,拦截弹中制导弹道的调整,实际是根据目标运动状态的变化,生成导引指令,修正其飞行弹道。为实现弹道的调整,需要引入新的方程才能使得上述方程组可独立求解。引入新的方程后,在特定的条件下拦截弹的弹道即可确定,该新引入的方程在一些文献中也称为导引方程。根据导弹制导与控制的相关原理,引入导引方程的方法很多,典型的就是方法,如追踪法导引、比例导引法导引等。具体比例导引的导引方程在 1.2 节中已经有过基本描述,这里不再赘述。

5.3　基于邻域最优控制的中制导弹道修正

拦截弹发射后,根据目标的实时量测信息解算得到预测命中点以及实际的环境参数需要对于弹道进行一定的修正,使拦截弹具有中制导弹道修偏能力。对于弹道修正算法,必须同时满足快速性、精确性和鲁棒性的要求,确保拦截弹能够实时准确解算得到最优弹道。由于高速机动目标具有长时间、大范围的机动特性,对于预测命中点的计算将是一个艰巨的任务,但这里首先假设,依据目标的测量信息,对于预测命中点的变化更新为一个连续的过程。所以基于前一个预测命中点,依据最优化算法规划得到的最优弹道的相关状态量、协态量以及控制量等参数,对于后续最优弹道的解算仍然具有一定的参考意义,并且在原基准最优弹道附近存在邻域最优弹道。

5.3.1　邻域最优弹道存在性定理

定义 5.1　如果对于某一类函数中的每一个函数值 $x(t)$(其中 t 为自变量),都存在一个标量 J 与之相对应,那么标量 J 叫作依赖于函数 $x(t)$ 的泛函,记为 $J=J[x(t)]$,$x(t)$ 称为泛函的宗量。

定义 5.2　假设 $x(t)$ 在某一函数类中任意改变,把两个函数之间的差 $\delta x(t)=x(t)-x_1(t)$,称为泛函 $J[x(t)]$ 宗量 $x(t)$ 的增量。

定义 5.3　若对于 $x(t)$ 的微小改变,有泛函 $J[x(t)]$ 的微小改变与之相对应,则称泛函 $J[x(t)]$ 是连续的。

定义 5.4　设 $x(t)$ 与 $x_1(t)$ 是函数中两条已知的曲线方程,对于任意给定的一个小量 ε,若总可以找到一个小量 $\delta>0$,满足 $\max\limits_{t_0\leqslant t\leqslant t_f}|x(t)-x_1(t)|<\delta$,恒有 $J[x(t)]-J[x_1(t)]<\varepsilon$,则称泛函在 $x_1(t)$ 处是连续的,并且这种连续为零阶连续。称函数 $x(t)$ 与 $x_1(t)$ 具有零阶接近度。称所有与 $x_1(t)$ 的零阶距离小于 ε 的曲线的全体,为曲线 $x=x_1(t)$ 的零级 ε 邻域。

定义 5.5　设 $x(t)$ 与 $x_1(t)$ 是函数中两条已知的曲线方程,对于任意给定的一个小量

ε，若总可以找到一个小量 $\delta>0$，满足 $\max\limits_{t_0\leqslant t\leqslant t_f}|x(t)-x_1(t)|<\delta$，$\max\limits_{t_0\leqslant t\leqslant t_f}|\dot{x}(t)-\dot{x}_1(t)|<\delta$，…，$\max\limits_{t_0\leqslant t\leqslant t_f}|x^{(k)}(t)-x_1^{(k)}(t)|<\delta$，恒有 $J[x(t)]-J[x_1(t)]<\varepsilon$，称函数 $x(t)$ 与 $x_1(t)$ 具有 k 阶接近度。称泛函 $J[x_1(t)]$ 是在 $x_1(t)$ 处具有 k 阶接近度的连续泛函。称所有与 $x_1(t)$ 的 k 阶距离小于 ε 的曲线全体，为曲线 $x=x_1(t)$ 的 k 级 ε 邻域。

定义 5.6 设泛函 $J[x(t)]$ 在其定义域内具有连续导数，在 $x=x_1(t)$ 的 ε 邻域内任取曲线 $x(t)$，记 $\delta x(t)=x(t)-x_1(t)$，泛函的增量 $\Delta J[x_1(t)]=J[x(t)]-J[x_1(t)]=\delta J[x_1,\delta x]+\delta^2 J[x_1,\delta x,\delta^2 x]+\beta[x_1,\delta x,\delta^2 x]\parallel\delta^2 x\parallel$。当 $\parallel\delta^2 x\parallel\to 0$ 时，$\beta[x_1,\delta x,\delta^2 x]\to 0$，此处 $\delta J[x_1,\delta x]$ 是 δx 的线性泛函，$\delta^2 J[x_1,\delta x,\delta^2 x]$ 是 δx 的二次型泛函，称泛函增量的线性主部为泛函的一阶变分，记为 δJ，称泛函增量的二次型为泛函的二阶变分，记为 $\delta^2 J$。

定理 5.1 泛函极值的必要条件：设在线性赋范空间 $\mathbf{R}^n$ 上某个开子集中定义的可微泛函 $J[x(t)]$ 在 $x=x_1(t)$ 处达到极值，则必有 $\delta J=0$，即泛函的一阶变分为零是泛函取得极值的必要条件。

假设 5.1 如下的非线性系统，右侧系统方程在区间内连续。

$$\dot{\boldsymbol{X}}(t)=\boldsymbol{f}(\boldsymbol{X}(t),\boldsymbol{u}(t),t)\quad t\in[t_0,t_f]$$

其中 $\boldsymbol{X}(t)\in\mathbf{R}^n$ 为 n 维列向量，代表拦截弹的状态向量，$\boldsymbol{u}(t)\in\mathbf{R}^m$ 为 m 维列向量，代表拦截弹的控制向量。t_0 表示起始时刻，t_f 表示终端时刻。

则根据预备知识部分的相关论述，在基准最优弹道状态 $\boldsymbol{X}^*(t)$ 附近可以找到与基准最优弹道状态 $\boldsymbol{X}^*(t)$ 具有零阶距离的邻域最优弹道状态 $\boldsymbol{X}(t)$，$\boldsymbol{X}(t)$ 为 $\boldsymbol{X}^*(t)$ 的零级 ε 邻域。

假设在基准最优弹道 $\boldsymbol{X}^*(t)$ 附近产生的扰动偏差 $\delta\boldsymbol{X}(t)$ 表示为

$$\delta\boldsymbol{X}(t)=\boldsymbol{X}(t)-\boldsymbol{X}^*(t)\tag{5.2}$$

其中，$\boldsymbol{X}=[\theta\quad\psi\quad x\quad y\quad z\quad v]^{\mathrm{T}}$，$\boldsymbol{X}^*=[\theta^*\quad\psi^*\quad x^*\quad y^*\quad z^*\quad v^*]^{\mathrm{T}}$，$\delta\boldsymbol{X}=[\delta\theta\quad\delta\psi\quad\delta x\quad\delta y\quad\delta z\quad\delta v]^{\mathrm{T}}$。上标 * 表示第 3 章中应用 Radau 伪谱法优化得到的基准最优弹道状态的标称值。

假设 5.2 拦截弹的状态方程(2.67)中 $\boldsymbol{f}$ 在 $(t,\boldsymbol{X},\boldsymbol{\lambda})$ 区间内连续，$\boldsymbol{f}$ 在 $\boldsymbol{X}$ 上满足局部 Lipschitz，在 t 和 $\boldsymbol{\lambda}$ 区间内满足一致 Lipschitz，并且 $\boldsymbol{X}\in\boldsymbol{C}\subset\mathbf{R}^n$，$\boldsymbol{u}\in\boldsymbol{\Omega}\subset\mathbf{R}^m$，$\boldsymbol{\lambda}\in\boldsymbol{P}\subset\mathbf{R}^p$ 为连续的凸集。

假设 5.3 基准最优弹道的状态量 $\boldsymbol{X}^*$ 存在并且最优控制量 $\boldsymbol{u}^*$ 可以利用第 4 章中 Radau 伪谱法优化求解得到。

定理 5.2 邻域最优弹道存在性定理。对于初始状态发生扰动 $\delta\boldsymbol{X}(t_0)$ 或者终端约束发生变化 $\mathrm{d}\boldsymbol{\psi}_f$ 的拦截弹基准最优弹道 $\boldsymbol{X}^*$ 而言，在其零阶邻域范围内存在最优状态 $\boldsymbol{X}(t)$，满足 $\max\limits_{t_0\leqslant t\leqslant t_f}|\boldsymbol{X}(t)-\boldsymbol{X}^*(t)|<\delta$，其中 δ 是最大允许偏差范围。满足邻域最优状态 $\boldsymbol{X}(t)$ 的邻域最优控制量 $\boldsymbol{u}(t)$ 可以表示为 $\boldsymbol{u}(t)=\boldsymbol{u}^*(t)+\delta\boldsymbol{u}(t)$，其中 $\delta\boldsymbol{u}=\boldsymbol{Z}(t)[\delta\boldsymbol{X}(t)\quad\delta\boldsymbol{\lambda}(t)]^{\mathrm{T}}$ 为控制量的修正量。

证明：假设 5.1 和假设 5.2 可以确保邻域的最优状态 $\boldsymbol{X}(t)$ 存在。根据基准最优弹道状态所满足的一阶最优性条件，在最优轨线处系统状态量、协态量以及控制量需要满足以下方程：

正则方程(状态方程和协态方程)：

$$\left.\begin{aligned}\dot{\boldsymbol{X}}(t)&=\boldsymbol{f}(\boldsymbol{X}(t),\boldsymbol{u}(t),t)=\frac{\partial \boldsymbol{H}}{\partial \boldsymbol{\lambda}}\\ \dot{\boldsymbol{\lambda}}(t)&=-\frac{\partial \boldsymbol{g}}{\partial \boldsymbol{X}}-\boldsymbol{\lambda}^{\mathrm{T}}\frac{\partial \boldsymbol{f}}{\partial \boldsymbol{X}}+\boldsymbol{\mu}^{\mathrm{T}}\frac{\partial \boldsymbol{C}}{\partial \boldsymbol{X}}=-\frac{\partial \boldsymbol{H}}{\partial \boldsymbol{X}}\end{aligned}\right\}\tag{5.3}$$

极小值条件：

$$\boldsymbol{0}=\frac{\partial \boldsymbol{g}}{\partial \boldsymbol{u}}+\boldsymbol{\lambda}^{\mathrm{T}}\frac{\partial \boldsymbol{f}}{\partial \boldsymbol{u}}-\boldsymbol{\mu}^{\mathrm{T}}\frac{\partial \boldsymbol{C}}{\partial \boldsymbol{u}}=\frac{\partial \boldsymbol{H}}{\partial \boldsymbol{u}}\tag{5.4}$$

边界条件和横截条件为

$$\left.\begin{aligned}\boldsymbol{\lambda}(t_{\mathrm{f}})&=\frac{\partial \varphi}{\partial \boldsymbol{X}(t_{\mathrm{f}})}-\boldsymbol{\nu}^{\mathrm{T}}\frac{\partial \boldsymbol{\psi}}{\partial \boldsymbol{X}(t_{\mathrm{f}})}\\ \boldsymbol{0}&=\boldsymbol{\psi}(\boldsymbol{X}(t_0),t_0,\boldsymbol{X}(t_{\mathrm{f}}),t_{\mathrm{f}})\\ \boldsymbol{H}(t_{\mathrm{f}})&=-\frac{\partial \varphi}{\partial t_{\mathrm{f}}}+\boldsymbol{\nu}^{\mathrm{T}}\frac{\partial \boldsymbol{\psi}}{\partial t_{\mathrm{f}}}\end{aligned}\right\}\tag{5.5}$$

$$\left.\begin{aligned}&\mu_j(t)=0,\ C_j(\boldsymbol{X},\boldsymbol{u},t,t_0,t_{\mathrm{f}})<0,\ j=1,2,\cdots,p\\ &\mu_j(t)\leqslant 0,\ C_j(\boldsymbol{X},\boldsymbol{u},t,t_0,t_{\mathrm{f}})=0,\ j=1,2,\cdots,p\end{aligned}\right\}\tag{5.6}$$

其中 $\boldsymbol{\nu}\in\mathbf{R}^r$ 为终端约束条件的拉格朗日乘子。

记邻域最优弹道控制量 $\boldsymbol{u}$ 的表达式为 $\boldsymbol{u}=\boldsymbol{g}(t,\boldsymbol{X},\boldsymbol{\lambda})$，邻域最优弹道状态量可以表示为 $\boldsymbol{X}(t)=\boldsymbol{X}^*(t)+\delta\boldsymbol{X}$，邻域最优弹道协态量可以表示为 $\boldsymbol{\lambda}(t)=\boldsymbol{\lambda}^*(t)+\delta\boldsymbol{\lambda}$。根据泰勒展开式，邻域最优弹道控制量 $\boldsymbol{u}$ 可以表示为

$$\begin{aligned}\boldsymbol{u}(t)&=\boldsymbol{g}(t,\boldsymbol{X},\boldsymbol{\lambda})=\boldsymbol{g}(t,\boldsymbol{X}^*+\delta\boldsymbol{X},\boldsymbol{\lambda}^*+\delta\boldsymbol{\lambda})\\ &=\boldsymbol{g}(t,\boldsymbol{X}^*,\boldsymbol{\lambda}^*)+\frac{\partial \boldsymbol{g}}{\partial \boldsymbol{X}}\delta\boldsymbol{X}+\frac{\partial \boldsymbol{g}}{\partial \boldsymbol{\lambda}}\delta\boldsymbol{\lambda}+\mathrm{H.O.T}\\ &=\boldsymbol{u}^*(t)+\begin{bmatrix}\dfrac{\partial \boldsymbol{g}}{\partial \boldsymbol{X}} & \dfrac{\partial \boldsymbol{g}}{\partial \boldsymbol{\lambda}}\end{bmatrix}\left(\begin{bmatrix}\boldsymbol{X}(t)\\ \boldsymbol{\lambda}(t)\end{bmatrix}-\begin{bmatrix}\boldsymbol{X}^*(t)\\ \boldsymbol{\lambda}^*(t)\end{bmatrix}\right)+\mathrm{H.O.T}\\ &=\boldsymbol{u}^*(t)+\begin{bmatrix}\dfrac{\partial \boldsymbol{g}}{\partial \boldsymbol{X}} & \dfrac{\partial \boldsymbol{g}}{\partial \boldsymbol{\lambda}}\end{bmatrix}\begin{bmatrix}\delta\boldsymbol{X}(t)\\ \delta\boldsymbol{\lambda}(t)\end{bmatrix}+\mathrm{H.O.T}\end{aligned}\tag{5.7}$$

其中 H. O. T 表示泰勒展开式中可以忽略的高阶量，那么控制量修正量 $\delta\boldsymbol{u}$ 可以表示为

$$\delta\boldsymbol{u}=\boldsymbol{u}(t)-\boldsymbol{u}^*(t)=\begin{bmatrix}\dfrac{\partial \boldsymbol{g}}{\partial \boldsymbol{X}} & \dfrac{\partial \boldsymbol{g}}{\partial \boldsymbol{\lambda}}\end{bmatrix}\begin{bmatrix}\delta\boldsymbol{X}(t)\\ \delta\boldsymbol{\lambda}(t)\end{bmatrix}=\boldsymbol{Z}(t)\begin{bmatrix}\delta\boldsymbol{X}(t)\\ \delta\boldsymbol{\lambda}(t)\end{bmatrix}\tag{5.8}$$

其中 $\boldsymbol{Z}(t)=\begin{bmatrix}\dfrac{\partial \boldsymbol{g}}{\partial \boldsymbol{X}} & \dfrac{\partial \boldsymbol{g}}{\partial \boldsymbol{\lambda}}\end{bmatrix}$。

为了得到 $\boldsymbol{Z}(t)$ 的具体表达形式，对于一阶最优性条件式(5.3)～式(5.6)进行再次变分可以得到

$$\frac{\mathrm{d}}{\mathrm{d}t}(\delta\boldsymbol{X})=\frac{\partial^2 \boldsymbol{H}}{\partial \boldsymbol{\lambda}\delta\boldsymbol{X}}\delta\boldsymbol{X}+\frac{\partial^2 \boldsymbol{H}}{\partial \boldsymbol{\lambda}\partial \boldsymbol{u}}\delta\boldsymbol{u}\tag{5.9}$$

$$\frac{\mathrm{d}}{\mathrm{d}t}(\delta\boldsymbol{\lambda})=-\frac{\partial^2 \boldsymbol{H}}{\partial \boldsymbol{X}^2}\delta\boldsymbol{X}-\frac{\partial^2 \boldsymbol{H}}{\partial \boldsymbol{X}\partial \boldsymbol{\lambda}}\delta\boldsymbol{\lambda}-\frac{\partial^2 \boldsymbol{H}}{\partial \boldsymbol{X}\partial \boldsymbol{u}}\delta\boldsymbol{u}\tag{5.10}$$

$$\frac{\partial^2 \boldsymbol{H}}{\partial \boldsymbol{u}^2}\delta\boldsymbol{u}=-\frac{\partial^2 \boldsymbol{H}}{\partial \boldsymbol{u}\delta\boldsymbol{X}}\delta\boldsymbol{X}-\frac{\partial^2 \boldsymbol{H}}{\partial \boldsymbol{u}\partial\boldsymbol{\lambda}}\delta\boldsymbol{\lambda} \tag{5.11}$$

如果$\partial^2\boldsymbol{H}/\partial\boldsymbol{u}^2$ 在整个弹道计算过程中非奇异，那么根据式(5.11)可以得到控制量修正量 $\delta\boldsymbol{u}$ 表示为

$$\delta\boldsymbol{u}=-\left(\frac{\partial^2 \boldsymbol{H}}{\partial \boldsymbol{u}^2}\right)^{-1}\begin{bmatrix}\frac{\partial^2 \boldsymbol{H}}{\partial \boldsymbol{u}\partial\boldsymbol{X}} & \frac{\partial^2 \boldsymbol{H}}{\partial \boldsymbol{u}\partial\boldsymbol{\lambda}}\end{bmatrix}\begin{bmatrix}\delta\boldsymbol{X}\\ \delta\boldsymbol{\lambda}\end{bmatrix} \tag{5.12}$$

所以 $\boldsymbol{Z}(t)$的具体表达形式为

$$\boldsymbol{Z}(t)=-\left(\frac{\partial^2 \boldsymbol{H}}{\partial \boldsymbol{u}^2}\right)^{-1}\begin{bmatrix}\frac{\partial^2 \boldsymbol{H}}{\partial \boldsymbol{u}\partial\boldsymbol{X}} & \frac{\partial^2 \boldsymbol{H}}{\partial \boldsymbol{u}\partial\boldsymbol{\lambda}}\end{bmatrix} \tag{5.13}$$

通过以上分析可以发现，只需按照式(5.12)对基准最优弹道的标称控制量$\boldsymbol{u}^*(t)$进行补偿 $\delta\boldsymbol{u}$，就可以在基准最优弹道的邻域范围内得到满足状态扰动 $\delta\boldsymbol{X}$ 以及基准协态量的偏差 $\delta\boldsymbol{\lambda}$ 的邻域最优弹道。但是如式(5.12)所示，$\delta\boldsymbol{u}$ 的计算涉及到基准状态量的偏差 $\delta\boldsymbol{X}$ 以及基准协态量的偏差 $\delta\boldsymbol{\lambda}$。其中 $\delta\boldsymbol{X}$ 可以通过拦截弹上的敏感装置或者地面探测设备测量获得，而协态量一般不具有具体的物理含义，其偏差量 $\delta\boldsymbol{\lambda}$ 并不能够通过测量获得。必须利用状态量偏差 $\delta\boldsymbol{X}$ 以及约束条件变化 $\mathrm{d}\boldsymbol{\psi}_{\mathrm{f}}$ 等可测量对其进行替换，才能确保式(5.12)在拦截弹弹道修正过程中的适用性，最终的期望表达式应该为

$$\delta\boldsymbol{u}=\boldsymbol{\Xi}(t)\begin{bmatrix}\delta\boldsymbol{X}(t)\\ d\boldsymbol{\psi}_{\mathrm{f}}\end{bmatrix} \tag{5.14}$$

其中，$\boldsymbol{\Xi}(t)$为包含基准最优弹道信息的时变反馈矩阵。

所以接下来，将推导如何利用状态量偏差 $\delta\boldsymbol{X}$ 以及约束条件变化 $\mathrm{d}\boldsymbol{\psi}_{\mathrm{f}}$ 对协态量偏差 $\delta\boldsymbol{\lambda}$ 进行替换，具体分为交接班时刻 t_{f} 固定情况下的最优弹道修正以及交接班时刻 t_{f} 自由情况下的最优弹道修正两种情形，分别对应最优控制理论中的终端时刻固定以及终端时刻自由的情形。

5.3.2 交接班时刻固定情况下的最优弹道修正

第 3 章中给出的拦截弹状态方程的终端约束条件可以表示为

$$\boldsymbol{\psi}(\boldsymbol{X}(t_{\mathrm{f}}),t_{\mathrm{f}})=\boldsymbol{\psi}_{\mathrm{f}} \tag{5.15}$$

$$\boldsymbol{\lambda}(t_{\mathrm{f}})=\left(\frac{\partial\varphi}{\partial\boldsymbol{X}}+\boldsymbol{\nu}^{\mathrm{T}}\frac{\partial\boldsymbol{\psi}}{\partial\boldsymbol{X}}\right)^{\mathrm{T}}_{t_{\mathrm{f}}} \tag{5.16}$$

$$\boldsymbol{H}(t_{\mathrm{f}})=-\frac{\partial\varphi}{\partial t_{\mathrm{f}}}-\nu^{\mathrm{T}}(t_{\mathrm{f}})\frac{\partial\boldsymbol{\psi}}{\partial t_{\mathrm{f}}} \tag{5.17}$$

为得到终端约束条件的变化量 $\mathrm{d}\boldsymbol{\psi}_{\mathrm{f}}$，对于式(5.15)～式(5.17)进行再次变分，得

$$\left(\frac{\partial\boldsymbol{\psi}}{\partial\boldsymbol{X}}\delta\boldsymbol{X}+\frac{\mathrm{d}\boldsymbol{\psi}}{\mathrm{d}t}\mathrm{d}t_{\mathrm{f}}\right)_{t_{\mathrm{f}}}=\mathrm{d}\boldsymbol{\psi}_{\mathrm{f}} \tag{5.18}$$

$$\left\{\delta\boldsymbol{\lambda}-\frac{\partial^2\boldsymbol{\Phi}}{\partial\boldsymbol{X}^2}\delta\boldsymbol{X}-\left(\frac{\partial\boldsymbol{\psi}}{\partial\boldsymbol{X}}\right)^{\mathrm{T}}\mathrm{d}\boldsymbol{\nu}-\left[\frac{\partial\boldsymbol{H}}{\partial\boldsymbol{X}}+\frac{\mathrm{d}}{\mathrm{d}t}\left(\frac{\partial\boldsymbol{\Phi}}{\partial\boldsymbol{X}}\right)\right]^{\mathrm{T}}\mathrm{d}t_{\mathrm{f}}\right\}_{t_{\mathrm{f}}}=0 \tag{5.19}$$

$$\left\{\boldsymbol{f}^{\mathrm{T}}\delta\boldsymbol{\lambda}+\left(\frac{\partial\boldsymbol{H}}{\partial\boldsymbol{X}}+\frac{\partial^2\boldsymbol{\Phi}}{\partial\boldsymbol{X}\partial t}\right)\delta\boldsymbol{X}+\left(\frac{\partial\boldsymbol{\psi}}{\partial t}\right)^{\mathrm{T}}\mathrm{d}\nu+\left[\frac{\partial\boldsymbol{H}}{\partial t}+\frac{\mathrm{d}}{\mathrm{d}t}\left(\frac{\partial\boldsymbol{\Phi}}{\partial t}\right)\right]^{\mathrm{T}}\mathrm{d}t_{\mathrm{f}}\right\}_{t_{\mathrm{f}}}=0 \tag{5.20}$$

其中 $\boldsymbol{\Phi}=\varphi+\boldsymbol{\nu}^{\mathrm{T}}\boldsymbol{\psi}$，$\dfrac{D(\cdot)}{Dt}=\dfrac{\partial(\cdot)}{\partial t}+\dfrac{\partial(\cdot)}{\partial \boldsymbol{X}}\boldsymbol{f}$。

将式(5.18)～式(5.20)进行展开，表示为

$$\delta\theta+\dot{\theta}\mathrm{d}t_{\mathrm{f}}=\delta\theta_{\mathrm{f}} \tag{5.21}$$

$$\delta\psi+\dot{\psi}\mathrm{d}t_{\mathrm{f}}=\delta\psi_{\mathrm{f}} \tag{5.22}$$

$$\delta x+\dot{x}\mathrm{d}t_{\mathrm{f}}=\delta x_{\mathrm{f}} \tag{5.23}$$

$$\delta y+\dot{y}\mathrm{d}t_{\mathrm{f}}=\delta y_{\mathrm{f}} \tag{5.24}$$

$$\delta z+\dot{z}\mathrm{d}t_{\mathrm{f}}=\delta z_{\mathrm{f}} \tag{5.25}$$

$$\delta\lambda_{v}+\dot{\lambda}_{v}\mathrm{d}t_{\mathrm{f}}=0 \tag{5.26}$$

$$\delta\lambda_{\theta}+\dot{\lambda}_{\theta}\mathrm{d}t_{\mathrm{f}}=-\delta\nu_{\theta} \tag{5.27}$$

$$\delta\lambda_{\psi}+\dot{\lambda}_{\psi}\mathrm{d}t_{\mathrm{f}}=-\delta\nu_{\psi} \tag{5.28}$$

$$\delta\lambda_{x}+\dot{\lambda}_{x}\mathrm{d}t_{\mathrm{f}}=-\delta\nu_{x} \tag{5.29}$$

$$\delta\lambda_{y}+\dot{\lambda}_{y}\mathrm{d}t_{\mathrm{f}}=-\delta\nu_{y} \tag{5.30}$$

$$\delta\lambda_{z}+\dot{\lambda}_{z}\mathrm{d}t_{\mathrm{f}}=-\delta\nu_{z} \tag{5.31}$$

$$\begin{aligned}0=&-(\dot{\lambda}_{V}\delta v+\dot{\lambda}_{\theta}\delta\theta+\dot{\lambda}_{\psi}\delta\psi+\dot{\lambda}_{x}\delta x+\dot{\lambda}_{y}\delta y+\dot{\lambda}_{z}\delta z)+\\&\dot{v}\delta\lambda_{V}+\dot{\theta}\delta\lambda_{\theta}+\dot{\psi}\delta\lambda_{\psi}+\dot{x}\delta\lambda_{x}+\dot{y}\delta\lambda_{y}+\dot{z}\delta\lambda_{z}\end{aligned} \tag{5.32}$$

从式(5.21)～式(5.32)所构成的 12 个方程组中可以观察得到，包含 23 个参数变量，其中 12 个未知变量，11 个已知变量，因此方程存在唯一解，即

$$\begin{bmatrix}\delta\boldsymbol{X}(t_{\mathrm{f}})\\ \delta\boldsymbol{\lambda}(t_{\mathrm{f}})\\ \mathrm{d}t_{\mathrm{f}}\end{bmatrix}=\begin{bmatrix}\boldsymbol{\Gamma}_1 & \boldsymbol{\Gamma}_2\\ \boldsymbol{\Gamma}_3 & \boldsymbol{\Gamma}_4\\ \boldsymbol{\Gamma}_5 & \boldsymbol{\Gamma}_6\end{bmatrix}\begin{bmatrix}\mathrm{d}\boldsymbol{\mu}\\ \mathrm{d}\boldsymbol{\psi}_{\mathrm{f}}\end{bmatrix} \tag{5.33}$$

其中

$$\mathrm{d}\boldsymbol{\mu}=[\delta\nu_{\theta}\quad \delta\nu_{\psi}\quad \delta\nu_{x}\quad \delta\nu_{y}\quad \delta\nu_{z}\quad \delta v]^{\mathrm{T}} \tag{5.34}$$

$$\mathrm{d}\boldsymbol{\psi}_{\mathrm{f}}=[\delta\theta_{\mathrm{f}}\quad \delta\psi_{\mathrm{f}}\quad \delta x_{\mathrm{f}}\quad \delta y_{\mathrm{f}}\quad \delta z_{\mathrm{f}}]^{\mathrm{T}} \tag{5.35}$$

$$\boldsymbol{\Gamma}_1=\frac{1}{\dot{v}\dot{\lambda}_{v}}\begin{bmatrix}0 & 0 & 0 & 0 & 0 & \dot{v}\dot{\lambda}_{v}\\ \dot{\theta}^2 & \dot{\theta}\dot{\psi} & \dot{\theta}\dot{x} & \dot{\theta}\dot{y} & \dot{\theta}\dot{z} & \dot{\theta}\dot{\lambda}_{v}\\ \dot{\theta}\dot{\psi} & \dot{\psi}^2 & \dot{\psi}\dot{x} & \dot{\psi}\dot{y} & \dot{\psi}\dot{z} & \dot{\psi}\dot{\lambda}_{v}\\ \dot{\theta}\dot{x} & \dot{x}\dot{\psi} & \dot{x}^2 & \dot{x}\dot{y} & \dot{x}\dot{z} & \dot{x}\dot{\lambda}_{v}\\ \dot{\theta}\dot{y} & \dot{y}\dot{\psi} & \dot{y}\dot{x} & \dot{y}^2 & \dot{y}\dot{z} & \dot{y}\dot{\lambda}_{v}\\ \dot{\theta}\dot{z} & \dot{z}\dot{\psi} & \dot{z}\dot{x} & \dot{z}\dot{y} & \dot{z}^2 & \dot{z}\dot{\lambda}_{v}\end{bmatrix} \tag{5.36}$$

$$\boldsymbol{\Gamma}_2=\frac{1}{\dot{v}\dot{\lambda}_v}\begin{bmatrix} 0 & 0 & 0 & 0 & 0 \\ \dot{v}\dot{\lambda}_v+\dot{\theta}\dot{\lambda}_\theta & \dot{\theta}\dot{\lambda}_\psi & \dot{\theta}\dot{\lambda}_x & \dot{\theta}\dot{\lambda}_y & \dot{\theta}\dot{\lambda}_z \\ \dot{\psi}\dot{\lambda}_\theta & \dot{v}\dot{\lambda}_v+\dot{\psi}\dot{\lambda}_\psi & \dot{\psi}\dot{\lambda}_x & \dot{\psi}\dot{\lambda}_y & \dot{\psi}\dot{\lambda}_z \\ \dot{x}\dot{\lambda}_\theta & \dot{x}\dot{\lambda}_\psi & \dot{v}\dot{\lambda}_v+\dot{x}\dot{\lambda}_x & \dot{x}\dot{\lambda}_y & \dot{x}\dot{\lambda}_z \\ \dot{y}\dot{\lambda}_\theta & \dot{y}\dot{\lambda}_\psi & \dot{y}\dot{\lambda}_x & \dot{v}\dot{\lambda}_v+\dot{y}\dot{\lambda}_y & \dot{y}\dot{\lambda}_z \\ \dot{z}\dot{\lambda}_\theta & \dot{z}\dot{\lambda}_\psi & \dot{z}\dot{\lambda}_x & \dot{z}\dot{\lambda}_y & \dot{v}\dot{\lambda}_v+\dot{z}\dot{\lambda}_z \end{bmatrix} \tag{5.37}$$

$$\boldsymbol{\Gamma}_3=\frac{1}{\dot{v}\dot{\lambda}_v}\begin{bmatrix} \dot{\theta}\dot{\lambda}_v & \dot{\lambda}_v\dot{\psi} & \dot{\lambda}_v\dot{x} & \dot{\lambda}_v\dot{y} & \dot{\lambda}_v\dot{z} & \dot{\lambda}_v^2 \\ -\dot{v}\dot{\lambda}_v+\dot{\theta}\dot{\lambda}_\theta & \dot{\lambda}_\theta\dot{\psi} & \dot{\lambda}_\theta\dot{x} & \dot{\lambda}_\theta\dot{y} & \dot{\lambda}_\theta\dot{z} & \dot{\lambda}_\theta\dot{\lambda}_v \\ \dot{\theta}\dot{\lambda}_\psi & -\dot{v}\dot{\lambda}_v+\dot{\psi}\dot{\lambda}_\psi & \dot{\lambda}_\psi\dot{x} & \dot{\lambda}_\psi\dot{y} & \dot{\lambda}_\psi\dot{z} & \dot{\lambda}_\psi\dot{\lambda}_v \\ \dot{\theta}\dot{\lambda}_x & \dot{\lambda}_x\dot{\psi} & -\dot{v}\dot{\lambda}_v+\dot{x}\dot{\lambda}_x & \dot{\lambda}_x\dot{y} & \dot{\lambda}_x\dot{z} & \dot{\lambda}_x\dot{\lambda}_v \\ \dot{\theta}\dot{\lambda}_y & \dot{\lambda}_y\dot{\psi} & \dot{\lambda}_y\dot{x} & -\dot{v}\dot{\lambda}_v+\dot{y}\dot{\lambda}_y & \dot{\lambda}_y\dot{z} & \dot{\lambda}_y\dot{\lambda}_v \\ \dot{\theta}\dot{\lambda}_z & \dot{\lambda}_z\dot{\psi} & \dot{\lambda}_z\dot{x} & \dot{\lambda}_z\dot{y} & -\dot{v}\dot{\lambda}_v+\dot{z}\dot{\lambda}_z & \dot{\lambda}_z\dot{\lambda}_v \end{bmatrix} \tag{5.38}$$

$$\boldsymbol{\Gamma}_4=\frac{1}{\dot{v}\dot{\lambda}_v}\begin{bmatrix} \dot{\lambda}_v\dot{\lambda}_\theta & \dot{\lambda}_v\dot{\lambda}_\psi & \dot{\lambda}_v\dot{\lambda}_x & \dot{\lambda}_v\dot{\lambda}_y & \dot{\lambda}_v\dot{\lambda}_z \\ \dot{\lambda}_\theta^2 & \dot{\lambda}_\theta\dot{\lambda}_\psi & \dot{\lambda}_\theta\dot{\lambda}_x & \dot{\lambda}_\theta\dot{\lambda}_y & \dot{\lambda}_\theta\dot{\lambda}_z \\ \dot{\lambda}_\psi\dot{\lambda}_\theta & \dot{\lambda}_\psi^2 & \dot{\lambda}_\psi\dot{\lambda}_x & \dot{\lambda}_\psi\dot{\lambda}_y & \dot{\lambda}_\psi\dot{\lambda}_z \\ \dot{\lambda}_x\dot{\lambda}_\theta & \dot{\lambda}_x\dot{\lambda}_\psi & \dot{\lambda}_x^2 & \dot{\lambda}_x\dot{\lambda}_y & \dot{\lambda}_x\dot{\lambda}_z \\ \dot{\lambda}_y\dot{\lambda}_\theta & \dot{\lambda}_y\dot{\lambda}_\psi & \dot{\lambda}_y\dot{\lambda}_x & \dot{\lambda}_y^2 & \dot{\lambda}_y\dot{\lambda}_z \\ \dot{\lambda}_z\dot{\lambda}_\theta & \dot{\lambda}_z\dot{\lambda}_\psi & \dot{\lambda}_z\dot{\lambda}_x & \dot{\lambda}_z\dot{\lambda}_y & \dot{\lambda}_z^2 \end{bmatrix} \tag{5.39}$$

$$\boldsymbol{\Gamma}_5=\frac{-1}{\dot{v}\dot{\lambda}_v}\begin{bmatrix} \dot{\theta} & \dot{\psi} & \dot{x} & \dot{y} & \dot{z} & \dot{\lambda}_v \end{bmatrix} \tag{5.40}$$

$$\boldsymbol{\Gamma}_6=\frac{1}{\dot{v}\dot{\lambda}_v}=\begin{bmatrix} \dot{\lambda}_\theta & \dot{\lambda}_\psi & \dot{\lambda}_x & \dot{\lambda}_y & \dot{\lambda}_z \end{bmatrix} \tag{5.41}$$

将控制量修正量 $\delta\boldsymbol{u}$ 的表达式(5.12)代入状态量和协态量的二阶变分方程式(5.9)～式(5.10)中,进一步整理可以得到

$$\frac{\mathrm{d}}{\mathrm{d}t}\begin{bmatrix}\delta\boldsymbol{X} \\ \delta\boldsymbol{\lambda}\end{bmatrix}=\begin{bmatrix}\boldsymbol{A}(t) & -\boldsymbol{B}(t) \\ -\boldsymbol{C}(t) & -\boldsymbol{A}^{\mathrm{T}}(t)\end{bmatrix}\begin{bmatrix}\delta\boldsymbol{X} \\ \delta\boldsymbol{\lambda}\end{bmatrix} \tag{5.42}$$

其中

$$\boldsymbol{A}(t)=\frac{\partial^2\boldsymbol{H}}{\partial\boldsymbol{\lambda}\partial\boldsymbol{X}}-\frac{\partial^2\boldsymbol{H}}{\partial\boldsymbol{\lambda}\partial\boldsymbol{u}}\left(\frac{\partial^2\boldsymbol{H}}{\partial\boldsymbol{u}^2}\right)^{-1}\frac{\partial^2\boldsymbol{H}}{\partial\boldsymbol{u}\partial\boldsymbol{X}} \tag{5.43}$$

$$\boldsymbol{B}(t)=\frac{\partial\boldsymbol{H}}{\partial\boldsymbol{\lambda}\partial\boldsymbol{u}}\left(\frac{\partial^2\boldsymbol{H}}{\partial\boldsymbol{u}^2}\right)^{-1}\frac{\partial^2\boldsymbol{H}}{\partial\boldsymbol{u}\partial\boldsymbol{\lambda}} \tag{5.44}$$

$$\boldsymbol{C}(t)=\frac{\partial^2\boldsymbol{H}}{\partial\boldsymbol{X}^2}-\frac{\partial^2\boldsymbol{H}}{\partial\boldsymbol{X}\partial\boldsymbol{u}}\left(\frac{\partial^2\boldsymbol{H}}{\partial\boldsymbol{u}^2}\right)^{-1}\frac{\partial^2\boldsymbol{H}}{\partial\boldsymbol{u}\partial\boldsymbol{X}} \tag{5.45}$$

在交接班时刻固定条件下，忽略终端时间 t_f 的变化，即不考虑 $\mathrm{d}t_f$，那么式(5.33)可以表示为

$$\begin{bmatrix}\delta\boldsymbol{X}(t_f)\\ \delta\boldsymbol{\lambda}(t_f)\end{bmatrix}=\begin{bmatrix}\boldsymbol{\Gamma}_1 & \boldsymbol{\Gamma}_2\\ \boldsymbol{\Gamma}_3 & \boldsymbol{\Gamma}_4\end{bmatrix}\begin{bmatrix}\mathrm{d}\boldsymbol{\mu}\\ \mathrm{d}\boldsymbol{\psi}_f\end{bmatrix} \tag{5.46}$$

观察式(5.46)可以发现，一旦确定了 t_f 时刻 $\mathrm{d}\boldsymbol{\mu}$ 和 $\mathrm{d}\boldsymbol{\psi}_f$ 的取值，就可以将式(5.46)进行逆向积分得到任意时刻 t 的状态量偏差 $\delta\boldsymbol{X}(t)$ 和协态量偏差 $\delta\boldsymbol{\lambda}(t)$，继而利用式(5.12)可以得到任意时刻的控制量修正量 $\delta\boldsymbol{u}$。但是，终端约束条件的变化 $\mathrm{d}\boldsymbol{\psi}_f$ 可以根据目标以及拦截弹的运动状态信息进行设置，然而对于终端乘子向量 $\mathrm{d}\boldsymbol{\mu}$，由于缺乏具体的物理含义，其取值难以有效获得，需要利用其他变量进行替换。

在实际的作战应用中，拦截弹的控制量往往表示成为时间的函数，或者以离散采样时刻对应的控制量值给出。记终端时刻 t_f 的离散化时间为 N，其前一采样时刻记为 $N-1$，以此类推。相邻两次采样时间间隔为 $\mathrm{d}t$。对于式(5.46)进行逆向积分可以得到

$$\begin{bmatrix}\delta\boldsymbol{X}(N-1)\\ \delta\boldsymbol{\lambda}(N-1)\end{bmatrix}=\left\{\begin{bmatrix}\boldsymbol{A}(N-1) & -\boldsymbol{B}(N-1)\\ -\boldsymbol{C}(N-1) & -\boldsymbol{A}^{\mathrm{T}}(N-1)\end{bmatrix}(-\mathrm{d}t)+\boldsymbol{I}\right\}\begin{bmatrix}\delta\boldsymbol{X}(N)\\ \delta\boldsymbol{\lambda}(N)\end{bmatrix} \tag{5.47}$$

其中 $\boldsymbol{I}$ 是具有适当维度的单位矩阵，重复以上过程一直到初始时刻 t_0，可以得到状态量偏差 $\delta\boldsymbol{X}_0$ 以及协态量的偏差 $\delta\boldsymbol{\lambda}_0$ 表示为

$$\begin{bmatrix}\delta\boldsymbol{X}_0\\ \delta\boldsymbol{\lambda}_0\end{bmatrix}=\begin{bmatrix}\boldsymbol{\Lambda}_1 & \boldsymbol{\Lambda}_2\\ \boldsymbol{\Lambda}_3 & \boldsymbol{\Lambda}_4\end{bmatrix}\begin{bmatrix}\delta\boldsymbol{X}(N)\\ \delta\boldsymbol{\lambda}(N)\end{bmatrix}=\begin{bmatrix}\boldsymbol{\Lambda}_1 & \boldsymbol{\Lambda}_2\\ \boldsymbol{\Lambda}_3 & \boldsymbol{\Lambda}_4\end{bmatrix}\begin{bmatrix}\delta\boldsymbol{X}(t_f)\\ \delta\boldsymbol{\lambda}(t_f)\end{bmatrix} \tag{5.48}$$

将式(5.46)代入式(5.48)中进行整理，可以得到

$$\begin{bmatrix}\delta\boldsymbol{X}_0\\ \delta\boldsymbol{\lambda}_0\end{bmatrix}=\begin{bmatrix}\boldsymbol{\Lambda}_1 & \boldsymbol{\Lambda}_2\\ \boldsymbol{\Lambda}_3 & \boldsymbol{\Lambda}_4\end{bmatrix}\begin{bmatrix}\boldsymbol{\Gamma}_1 & \boldsymbol{\Gamma}_2\\ \boldsymbol{\Gamma}_3 & \boldsymbol{\Gamma}_4\end{bmatrix}\begin{bmatrix}\mathrm{d}\boldsymbol{\mu}\\ \mathrm{d}\boldsymbol{\psi}_f\end{bmatrix}=\begin{bmatrix}\boldsymbol{\Theta}_1 & \boldsymbol{\Theta}_2\\ \boldsymbol{\Theta}_3 & \boldsymbol{\Theta}_4\end{bmatrix}\begin{bmatrix}\mathrm{d}\boldsymbol{\mu}\\ \mathrm{d}\boldsymbol{\psi}_f\end{bmatrix} \tag{5.49}$$

其中，$\boldsymbol{\Theta}_1=\boldsymbol{\Lambda}_1\boldsymbol{\Gamma}_1+\boldsymbol{\Lambda}_2\boldsymbol{\Gamma}_3$，$\boldsymbol{\Theta}_2=\boldsymbol{\Lambda}_1\boldsymbol{\Gamma}_2+\boldsymbol{\Lambda}_2\boldsymbol{\Gamma}_4$，$\boldsymbol{\Theta}_3=\boldsymbol{\Lambda}_3\boldsymbol{\Gamma}_1+\boldsymbol{\Lambda}_4\boldsymbol{\Gamma}_3$，$\boldsymbol{\Theta}_4=\boldsymbol{\Lambda}_3\boldsymbol{\Gamma}_2+\boldsymbol{\Lambda}_4\boldsymbol{\Gamma}_4$。根据式(5.49)可以得到初始时刻的协态量偏差 $\delta\boldsymbol{\lambda}_0$ 以及终端乘子向量 $\mathrm{d}\boldsymbol{\mu}$ 表示为

$$\delta\boldsymbol{\lambda}_0=\boldsymbol{\Theta}_3\boldsymbol{\Theta}_1^{-1}\delta X_0+(\boldsymbol{\Theta}_4-\boldsymbol{\Theta}_3\boldsymbol{\Theta}_1^{-1}\boldsymbol{\Theta}_2)\mathrm{d}\boldsymbol{\psi}_f \tag{5.50}$$

$$\mathrm{d}\boldsymbol{\mu}=\boldsymbol{\Theta}_1^{-1}(\delta\boldsymbol{X}_0-\boldsymbol{\Theta}_2\mathrm{d}\boldsymbol{\psi}_f) \tag{5.51}$$

将式(5.50)和式(5.51)代入式(5.46)中可以得到

$$\begin{bmatrix}\delta\boldsymbol{X}(t_f)\\ \delta\boldsymbol{\lambda}(t_f)\end{bmatrix}=\begin{bmatrix}\boldsymbol{\Gamma}_1 & \boldsymbol{\Gamma}_2\\ \boldsymbol{\Gamma}_3 & \boldsymbol{\Gamma}_4\end{bmatrix}\begin{bmatrix}\boldsymbol{\Theta}_1^{-1}(\delta\boldsymbol{X}_0-\boldsymbol{\Theta}_2\mathrm{d}\boldsymbol{\psi}_f)\\ \mathrm{d}\boldsymbol{\psi}_f\end{bmatrix} \tag{5.52}$$

那么对于任意采样时刻 k 的状态量偏差可以表示为

$$\begin{aligned}\begin{bmatrix}\delta\boldsymbol{X}(k)\\ \delta\boldsymbol{\lambda}(k)\end{bmatrix}=&\left\{\prod_{i=k}^{N-1}\left\{\begin{bmatrix}\boldsymbol{A}(i) & -\boldsymbol{B}(i)\\ -\boldsymbol{C}(i) & -\boldsymbol{A}^{\mathrm{T}}(i)\end{bmatrix}(-\mathrm{d}t)+\boldsymbol{I}\right\}\right\}\times\\ &\begin{bmatrix}\boldsymbol{\Gamma}_1 & \boldsymbol{\Gamma}_2\\ \boldsymbol{\Gamma}_3 & \boldsymbol{\Gamma}_4\end{bmatrix}\begin{bmatrix}\boldsymbol{\Theta}_1^{-1}(\delta\boldsymbol{X}_0-\boldsymbol{\Theta}_2\mathrm{d}\boldsymbol{\psi}_f)\\ \mathrm{d}\boldsymbol{\psi}_f\end{bmatrix}\end{aligned} \tag{5.53}$$

将式(5.53)代入式(5.12)中可以得到控制量修正量 δu 的表达式为

$$\begin{aligned}\delta\boldsymbol{u}&=-\left(\frac{\partial^2\boldsymbol{H}}{\partial\boldsymbol{u}^2}\right)^{-1}\begin{bmatrix}\dfrac{\partial^2\boldsymbol{H}}{\partial u\partial X} & \dfrac{\partial^2\boldsymbol{H}}{\partial u\partial\lambda}\end{bmatrix}\begin{bmatrix}\delta\boldsymbol{X}\\ \delta\boldsymbol{\lambda}\end{bmatrix}\\&=-\left(\frac{\partial^2\boldsymbol{H}}{\partial\boldsymbol{u}^2}\right)^{-1}\begin{bmatrix}\dfrac{\partial^2\boldsymbol{H}}{\partial\boldsymbol{u}\partial\boldsymbol{X}} & \dfrac{\partial^2\boldsymbol{H}}{\partial\boldsymbol{u}\partial\boldsymbol{\lambda}}\end{bmatrix}\left\{\prod_{i=k}^{N-1}\left\{\begin{bmatrix}\boldsymbol{A}(i) & -\boldsymbol{B}(i)\\ -\boldsymbol{C}(i) & -\boldsymbol{A}^{\mathrm{T}}(i)\end{bmatrix}(-\mathrm{d}t)+\boldsymbol{I}\right\}\right\}\times\\&\quad\begin{bmatrix}\boldsymbol{\Gamma}_1 & \boldsymbol{\Gamma}_2\\ \boldsymbol{\Gamma}_3 & \boldsymbol{\Gamma}_4\end{bmatrix}\begin{bmatrix}\boldsymbol{\Theta}_1^{-1}(\delta\boldsymbol{X}_0-\boldsymbol{\Theta}_2\mathrm{d}\boldsymbol{\psi}_{\mathrm{f}})\\ \mathrm{d}\boldsymbol{\psi}_{\mathrm{f}}\end{bmatrix}\\&=\boldsymbol{\Xi}(t)\begin{bmatrix}\delta\boldsymbol{X}_0\\ \mathrm{d}\boldsymbol{\psi}_{\mathrm{f}}\end{bmatrix}\end{aligned}\tag{5.54}$$

其中

$$\begin{aligned}\boldsymbol{\Xi}(t)=&-\left(\frac{\partial^2\boldsymbol{H}}{\partial\boldsymbol{u}^2}\right)^{-1}\begin{bmatrix}\dfrac{\partial^2\boldsymbol{H}}{\partial\boldsymbol{u}\partial\boldsymbol{X}} & \dfrac{\partial^2\boldsymbol{H}}{\partial\boldsymbol{u}\partial\boldsymbol{\lambda}}\end{bmatrix}\times\\&\left\{\prod_{i=k}^{N-1}\left\{\begin{bmatrix}\boldsymbol{A}(i) & -\boldsymbol{B}(i)\\ -\boldsymbol{C}(i) & -\boldsymbol{A}^{\mathrm{T}}(i)\end{bmatrix}(-\mathrm{d}t)+\boldsymbol{I}\right\}\right\}\begin{bmatrix}\boldsymbol{\Gamma}_1 & \boldsymbol{\Gamma}_2\\ \boldsymbol{\Gamma}_3 & \boldsymbol{\Gamma}_4\end{bmatrix}\begin{bmatrix}\boldsymbol{\Theta}_1^{-1} & -\boldsymbol{\Theta}_1^{-1}\boldsymbol{\Theta}_2\\ \boldsymbol{0} & I\end{bmatrix}\end{aligned}\tag{5.55}$$

定理 5.3　根据式(5.54)计算得到的控制量修正量 $\delta\boldsymbol{u}$ 能够在满足初始状态扰动 $\delta\boldsymbol{X}(t_0)$ 以及终端约束条件变化 $\mathrm{d}\boldsymbol{\psi}_{\mathrm{f}}$ 的同时确保指标函数 J 具有二阶最优性。

证明:考虑如下增广性能指标函数 $\bar{J}$

$$\bar{J}=(\varphi+\boldsymbol{v}^{\mathrm{T}}\boldsymbol{\psi})_{t_{\mathrm{f}}}-\int_{t_0}^{t_{\mathrm{f}}}\boldsymbol{\lambda}^{\mathrm{T}}(\dot{\boldsymbol{X}}-\boldsymbol{f})\mathrm{d}t\tag{5.56}$$

现在考虑由于初始状态偏差 $\delta\boldsymbol{X}(t_0)$ 以及终端约束条件的调整 $d\ \boldsymbol{\psi}_{\mathrm{f}}$ 带来的指标函数 $\bar{J}$ 的变分 $\delta\bar{J}$ 表示为

$$\delta\bar{J}=\delta\bar{J}_1+\delta\bar{J}_2\tag{5.57}$$

其中

$$\delta\bar{J}_1=\left[\frac{\partial\boldsymbol{\Phi}}{\partial X}\delta\boldsymbol{X}+\boldsymbol{v}^{\mathrm{T}}\mathrm{d}\boldsymbol{\psi}\right]_{t_{\mathrm{f}}}-\boldsymbol{\lambda}^{\mathrm{T}}\delta\boldsymbol{X}\Big|_{t_0}^{t_{\mathrm{f}}}+\int_{t_0}^{t_{\mathrm{f}}}\left[(\dot{\boldsymbol{\lambda}}^{\mathrm{T}}+\boldsymbol{\lambda}^{\mathrm{T}}\frac{\partial\boldsymbol{f}}{\partial\boldsymbol{X}})\delta\boldsymbol{X}+\boldsymbol{\lambda}^{\mathrm{T}}\frac{\partial\boldsymbol{f}}{\partial\boldsymbol{u}}\delta\boldsymbol{u}\right]\mathrm{d}t\tag{5.58}$$

$$\delta\bar{J}_2=\left[\frac{1}{2}\delta\boldsymbol{X}^{\mathrm{T}}\frac{\partial^2\boldsymbol{\Phi}}{\partial\boldsymbol{X}^2}\delta\boldsymbol{X}\right]_{t_{\mathrm{f}}}+\frac{1}{2}\int_{t_0}^{t_{\mathrm{f}}}\begin{bmatrix}\delta\boldsymbol{X}^{\mathrm{T}} & \delta\boldsymbol{u}^{\mathrm{T}}\end{bmatrix}\begin{bmatrix}\dfrac{\partial^2\boldsymbol{H}}{\partial\boldsymbol{X}^2} & \dfrac{\partial^2\boldsymbol{H}}{\partial\boldsymbol{X}\partial\boldsymbol{u}}\\ \dfrac{\partial^2\boldsymbol{H}}{\partial\boldsymbol{u}\partial\boldsymbol{X}} & \dfrac{\partial^2\boldsymbol{H}}{\partial\boldsymbol{u}^2}\end{bmatrix}\begin{bmatrix}\partial\boldsymbol{X}\\ \delta\boldsymbol{u}\end{bmatrix}\mathrm{d}t\tag{5.59}$$

根据预备知识部分的相关定义,$\delta\bar{J}_1$ 可以看作为性能指标的一阶变分,而 $\delta\bar{J}_2$ 可以看作为性能指标的二阶变分。将最优状态以及协态变量满足的一阶最优性条件代入式(5.58)中,可以将性能指标的变分进一步化简为

$$\delta\bar{J}=(\boldsymbol{\lambda}^{\mathrm{T}}\partial\boldsymbol{X})_{t_0}+(\boldsymbol{v}^{\mathrm{T}}\mathrm{d}\boldsymbol{\psi})_{t_{\mathrm{f}}}+\frac{1}{2}\int_{t_0}^{t_{\mathrm{f}}}\begin{bmatrix}\delta\boldsymbol{X}^{\mathrm{T}} & \delta\boldsymbol{u}^{\mathrm{T}}\end{bmatrix}\begin{bmatrix}\dfrac{\partial^2\boldsymbol{H}}{\partial\boldsymbol{X}^2} & \dfrac{\partial^2\boldsymbol{H}}{\partial\boldsymbol{X}\partial\boldsymbol{u}}\\ \dfrac{\partial^2\boldsymbol{H}}{\partial\boldsymbol{u}\partial\boldsymbol{X}} & \dfrac{\partial^2\boldsymbol{H}}{\partial\boldsymbol{u}^2}\end{bmatrix}\begin{bmatrix}\partial\boldsymbol{X}\\ \delta\boldsymbol{u}\end{bmatrix}\mathrm{d}t\tag{5.60}$$

从式(5.60)可以观察发现,前两项包含了初始状态量偏差$\partial\boldsymbol{X}(t_0)$以及终端约束调整

d $\boldsymbol{\psi}_f$，第三项可以看作是一个二次型优化函数。通过选取合适的控制量修正量 $\delta\boldsymbol{u}$ 可以使指标达到最优。由于状态变量的变分满足

$$\frac{\mathrm{d}}{\mathrm{d}t}(\delta\boldsymbol{X})=\frac{\partial^2\boldsymbol{H}}{\partial\boldsymbol{\lambda}\partial\boldsymbol{X}}\partial\boldsymbol{X}+\frac{\partial^2\boldsymbol{H}}{\partial\boldsymbol{\lambda}\partial\boldsymbol{u}}\delta\boldsymbol{u} \tag{5.61}$$

以及边值条件：

$$\partial\boldsymbol{X}(t_0)=\delta\boldsymbol{X}_0 \tag{5.62}$$

$$\left(\frac{\partial\boldsymbol{\psi}}{\partial\boldsymbol{X}}\partial\boldsymbol{X}\right)t_f=\delta\boldsymbol{\psi}_f \tag{5.63}$$

式(5.61)～式(5.63)同样构成一个两点边值问题，通过引入协态变量 $\delta\boldsymbol{\lambda}$ 和 $\delta\boldsymbol{v}$ 建立此问题的指标函数 $\delta\tilde{J}$ 表示为

$$\begin{aligned}\delta\tilde{J}=&(\boldsymbol{\lambda}^{\mathrm{T}}\partial\boldsymbol{X})_{t_0}+(\boldsymbol{v}^{\mathrm{T}}\mathrm{d}\boldsymbol{\psi})_{t_f}+\frac{1}{2}\left(\delta\boldsymbol{X}^{\mathrm{T}}\frac{\partial^2\boldsymbol{\Phi}}{\partial\boldsymbol{X}^2}\partial\boldsymbol{X}\right)t_f+\delta\boldsymbol{v}^{\mathrm{T}}\left(\frac{\partial\boldsymbol{\psi}}{\partial\boldsymbol{X}}\delta\boldsymbol{X}\right)t_f+\\&\int_{t_0}^{t_f}\left\{\frac{1}{2}\begin{bmatrix}\delta\boldsymbol{X}^{\mathrm{T}} & \delta\boldsymbol{u}^{\mathrm{T}}\end{bmatrix}\begin{bmatrix}\dfrac{\partial^2\boldsymbol{H}}{\partial\boldsymbol{X}^2} & \dfrac{\partial^2\boldsymbol{H}}{\partial\boldsymbol{X}\partial\boldsymbol{u}}\\ \dfrac{\partial^2\boldsymbol{H}}{\partial\boldsymbol{u}\partial\boldsymbol{X}} & \dfrac{\partial^2\boldsymbol{H}}{\partial\boldsymbol{u}^2}\end{bmatrix}\begin{bmatrix}\partial\boldsymbol{X}\\ \delta\boldsymbol{u}\end{bmatrix}-\delta\boldsymbol{\lambda}^{\mathrm{T}}\left(\frac{\mathrm{d}}{\mathrm{d}t}\delta\boldsymbol{X}-\frac{\partial\boldsymbol{f}}{\partial\boldsymbol{X}}\delta\boldsymbol{X}-\frac{\partial\boldsymbol{f}}{\partial\boldsymbol{u}}\delta\boldsymbol{u}\right)\right\}\mathrm{d}t\end{aligned} \tag{5.64}$$

接下来考虑由于初始状态偏差 $\delta\boldsymbol{X}(t_0)$ 以及终端约束偏差 d $\boldsymbol{\psi}_f$ 引起的最优性指标 $\delta\tilde{J}$ 的变分，对式(5.64)进行再次变分可以得到

$$\begin{aligned}\delta^2\tilde{J}=&\left[\left(\delta\boldsymbol{X}^{\mathrm{T}}\frac{\partial^2\boldsymbol{\Phi}}{\partial\boldsymbol{X}^2}+\delta\boldsymbol{v}^{\mathrm{T}}\frac{\partial\boldsymbol{\psi}}{\partial\boldsymbol{X}}-\delta\boldsymbol{\lambda}^{\mathrm{T}}\right)\delta^2X\right]_{t_f}+\\&\int_{t_0}^{t_f}\left[\left(\frac{\mathrm{d}}{\mathrm{d}t}(\delta\boldsymbol{\lambda}^{\mathrm{T}})+\delta\boldsymbol{X}^{\mathrm{T}}\frac{\partial^2\boldsymbol{H}}{\partial\boldsymbol{X}^2}+\delta\boldsymbol{\lambda}^{\mathrm{T}}\frac{\partial\boldsymbol{f}}{\partial\boldsymbol{X}}+\delta\boldsymbol{u}^{\mathrm{T}}\frac{\partial^2\boldsymbol{H}}{\partial\boldsymbol{u}\partial\boldsymbol{X}}\right)\delta^2\boldsymbol{X}+\right.\\&\left.\left(\delta\boldsymbol{X}^{\mathrm{T}}\frac{\partial^2\boldsymbol{H}}{\partial\boldsymbol{X}\partial\boldsymbol{u}}+\delta\boldsymbol{\lambda}^{\mathrm{T}}\frac{\partial\boldsymbol{f}}{\partial\boldsymbol{u}}+\delta\boldsymbol{u}^{\mathrm{T}}\frac{\partial^2\boldsymbol{H}}{\partial\boldsymbol{u}^2}\right)\delta^2\boldsymbol{u}\right]\mathrm{d}t\end{aligned} \tag{5.65}$$

为了确保对于所有的 $\delta^2\boldsymbol{u}$ 以及 $\delta^2\boldsymbol{X}$ 都能够使得 $\delta^2\tilde{J}=0$，则必须确保以下等式成立，即

$$\delta\boldsymbol{\lambda}(t_f)=\left(\frac{\partial^2\boldsymbol{\Phi}}{\partial\boldsymbol{X}^2}\delta\boldsymbol{X}+\frac{\partial\boldsymbol{\psi}}{\partial\boldsymbol{X}}\delta\boldsymbol{v}\right)_{t_f} \tag{5.66}$$

$$\frac{\mathrm{d}}{\mathrm{d}t}(\delta\boldsymbol{\lambda})=-\frac{\partial^2\boldsymbol{H}}{\partial\boldsymbol{X}^2}\partial\boldsymbol{X}-\frac{\partial\boldsymbol{f}}{\partial\boldsymbol{X}}\delta\boldsymbol{\lambda}-\frac{\partial^2\boldsymbol{H}}{\partial\boldsymbol{u}\partial\boldsymbol{X}}\delta\boldsymbol{u} \tag{5.67}$$

$$\frac{\partial^2\boldsymbol{H}}{\partial\boldsymbol{X}\partial\boldsymbol{u}}\partial\boldsymbol{X}+\frac{\partial\boldsymbol{f}}{\partial\boldsymbol{u}}\delta\boldsymbol{\lambda}+\frac{\partial^2\boldsymbol{H}}{\partial\boldsymbol{u}^2}\delta\boldsymbol{u}=\boldsymbol{0} \tag{5.68}$$

可以发现式(5.66)～式(5.68)与式(5.19)、式(5.10)以及式(5.11)相一致，从而证明根据式(5.54)计算得到的控制量补偿量 $\delta\boldsymbol{u}$ 能够在满足初始状态扰动 $\partial\boldsymbol{X}(t_0)$ 以及终端约束变化 d$\boldsymbol{\psi}_f$ 的同时确保指标函数满足二阶最优性。

应用邻域最优控制进行中制导弹道修正的算法框图如图 5－3 所示。

在交接班时刻 t_f 固定情况下应用邻域最优控制方法得到最优修正弹道的计算步骤总结如下。

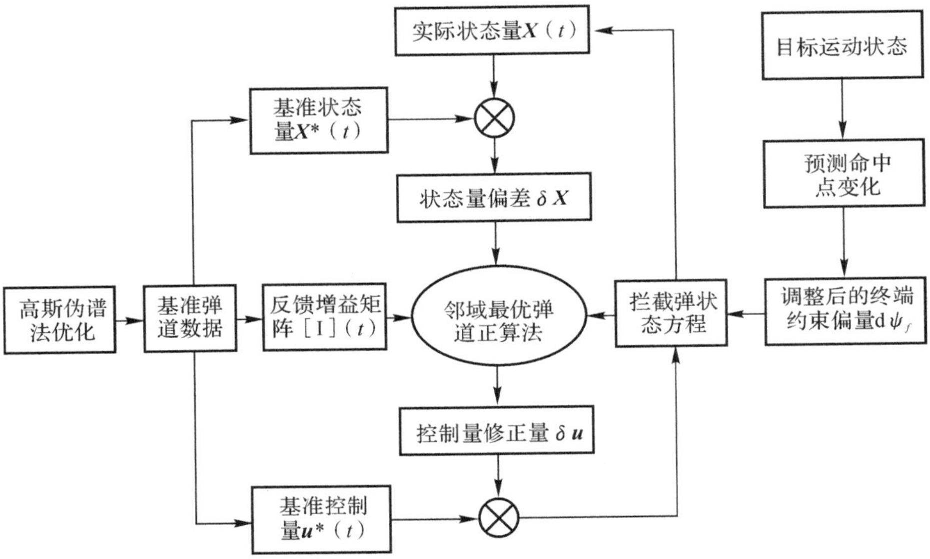

图 5-3　中制导弹道修正算法框图

Step1:利用第 4 章中 Radau 伪谱法得到基准最优弹道,根据目标运动信息得到预测命中点的变化,设定终端约束状态为$\boldsymbol{\psi}_f$,并与基准最优弹道的终端约束条件进行比较,得到终端约束的调整量 $d\boldsymbol{\psi}_f=\boldsymbol{\psi}_f-\boldsymbol{\psi}_f^*$。比较初始时刻拦截弹的状态 $\boldsymbol{X}(t_0)$与基准弹道状态$\boldsymbol{X}^*(t_0)$得到$\partial\boldsymbol{X}(t_0)=\boldsymbol{X}(t_0)-\boldsymbol{X}^*(t_0)$。

Step2:利用基准最优弹道信息得到反馈增益矩阵 $\boldsymbol{\Xi}(t)$,将反馈增益矩阵 $\boldsymbol{\Xi}(t)$、初始状态偏差$\partial\boldsymbol{X}(t_0)$和终端约束调整 $d\boldsymbol{\psi}_f$ 代入到邻域最优弹道修正算法式计算得到控制量的修正量 $\delta\boldsymbol{u}$。

Step3:将控制量的修正量 $\delta\boldsymbol{u}$ 与基准弹道控制量$\boldsymbol{u}^*$进行求和得到最终控制量 $\boldsymbol{u}=\boldsymbol{u}^*+\delta\boldsymbol{u}$,将最终控制量 $\boldsymbol{u}$ 作为实际控制量代入到拦截弹的状态方程。

Step4:如果终端约束条件不发生变化且当前时刻拦截弹状态偏差量$\partial\boldsymbol{X}(t_0)$为零,则拦截弹按照修正后的控制量 $\boldsymbol{u}$ 进行控制,完成中制导阶段飞行,如果终端约束条件发生变化或者当前时刻拦截弹状态偏差量 $\delta\boldsymbol{X}(t_0)$不为零,则转入 Step1。

5.3.3　交接班时刻自由情况下的最优弹道修正

随着拦截弹中制导弹道终端约束的变化,实际弹道的终端时间也发生了变化。4.2.2 节求解出的邻域最优修正弹道的修正量没有考虑终端时间的变化,可能会出现末端控制量大幅震荡,导致拦截弹中制导末端状态发散,不能满足终端约束条件。因此,为确保邻域最优修正弹道的精确性和稳定性,需在求解过程中考虑终端时间变化的影响。

终端时刻 t_f 自由条件下的一阶最优性必要条件可以表示为

$$\dot{X}=\frac{\partial \boldsymbol{H}}{\partial \boldsymbol{\lambda}} \tag{5.69}$$

$$\dot{\boldsymbol{\lambda}}=-\frac{\partial \boldsymbol{H}}{\partial \boldsymbol{X}} \tag{5.70}$$

$$\frac{\partial \boldsymbol{H}}{\partial \boldsymbol{u}}=\boldsymbol{0} \tag{5.71}$$

$$\boldsymbol{\lambda}(t_f)=-\left(\frac{\partial \boldsymbol{\Phi}}{\partial \boldsymbol{X}}\right)_f \tag{5.72}$$

$$\left(\boldsymbol{H}+\frac{\partial \boldsymbol{\Phi}}{\partial t}\right)_{t=t_f}=\boldsymbol{0} \tag{5.73}$$

$$\boldsymbol{\psi}(\boldsymbol{X}(t_f),t_f)=\boldsymbol{0} \tag{5.74}$$

考虑到终端时刻的变化 $\mathrm{d}t_f$，对于式(5.72)～式(5.74)进行二阶变分，可以得到以下表达式：

$$\mathrm{d}\lambda(t_f)=\left(\frac{\partial^2 \varphi}{\partial \boldsymbol{X}^2}+\boldsymbol{v}^{\mathrm{T}}\frac{\partial^2 \boldsymbol{\psi}}{\partial \boldsymbol{X}^2}\right)\mathrm{d}\boldsymbol{X}+\left(\frac{\partial \boldsymbol{\psi}}{\partial \boldsymbol{X}}\right)^{\mathrm{T}}\delta\boldsymbol{v}+\left(\frac{\partial^2 \varphi}{\partial \boldsymbol{X}\partial t}+\boldsymbol{v}^{\mathrm{T}}\frac{\partial^2 \boldsymbol{\psi}}{\partial \boldsymbol{X}\partial t}\right)\mathrm{d}t_f \tag{5.75}$$

$$\begin{aligned}\boldsymbol{0}=&\left(\frac{\partial \boldsymbol{H}}{\partial \boldsymbol{X}}+\frac{\partial^2 \varphi}{\partial t\partial \boldsymbol{X}}+\boldsymbol{v}^{\mathrm{T}}\frac{\partial^2 \boldsymbol{\psi}}{\partial t\partial \boldsymbol{X}}\right)\mathrm{d}X+\left(\frac{\partial \boldsymbol{\psi}}{\partial t}\right)^{\mathrm{T}}\delta\boldsymbol{v}+\\&\left(\frac{\partial \boldsymbol{H}}{\partial t}+\frac{\partial^2 \varphi}{\partial t^2}+\boldsymbol{v}^{\mathrm{T}}\frac{\partial^2 \boldsymbol{\psi}}{\partial t^2}\right)\mathrm{d}t_f+\frac{\partial \boldsymbol{H}}{\partial \boldsymbol{\lambda}}\mathrm{d}\lambda+\frac{\partial \boldsymbol{H}}{\partial \boldsymbol{u}}\mathrm{d}\boldsymbol{u}\end{aligned} \tag{5.76}$$

$$\delta\boldsymbol{\psi}=\frac{\partial \boldsymbol{\psi}}{\partial \boldsymbol{X}}\mathrm{d}X+\frac{\partial \boldsymbol{\psi}}{\partial t}\mathrm{d}t_f \tag{5.77}$$

在终端时刻 t_f 自由的情况下，有以下恒等式存在：

$$\mathrm{d}\lambda(t_f)=\delta\boldsymbol{\lambda}(t_f)+\dot{\lambda}(t_f)\mathrm{d}t_f \tag{5.78}$$

$$\mathrm{d}\boldsymbol{X}(t_f)=\partial\boldsymbol{X}(t_f)+\dot{X}(t_f)\mathrm{d}t_f \tag{5.79}$$

将式(5.78)、式(5.79)代入式(5.75)～式(5.77)中，可以得到

$$\begin{aligned}\delta\boldsymbol{\lambda}(t_f)=&\left(\frac{\partial^2 \varphi}{\partial \boldsymbol{X}^2}+\boldsymbol{v}^{\mathrm{T}}\frac{\partial^2 \boldsymbol{\psi}}{\partial \boldsymbol{X}^2}\right)\partial\boldsymbol{X}+\left(\frac{\partial \boldsymbol{\psi}}{\partial \boldsymbol{X}}\right)^{\mathrm{T}}\delta\boldsymbol{v}+\\&\left(\frac{\partial^2 \varphi}{\partial \boldsymbol{X}\partial t}+\boldsymbol{v}^{\mathrm{T}}\frac{\partial^2 \boldsymbol{\psi}}{\partial \boldsymbol{X}\partial t}+\left(\frac{\partial^2 \varphi}{\partial \boldsymbol{X}^2}+\boldsymbol{v}^{\mathrm{T}}\frac{\partial^2 \boldsymbol{\psi}}{\partial \boldsymbol{X}^2}\right)\dot{X}-\dot{\lambda}\right)\mathrm{d}t_f\end{aligned} \tag{5.80}$$

$$\begin{aligned}\boldsymbol{0}=&\left(-\dot{\boldsymbol{\lambda}}+\frac{\partial^2 \varphi}{\partial t\partial \boldsymbol{X}}+\boldsymbol{v}^{\mathrm{T}}\frac{\partial^2 \boldsymbol{\psi}}{\partial t\partial \boldsymbol{X}}\right)(\partial\boldsymbol{X}+\dot{X}\mathrm{d}t_f)+\left(\frac{\partial \boldsymbol{\psi}}{\partial t}\right)^{\mathrm{T}}\delta\boldsymbol{v}+\\&\left(\frac{\partial^2 \varphi}{\partial t^2}+\boldsymbol{v}^{\mathrm{T}}\frac{\partial^2 \boldsymbol{\psi}}{\partial t^2}\right)\mathrm{d}t_f+\dot{X}(\delta\boldsymbol{\lambda}+\dot{\lambda}\mathrm{d}t_f)\end{aligned} \tag{5.81}$$

$$\delta\boldsymbol{\psi}=\frac{\partial \boldsymbol{\psi}}{\partial \boldsymbol{X}}\partial\boldsymbol{X}+\left(\frac{\partial \boldsymbol{\psi}}{\partial t}+\frac{\partial \boldsymbol{\psi}}{\partial \boldsymbol{X}}\dot{\boldsymbol{X}}\right)\mathrm{d}t_f \tag{5.82}$$

将式(5.80)代入式(5.81)中，可以得到

$$\begin{aligned}\boldsymbol{0}=&\left(-\dot{\boldsymbol{\lambda}}+\frac{\partial^2 \varphi}{\partial t\partial \boldsymbol{X}}+\boldsymbol{v}^{\mathrm{T}}\frac{\partial^2 \psi}{\partial t\partial \boldsymbol{X}}\right)(\partial\boldsymbol{X}+\dot{\boldsymbol{X}}\mathrm{d}t_f)+\left(\frac{\partial \boldsymbol{\psi}}{\partial t}\right)^{\mathrm{T}}\delta\boldsymbol{v}+\\&\left(\frac{\partial^2 \varphi}{\partial t^2}+\boldsymbol{v}^{\mathrm{T}}\frac{\partial^2 \boldsymbol{\psi}}{\partial t^2}\right)\mathrm{d}t_f+\dot{\boldsymbol{X}}\dot{\boldsymbol{\lambda}}\mathrm{d}t_f+\dot{\boldsymbol{X}}\left(\frac{\partial^2 \varphi}{\partial \boldsymbol{X}^2}+\boldsymbol{v}^{\mathrm{T}}\frac{\partial^2 \boldsymbol{\psi}}{\partial \boldsymbol{X}^2}\right)\partial\boldsymbol{X}+\\&\left(\frac{\partial \boldsymbol{\psi}}{\partial \boldsymbol{X}}\right)^{\mathrm{T}}\delta\boldsymbol{v}+\left(\frac{\partial^2 \varphi}{\partial \boldsymbol{X}\partial t}+\boldsymbol{v}^{\mathrm{T}}\frac{\partial^2 \boldsymbol{\psi}}{\partial \boldsymbol{X}\partial t}+\left(\frac{\partial^2 \varphi}{\partial \boldsymbol{X}^2}+\boldsymbol{v}^{\mathrm{T}}\frac{\partial^2 \boldsymbol{\psi}}{\partial \boldsymbol{X}^2}\right)\dot{\boldsymbol{X}}-\dot{\boldsymbol{\lambda}}\right)\mathrm{d}t_f\end{aligned} \tag{5.83}$$

将式(5.80)、式(5.83)和式(5.82)表示成为矩阵的形式，可以得到

$$\begin{bmatrix}\delta\boldsymbol{\lambda}\\ \delta\boldsymbol{\psi}\\ \boldsymbol{0}\end{bmatrix}=\begin{bmatrix}\boldsymbol{S} & \boldsymbol{R} & \boldsymbol{m}\\ \boldsymbol{R}^{\mathrm{T}} & \boldsymbol{Q} & \boldsymbol{n}\\ \boldsymbol{m}^{\mathrm{T}} & \boldsymbol{n}^{\mathrm{T}} & \boldsymbol{\alpha}\end{bmatrix}\begin{bmatrix}\delta\boldsymbol{X}\\ \delta\boldsymbol{v}\\ \mathrm{d}t_{\mathrm{f}}\end{bmatrix} \tag{5.84}$$

其中 $\boldsymbol{S},\boldsymbol{R},\boldsymbol{Q},\boldsymbol{m},\boldsymbol{n}$ 和 $\boldsymbol{\alpha}$ 为时变矩阵，根据终端时刻的表达式(5.83)，$\boldsymbol{S},\boldsymbol{R},\boldsymbol{Q},\boldsymbol{m},\boldsymbol{n}$ 和 $\boldsymbol{\alpha}$ 的末值可以表示为

$$\boldsymbol{S}_{\mathrm{f}}=\frac{\partial^2\varphi}{\partial\boldsymbol{X}^2}+\boldsymbol{v}^{\mathrm{T}}\frac{\partial^2\boldsymbol{\psi}}{\partial\boldsymbol{X}^2} \tag{5.85}$$

$$\boldsymbol{R}_{\mathrm{f}}=\left(\frac{\partial\boldsymbol{\psi}}{\partial\boldsymbol{X}}\right)^{\mathrm{T}} \tag{5.86}$$

$$\boldsymbol{Q}_{\mathrm{f}}=\boldsymbol{0} \tag{5.87}$$

$$\boldsymbol{m}_{\mathrm{f}}=\frac{\partial^2\varphi}{\partial\boldsymbol{X}\partial t}+\boldsymbol{v}^{\mathrm{T}}\frac{\partial^2\boldsymbol{\psi}}{\partial\boldsymbol{X}\partial t}+\left(\frac{\partial^2\varphi}{\partial\boldsymbol{X}^2}+\boldsymbol{v}^{\mathrm{T}}\frac{\partial^2\boldsymbol{\psi}}{\partial\boldsymbol{X}^2}\right)\dot{X}-\dot{\lambda} \tag{5.88}$$

$$\boldsymbol{n}_{\mathrm{f}}=\frac{\partial\boldsymbol{\psi}}{\partial t}+\left(\frac{\partial\boldsymbol{\psi}}{\partial\boldsymbol{X}}\right)^{\mathrm{T}}\dot{X} \tag{5.89}$$

$$\begin{aligned}\boldsymbol{\alpha}_{\mathrm{f}}=&\dot{\boldsymbol{X}}^{\mathrm{T}}\left(\frac{\partial^2\varphi}{\partial\boldsymbol{X}^2}+\boldsymbol{v}^{\mathrm{T}}\frac{\partial^2\boldsymbol{\psi}}{\partial\boldsymbol{X}^2}\right)\dot{\boldsymbol{X}}+2\dot{\boldsymbol{X}}^{\mathrm{T}}\left(\frac{\partial^2\varphi}{\partial\boldsymbol{X}\partial t}+\boldsymbol{v}^{\mathrm{T}}\frac{\partial^2\boldsymbol{\psi}}{\partial\boldsymbol{X}\partial t}\right)-\\&\dot{X}^{\mathrm{T}}\dot{\boldsymbol{\lambda}}+\frac{\partial^2\varphi}{\partial t^2}+\boldsymbol{v}^{\mathrm{T}}\frac{\partial^2\boldsymbol{\psi}}{\partial t^2}\end{aligned} \tag{5.90}$$

对于矩阵式(5.84)进行求导可以得到

$$\delta\dot{\boldsymbol{\lambda}}=\dot{\boldsymbol{S}}\partial\boldsymbol{X}+\dot{\boldsymbol{R}}\delta\boldsymbol{v}+\dot{\boldsymbol{m}}\mathrm{d}t_{\mathrm{f}}+\boldsymbol{S}\partial\dot{\boldsymbol{X}} \tag{5.91}$$

$$\boldsymbol{0}=\dot{\boldsymbol{R}}^{\mathrm{T}}\partial\boldsymbol{X}+\dot{\boldsymbol{Q}}\delta\boldsymbol{v}+\dot{\boldsymbol{n}}\mathrm{d}t_{\mathrm{f}}+\boldsymbol{R}^{\mathrm{T}}\partial\dot{\boldsymbol{X}} \tag{5.92}$$

$$\boldsymbol{0}=\dot{\boldsymbol{m}}^{\mathrm{T}}\delta\boldsymbol{X}+\dot{\boldsymbol{n}}^{\mathrm{T}}\delta\boldsymbol{v}+\dot{\boldsymbol{\alpha}}\mathrm{d}t_{\mathrm{f}}+\boldsymbol{m}^{\mathrm{T}}\partial\dot{\boldsymbol{X}} \tag{5.93}$$

将式(5.42)和式(5.84)代入式(5.91)中，可以得到

$$\delta\dot{\boldsymbol{\lambda}}=\dot{\boldsymbol{S}}\delta\boldsymbol{X}+\dot{\boldsymbol{R}}\delta\boldsymbol{v}+\dot{\boldsymbol{m}}\mathrm{d}t_{\mathrm{f}}+\boldsymbol{S}(\boldsymbol{A}\partial\boldsymbol{X}-\boldsymbol{B}(\boldsymbol{S}\partial\boldsymbol{X}+\boldsymbol{R}\delta\boldsymbol{v}+\boldsymbol{m}\mathrm{d}t_{\mathrm{f}})) \tag{5.94}$$

将式(5.84)代入式(5.42)中，$\delta\dot{\boldsymbol{\lambda}}$ 可以表示为

$$\delta\dot{\boldsymbol{\lambda}}=-\boldsymbol{C}\delta\boldsymbol{X}-\boldsymbol{A}^{\mathrm{T}}(\boldsymbol{S}\delta\boldsymbol{X}+\boldsymbol{R}\delta\boldsymbol{v}+\boldsymbol{m}\mathrm{d}t_{\mathrm{f}}) \tag{5.95}$$

将式(5.94)和式(5.95)进行对比，可以得到以下微分方程：

$$\dot{\boldsymbol{S}}=-\boldsymbol{S}\boldsymbol{A}-\boldsymbol{A}^{\mathrm{T}}\boldsymbol{S}+\boldsymbol{S}\boldsymbol{B}\boldsymbol{S}-\boldsymbol{C} \tag{5.96}$$

$$\dot{\boldsymbol{R}}=-(\boldsymbol{A}^{\mathrm{T}}-\boldsymbol{S}\boldsymbol{B})\boldsymbol{R} \tag{5.97}$$

$$\dot{\boldsymbol{m}}=-(\boldsymbol{A}^{\mathrm{T}}-\boldsymbol{S}\boldsymbol{B})\boldsymbol{m} \tag{5.98}$$

将式(5.42)和式(5.84)代入式(5.92)中，可以得到

$$\boldsymbol{0}=\dot{\boldsymbol{R}}^{\mathrm{T}}\delta\boldsymbol{X}+\dot{\boldsymbol{Q}}\delta\boldsymbol{v}+\dot{\boldsymbol{n}}dt_{\mathrm{f}}+\boldsymbol{R}^{\mathrm{T}}(\boldsymbol{A}\delta\boldsymbol{X}-\boldsymbol{B}(\boldsymbol{S}\delta\boldsymbol{X}+\boldsymbol{R}\delta\boldsymbol{v}+\boldsymbol{m}\mathrm{d}t_{\mathrm{f}})) \tag{5.99}$$

为了确保式(5.99)恒成立，必须确保以下等式成立：

$$\dot{\boldsymbol{R}}^{\mathrm{T}}=-\boldsymbol{R}^{\mathrm{T}}(\boldsymbol{A}-\boldsymbol{B}\boldsymbol{S}) \tag{5.100}$$

$$\dot{\boldsymbol{Q}}=\boldsymbol{R}^{\mathrm{T}}\boldsymbol{B}\boldsymbol{R} \tag{5.101}$$

$$\dot{\boldsymbol{n}}=\boldsymbol{R}^{\mathrm{T}}\boldsymbol{B}\boldsymbol{m} \tag{5.102}$$

将式(5.42)和式(5.84)代入式(5.93)中，可以得到

$$\boldsymbol{0}=\dot{\boldsymbol{m}}^{\mathrm{T}}\partial\boldsymbol{X}+\dot{\boldsymbol{n}}^{\mathrm{T}}\delta\boldsymbol{v}+\dot{\boldsymbol{\alpha}}\mathrm{d}t_{\mathrm{f}}+\boldsymbol{m}^{\mathrm{T}}(\boldsymbol{A}\partial\boldsymbol{X}-\boldsymbol{B}(\boldsymbol{S}\delta\boldsymbol{X}+\boldsymbol{R}\delta\boldsymbol{v}+\boldsymbol{m}\mathrm{d}t_{\mathrm{f}})) \tag{5.103}$$

以及以下微分方程：

$$\dot{\boldsymbol{m}}^{\mathrm{T}}=-\boldsymbol{m}^{\mathrm{T}}\boldsymbol{A}+\boldsymbol{m}^{\mathrm{T}}\boldsymbol{B}\boldsymbol{S} \tag{5.104}$$

$$\dot{\boldsymbol{n}}^{\mathrm{T}}=\boldsymbol{m}^{\mathrm{T}}\boldsymbol{B}\boldsymbol{R} \tag{5.105}$$

$$\dot{\boldsymbol{\alpha}}=\boldsymbol{m}^{\mathrm{T}}\boldsymbol{B}\boldsymbol{m} \tag{5.106}$$

根据变量 $\boldsymbol{S},\boldsymbol{R},\boldsymbol{Q},\boldsymbol{m},\boldsymbol{n}$ 和 $\boldsymbol{\alpha}$ 的终端约束条件式(5.85)～式(5.90)以及微分方程式(5.96)～式(5.106)，对其进行逆向积分一直到初始时刻 t_0，然后根据式(5.92)和式(5.93)可以解算得到 $\delta\boldsymbol{v}$ 以及 $\mathrm{d}t_{\mathrm{f}}$ 的表达式为

$$\delta\boldsymbol{v}=\left(\left(\boldsymbol{Q}-\frac{\boldsymbol{n}\boldsymbol{n}^{\mathrm{T}}}{\boldsymbol{\alpha}}\right)^{-1}\left(\delta\boldsymbol{\psi}_{\mathrm{f}}-\left(\boldsymbol{R}^{\mathrm{T}}-\frac{\boldsymbol{n}\boldsymbol{m}^{\mathrm{T}}}{\boldsymbol{\alpha}}\right)\delta\boldsymbol{X}\right)\right)_{t_0} \tag{5.107}$$

$$\begin{aligned}\mathrm{d}t_{\mathrm{f}}=&\left(-\frac{\boldsymbol{n}^{\mathrm{T}}}{\boldsymbol{\alpha}}\left(\boldsymbol{Q}-\frac{\boldsymbol{n}\boldsymbol{n}^{\mathrm{T}}}{\boldsymbol{\alpha}}\right)^{-1}\delta\boldsymbol{\psi}_{\mathrm{f}}\right)\\&\left(-\left(\frac{\boldsymbol{m}^{\mathrm{T}}}{\boldsymbol{\alpha}}-\frac{\boldsymbol{n}^{\mathrm{T}}}{\boldsymbol{\alpha}}\left(\boldsymbol{Q}-\frac{\boldsymbol{n}\boldsymbol{n}^{\mathrm{T}}}{\alpha}\right)^{-1}\left(\boldsymbol{R}^{\mathrm{T}}-\frac{\boldsymbol{n}\boldsymbol{m}^{\mathrm{T}}}{\boldsymbol{\alpha}}\right)\right)\delta\boldsymbol{X}\right)_{t_0}\end{aligned} \tag{5.108}$$

将式(5.107)和式(5.108)代入式(5.91)中，可以得到 $\delta\boldsymbol{\lambda}$ 在初始时刻 t_0 的表达式为

$$\begin{aligned}\delta\boldsymbol{\lambda}_0=&\left(\boldsymbol{R}-\frac{\boldsymbol{m}\boldsymbol{n}^{\mathrm{T}}}{\boldsymbol{\alpha}}\right)\left(Q-\frac{\boldsymbol{n}\boldsymbol{n}^{\mathrm{T}}}{\boldsymbol{\alpha}}\right)^{-1}\delta\boldsymbol{\psi}_{\mathrm{f}}-\\&\left(\boldsymbol{R}-\frac{\boldsymbol{m}\boldsymbol{n}^{\mathrm{T}}}{\boldsymbol{\alpha}}\right)\left(Q-\frac{\boldsymbol{n}\boldsymbol{n}^{\mathrm{T}}}{\boldsymbol{\alpha}}\right)^{-1}\left(\boldsymbol{R}^{\mathrm{T}}-\frac{\boldsymbol{n}\boldsymbol{m}^{\mathrm{T}}}{\boldsymbol{\alpha}}\right)\delta\boldsymbol{X}_0+\left(\boldsymbol{S}-\frac{\boldsymbol{m}\boldsymbol{m}^{\mathrm{T}}}{\boldsymbol{\alpha}}\right)\boldsymbol{\delta}X_0\end{aligned} \tag{5.109}$$

注意到对于终端时刻的改变量 $\mathrm{d}t_{\mathrm{f}}$，将 $\mathrm{d}t_{\mathrm{f}}$ 叠加到原基准最优弹道的基准终端时间 t_{f}^* 上，可以得到改变后的时间与原基准时间的比值 p 为

$$p=\frac{t_{\mathrm{f}}^*+\mathrm{d}t_{\mathrm{f}}}{t_{\mathrm{f}}^*} \tag{5.110}$$

记基准最优弹道的指令时间步长为 Δt^*，根据式(5.110)可以得到更改以后的指令时间步长应修正为

$$\Delta t^*=p\Delta t^* \tag{5.111}$$

在终端时刻 t_{f} 自由情况下求解中制导最优弹道修正算法与 5.3.2 节中算法基本相似，只是需要增加对于解算时间步长的修正，具体计算步骤总结如下：

Step1：对于终端弹道约束条件进行调整，设定 $\boldsymbol{\psi}_{\mathrm{f}}$，并与基准最优弹道的终端约束条件进行比较，得到终端约束的调整量 $\delta\boldsymbol{\psi}_{\mathrm{f}}=\boldsymbol{\psi}_{\mathrm{f}}-\boldsymbol{\psi}_{\mathrm{f}}^*$，设定初始时刻弹道状态偏差量 $\delta\boldsymbol{X}(t_0)=\boldsymbol{X}^*(t_0)$。

Step2：利用式(5.85)～式(5.90)计算矩阵 $\boldsymbol{S}_{\mathrm{f}},\boldsymbol{R}_{\mathrm{f}},\boldsymbol{Q}_{\mathrm{f}},\boldsymbol{m}_{\mathrm{f}},\boldsymbol{n}_{\mathrm{f}}$ 和 $\boldsymbol{\alpha}_{\mathrm{f}}$，将其作为初值代入式(5.100)～式(5.106)进行逆向积分，得到 $\boldsymbol{S}_0,\boldsymbol{R}_0,\boldsymbol{Q}_0,\boldsymbol{m}_0,\boldsymbol{n}_0$ 和 $\boldsymbol{\alpha}_0$。

Step3：将 $\boldsymbol{S}_0,\boldsymbol{R}_0,\boldsymbol{Q}_0,\boldsymbol{m}_0,\boldsymbol{n}_0,\boldsymbol{\alpha}_0,\delta\boldsymbol{X}_0$ 和 $\delta\boldsymbol{\lambda}_0$。

得到 $\delta\boldsymbol{v},dt_f$ 以及 $\delta\boldsymbol{\lambda}_0$。

Step4：将 $\delta\boldsymbol{X}_0$ 和 $\delta\boldsymbol{\lambda}_0$ 代入式(5.42)进行积分，得到 $\delta\boldsymbol{X}(t)$ 和 $\delta\boldsymbol{\lambda}(t)$ 后代入式(5.12)，求解得到控制量的修正量 $\delta\boldsymbol{u}(t)$。

Step5：将终端时刻的修正量 $\mathrm{d}t_f$ 代入式(5.110)和式(5.111)，得到修正以后的控制时间步长 Δt，将控制量的修正量 $\delta\boldsymbol{u}(t)$ 与基准控制量相加得到 $\boldsymbol{u}=\delta\boldsymbol{u}+\boldsymbol{u}^*$ 并以此为控制指令代入拦截弹状态方程，得到调整后的弹道。

Step6：如果终端约束条件不发生变化且当前时刻拦截弹状态偏差量 $\delta\boldsymbol{X}(t_0)$ 为零，则拦截弹按照修正后的控制量 $\boldsymbol{u}$ 进行控制，完成中制导阶段飞行，如果终端约束条件发生变化或者当前时刻拦截弹状态偏差量 $\delta\boldsymbol{X}(t_0)$ 不为零，则转入 Step1。

5.3.4 邻域最优控制弹道修正适应范围分析

利用 4.2 节介绍的算法可以得到考虑终端时间变化的邻域最优修正弹道。但该算法并不是在任何情况下都能够符合弹道需求，需满足充分条件($\partial^2 \boldsymbol{H}a/\partial \boldsymbol{u}^2>0,\boldsymbol{Q}>0,\boldsymbol{S}-\boldsymbol{R}\boldsymbol{Q}^{-1}\boldsymbol{R}^{\mathrm{T}}$ 为有限矩阵)，其次经过对式(5.96)～式(5.109)的分析得出，在初始条件不变的情况下，只有终端约束改变量 $\delta\boldsymbol{\Psi}$ 控制在一定范围内，邻域最优弹道修正算法才是有效的，即

$$\delta\boldsymbol{\Psi}_{\min}<\delta\boldsymbol{\Psi}<\delta\boldsymbol{\Psi}_{\max} \tag{5.112}$$

由式(5.96)～式(5.109)直接推导式(4.59)的上、下限值是极为复杂的，很难得到其准确值，因此本节采取蒙特卡洛仿真方法对邻域最优弹道在线修正算法的适应范围进行分析。

分析第 4 章的基准最优弹道可知，拦截弹中制导阶段的射程跨度远超高度和侧向距离，目标机动带来的影响主要体现在终端高度和侧向距离偏差上，且为保证弹道在中末制导交接班阶段平滑过渡，终端角度一般都趋于零。因此，$\delta\boldsymbol{\Psi}$ 的有效范围主要为终端高度偏差 δh_f 和终端侧向距离偏差 δz_f 的容许范围。

同时，为检验修正弹道是否满足拦截要求，设定终端约束误差值为

$$\Delta\theta_f=(\theta_f^*+\delta\theta_f)-\theta_f \tag{5.113}$$

$$\Delta\psi_{vf}=(\psi_{vf}^*+\delta\psi_{vf})-\psi_{vf} \tag{5.114}$$

$$\Delta x_f=(x_f^*+\delta x_f)-x_f \tag{5.115}$$

$$\Delta h_f=(h_f^*+\delta h_f)-h_f \tag{5.116}$$

$$\Delta z_f=(z_f^*+\delta z_f)-z_f \tag{5.117}$$

$$\Delta l_f=\sqrt{\Delta x_f^2+\Delta h_f^2+\Delta z_f^2} \tag{5.118}$$

其中，Δl_f 为终端距离误差值。

采用蒙特卡洛仿真方法分析邻域最优弹道在线修正算法进行弹道修正的修正能力。设置最大距离容许误差为 1 500 m，最大角度容许误差为 3°。仿真过程中，同时改变终端高度

和偏向约束，其他终端约束不变。分别以原终端高度和偏向为基准，间隔 100 m，偏差 δh_f，δz_f 范围为 ±5 km，仿真结果如图 5－4～图 5－7 所示。

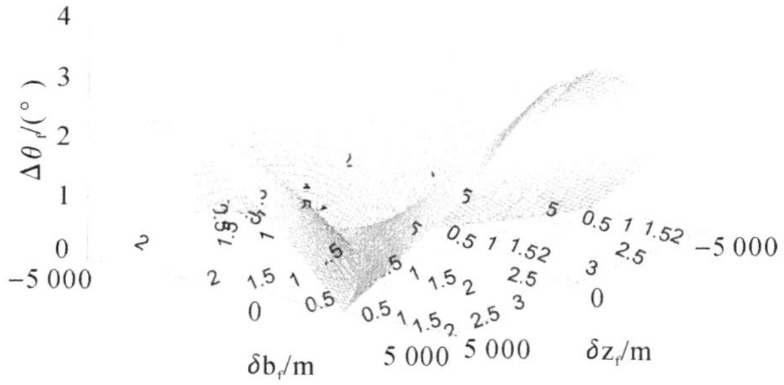

图 5－4 终端弹道倾角误差示意图

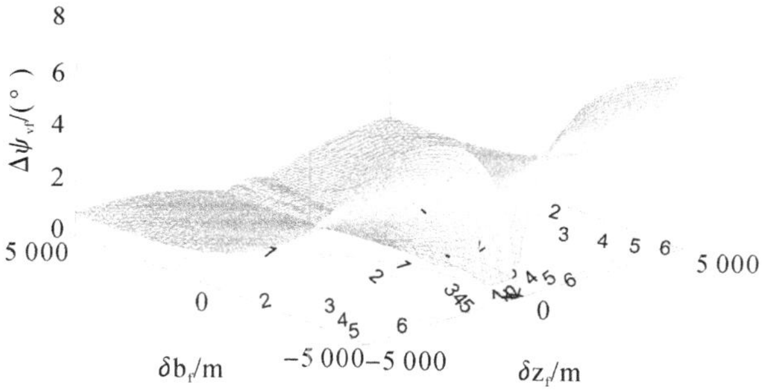

图 5－5 终端弹道偏角误差示意图

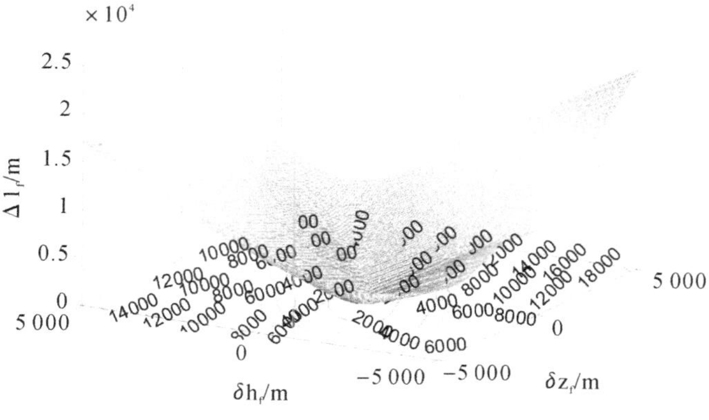

图 5－6　终端距离误差示意图

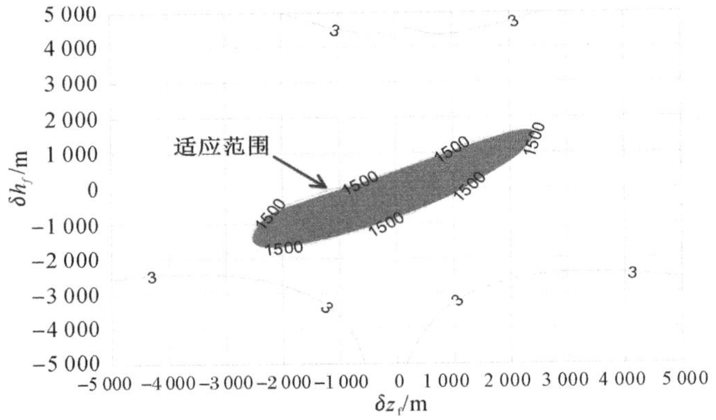

图 5-7 弹道修正适应范围示意图

由图 5-4～图 5-7 可以得出，在考虑终端高度约束和终端偏向约束同时变化的情况下，修正弹道的终端弹道倾角和弹道偏角与变化后的终端约束之间的误差值大部分都在最大容许误差限制内，结合前两种情形分析可得，在一定终端距离变化范围内，采用邻域最优弹道修正算法对终端角度误差值影响很小。由图 5-7 可以得出，在考虑终端高度约束和终端偏向约束同时变化的情况下，修正弹道的距离误差值并不是简单的随着终端高度约束改变量 δh_f 和终端偏向约束改变量 δz_f 的增大而赠大，而是在误差平面图上呈现出一块椭圆范围(如图部分)。这表明在终端高度约束和终端偏向约束同时变化时，δh_f 和 δz_f 对邻域最优弹道修正算法精度的影响不是线性叠加。

综合以上三种情形的仿真实验结果，分析得出有关适应范围结论如下：

(1)邻域最优弹道在线修正算法不是在任何情况下都可以有效解决目标机动引起的终端约束变化问题，其具有一定的适应范围。

(2)终端偏向约束变化对修正弹道的误差影响要比终端高度约束变化的大。

(3)终端偏向约束和终端高度约束同时变化时，二者对修正弹道的误差影响存在函数关系。

5.4 仿真分析

为验证所设计的基于邻域最优控制理论弹道修正算法的有效性，开展以下情形的仿真。仿真中应用第 3 章中 Radau 伪谱法得到的优化结果作为基准最优弹道。

5.4.1 初始条件偏差情况下的弹道修正

从前面分析中可以发现，基于邻域最优控制的弹道修正算法可以在弹道存在初始偏差

δX_0 的情况下根据基准最优弹道信息对偏差弹道进行修正。因此本节重点验证邻域最优弹道修正算法对于初始扰动弹道的修正能力。选取第 3 章 case1 基准最优弹道作为标称值，初始时刻选取为 $t_0=211$ s，即弹道从最高点再入时刻。

情景 5.1：初始位置偏差情况下的弹道修正。

情景 5.1 的设置主要考虑拦截弹再入初始时刻由于外界干扰导致初始再入位置与基准再入状态存在偏差，应用邻域最优控制理论对于偏差弹道进行修正。设置终端约束与基准弹道的终端约束一致，即设置 $d\boldsymbol{\psi}_f=\boldsymbol{0}$。情形一的起始和终端参数设置见表 5-1，应用邻域最优控制得到的弹道修正结果(NOC)如图 5-8 所示，为进一步证明算法的有效性，将 NOC 与无控弹道(Free)以及基准弹道(Nominal)进行对比。

表 5-1　情形 5.1 起始和终端参数

方法	$v/(\mathrm{m\cdot s^{-1}})$		x/km		h/km		$\theta/(°)$	
	t_0	t_f	t_0	t_f	t_0	t_f	t_0	t_f
Nominal	3 000	2 616.1	376.8	901.0	80	25.2	0	0.3
Free	3 000	2 641.1	376.8	903.1	82	23.2	0	−0.3
NOC	3 000	2 616.6	376.8	902.8	82	25.5	0	−0.1

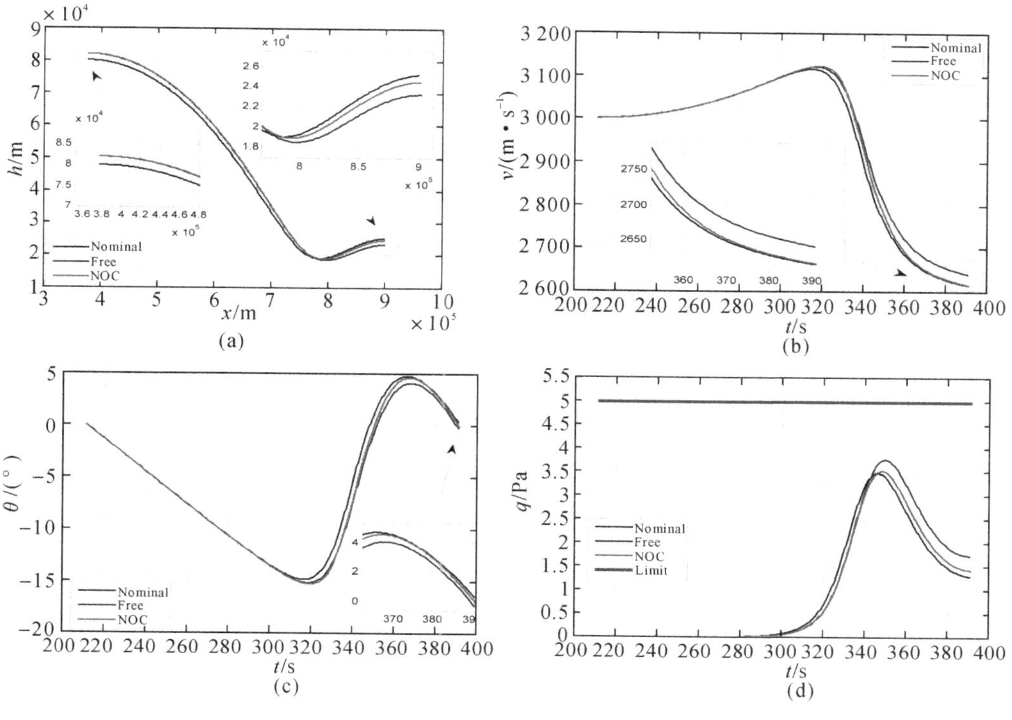

图 5-8　初始位置改变条件下的弹道

(a)弹道曲线；(b)速度曲线；(c)弹道倾角曲线；(d)动压曲线

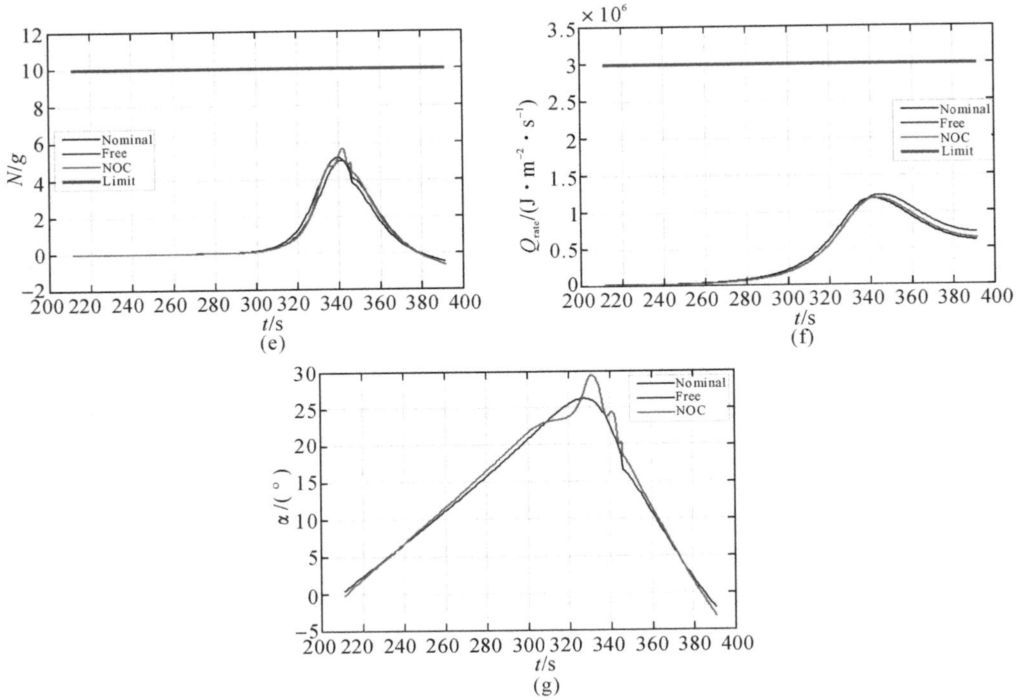

续图 5-8　初始位置改变条件下的弹道

(e)过载曲线;(f)热流密度曲线;(g)控制量曲线

图 5-8(a)给出了初始位置偏差条件下的弹道曲线。从图中可以发现,NOC 弹道和 Free 弹道相比于 Nominal 弹道在初始时刻高度升高了 2 km,经过邻域最优控制算法对偏差弹道的修正,NOC 弹道在终端时刻能够收敛到 Nominal 弹道附近。结合表 5-1 给出的终端参数可知,NOC 终端高度为 25.5 km,x 轴射程为 902.8 km,Free 弹道终端高度为 23.2 km,x 轴射程为 903.1 km,Nominal 弹道终端高度为 25.2 km,x 轴射程为 901.0 km。分析以上数据可知,NOC 方法能够在初始高度存在偏差的情况下对扰动弹道进行修正。图5-8 (b) 给出了初始位置改变条件下的速度变化曲线。从图中可以发现,NOC 得到的速度与 Nominal 速度曲线比较接近,结合表 5-1 可知,NOC 的终端速度为 2 616.6 m/s, Nominal 的终端速度为 2 616.1 m/s,Free 的终端速度为 2 641.1 m/s。NOC 的终端速度与 Nominal 相差较小,从而说明 NOC 能够很好的保持指标函数的最优性。NOC 和 Nominal 的终端速度要低于 Free 的终端速度,这是因为 Free 弹道终端高度较低,将部分势能转化为动能从而提高了速度。图 5-8 (c)给出了初始位置改变条件下的弹道倾角曲线。从图中可以发现,Nominal,Free 与 NOC 的弹道倾角曲线变化比较小。在终端时刻,Nominal 的弹道倾角为 0.3°,Free 的弹道倾角为−0.3 °,NOC 的弹道倾角为−0.1°。图 5-8 (d)～(f) 分别给出了初始位置改变条件下的动压曲线、过载曲线以及热流密度曲线。从图中可以发现,NOC 得到的结果能够满足中间过程约束条件。图 5-8 (g) 给出了初始位

置改变条件下的控制量曲线。由于 Free 为无控弹道，其控制量与 Nominal 弹道控制量相重合。NOC 得到的修正控制量与 Nominal 控制量比较接近。控制量在 330 s 附近发生了一些震荡，但是很快能够镇定收敛至 Nominal 控制量附近，从而证明了 NOC 算法的有效性以及可行性。

情景 5.2：初始角度偏差情况下的弹道修正。

在仿真情景 5.1 中通过对初始时刻的位置设置偏差验证了 NOC 算法对初始偏差的修正能力。在仿真情景 5.2 中，对初始时刻的再入角度进行更改，进而检验在初始时刻由于外界干扰造成的拦截弹再入姿态发生偏差情况下的弹道修正情形。情形二的起始和终端参数设置见表 5-2，仿真结果如图 5-9 所示。

表 5-2　情形二起始和终端参数

方法	$v/(\mathrm{m\cdot s^{-1}})$		x/km		h/km		$\theta/(^\circ)$	
	t_0	t_f	t_0	t_f	t_0	t_f	t_0	t_f
Nominal	3 000	2 616.1	376.8	901.0	80	25.2	0	0.3
Free	3 000	2 521.0	376.8	893.7	80	31.9	−1	2.5
NOC	3 000	2 599.7	376.8	899.3	80	25.7	−1	−0.7

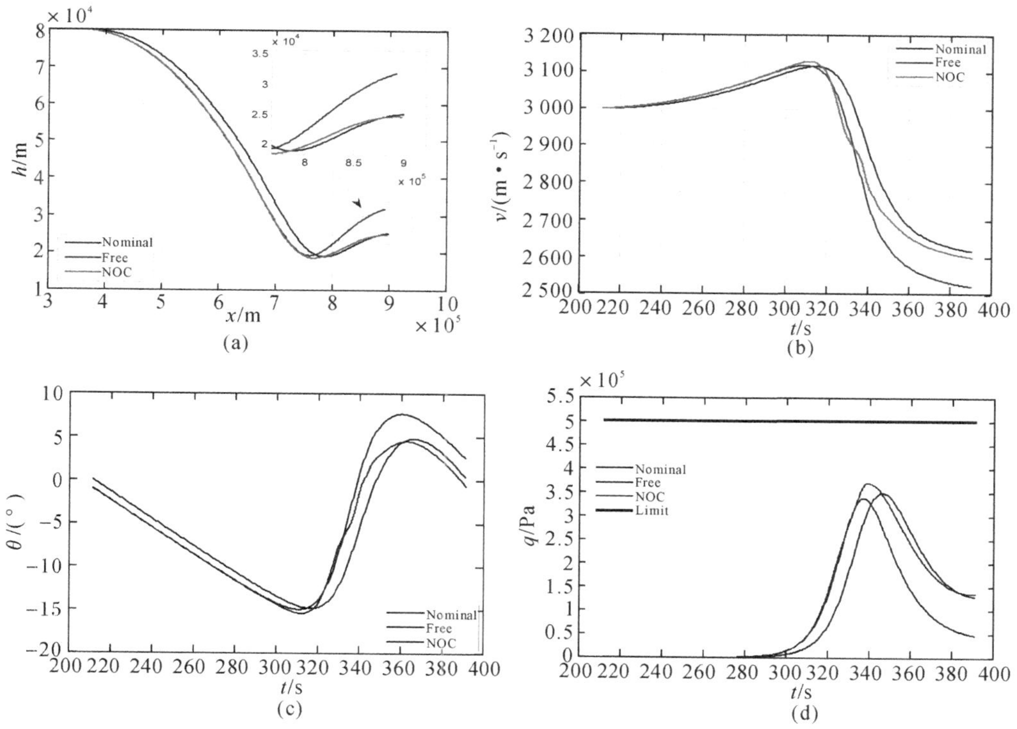

图 5-9　初始角度改变条件下的弹道

(a)弹道曲线；(b)速度曲线；(c)弹道倾角曲线；(d)动压曲线

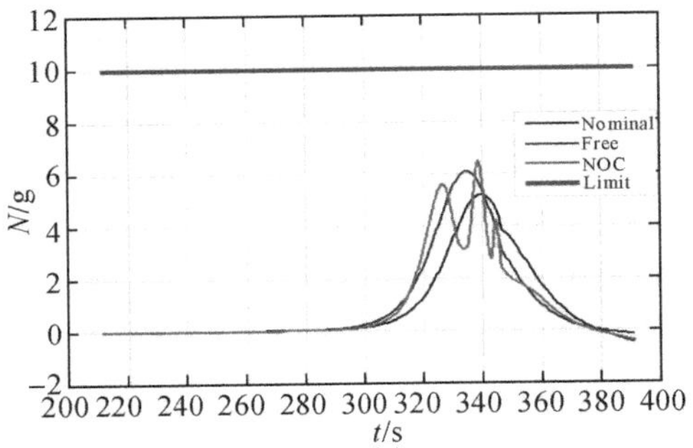

(e)

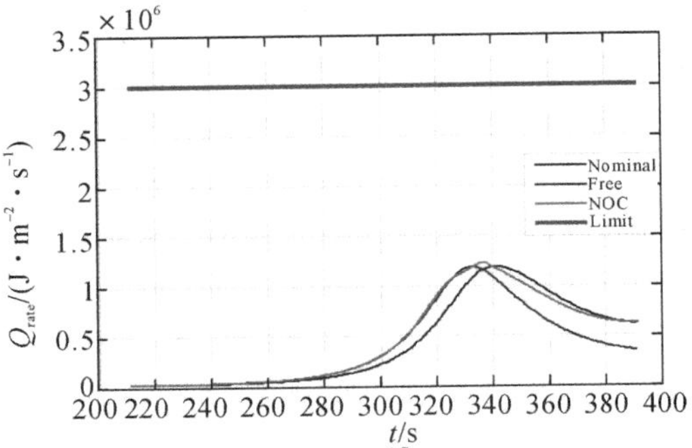

(f)

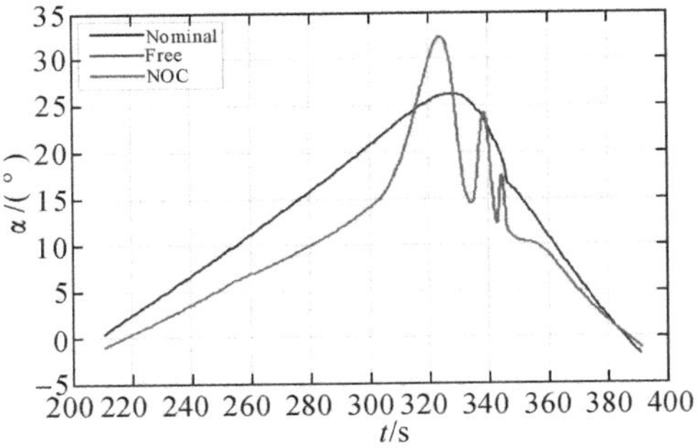

(g)

续图 5-9　初始角度改变条件下的弹道

(e)过载曲线;(f)热流密度曲线;(g)控制量曲线

图 5-9 (a) 给出了初始角度改变条件下的弹道曲线。从图中可以发现,Nominal 弹道,Free 弹道和 NOC 弹道在再入初始时刻的位置保持一致。由于 Free 弹道和 NOC 弹道初始再入角度为−1°,相比于 Nominal 弹道的 0°要小 1°,所以后续弹道与 Nominal 弹道不同。NOC 通过将初始时刻的偏差代入式(5.54)得到最优控制量的修正量进而对偏差弹道进行调整。在图 5-9 (a) 中的小图部分可见,NOC 弹道在终端时刻基本收敛到了 Nominal 弹道附近。结合表 5.2 给出的终端参数,NOC 弹道的终端高度为 25.7 km,x 轴射程为 899.3 km,Free 弹道的终端高度为 31.9 km,x 轴射程为 893.7 km,Nominal 弹道的终端高度为 25.2 km,x 轴射程为 901.0 km。通过参数对比可知,NOC 能够在初始时刻再入角度存在偏差的情况下对扰动弹道进行修正使其最终满足基准弹道的约束条件。图5-9 (b) 给出了初始角度改变条件下的速度曲线。从图中可以看出,在终端时刻 NOC 的速度与 Nominal 速度比较接近,分别为 2 599.7 m/s 和 2 616.1 m/s,二者要优于 Free 速度 2 521.0 m/s。Free 弹道在终端时刻高度较高,从而降低了速度。图 5-9 (c) 给出了初始角度改变条件下的弹道倾角曲线。从图中可以看出,初始时刻 NOC 与 Free 的弹道倾角要小于 Nominal 的弹道倾角,经过邻域最优算法的修正,NOC 的终端弹道倾角基本收敛到了 Nominal 的终端约束附近,分别为−0.7°和 0.3°。而无控状态下 Free 弹道的终端弹道倾角为 2.5°。图 5-9 (d)～(f) 分别给出了初始角度改变条件下的动压曲线、过载曲线以及热流密度曲线。从图中可以发现,NOC 得到的结果能够满足中间过程约束条件。图 5-9 (g)

给出了初始角度改变条件下的控制量曲线。从图中可以发现，邻域最优化算法解算得到的控制量在 Nominal 基准控制量的基础上进行了修正，在 300～350 s 附近发生了一定幅度的振动，但是在终端时刻能够镇定并收敛到基准控制量附近。对比分析图 5-9 (g) 和图 5-8 (g) 可以发现，相比于初始位置改变的情况，初始角度改变条件下拦截弹的控制量变化较大。

情景 5.3：初始位置和角度偏差情况下的弹道修正。

仿真情景 5.1 和仿真情景 5.2 分别验证了初始位置改变和初始角度改变条件下的弹道修正，在仿真情景 5.3 中，设计初始位置和初始角度同时改变，起始和终端参数设置见表 5-3，仿真结果如图 5-10 所示。

表 5-3　情形三起始和终端参数

方法	$v/(\mathrm{m\cdot s^{-1}})$		x/km		h/km		θ/(°)	
	t_0	t_f	t_0	t_f	t_0	t_f	t_0	t_f
Nominal	3 000	2 616.1	376.8	901.0	80	25.2	0	0.3
Free	3 000	2 547.1	376.8	896.0	82	30.0	−1	2.1
NOC	3 000	2 600.2	376.8	900.2	82	25.5	−1	−0.1

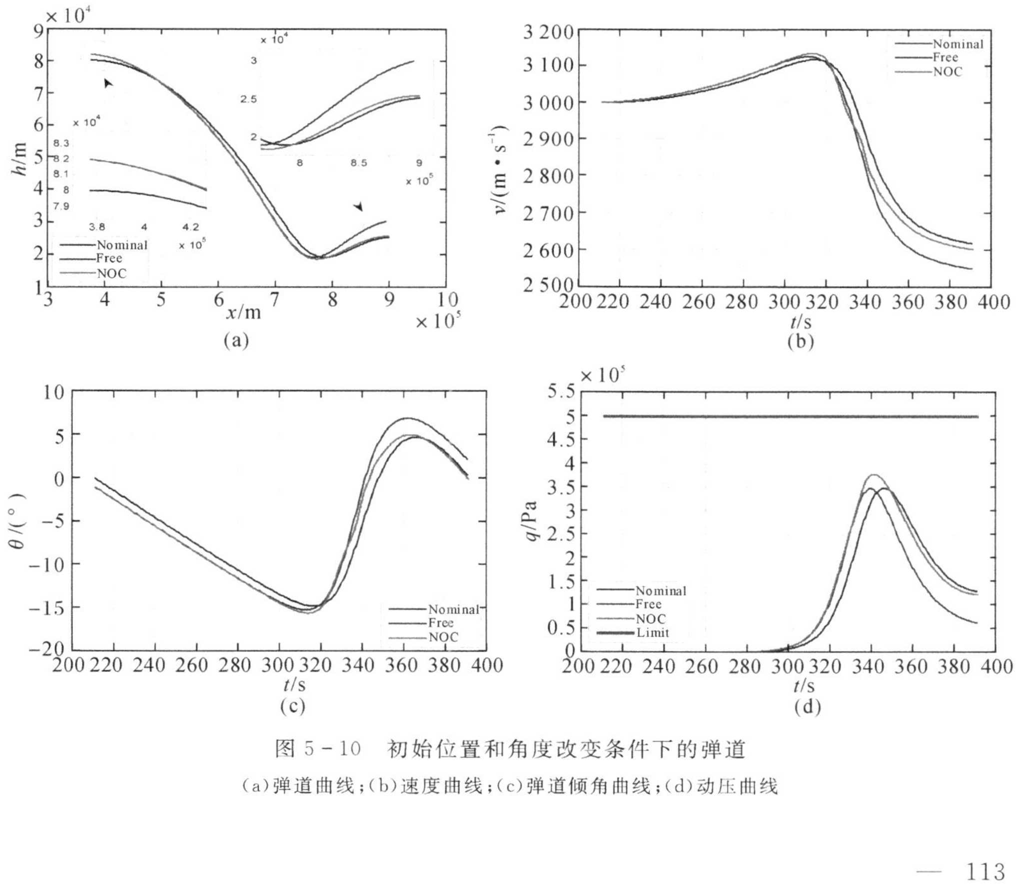

图 5-10　初始位置和角度改变条件下的弹道

(a)弹道曲线；(b)速度曲线；(c)弹道倾角曲线；(d)动压曲线

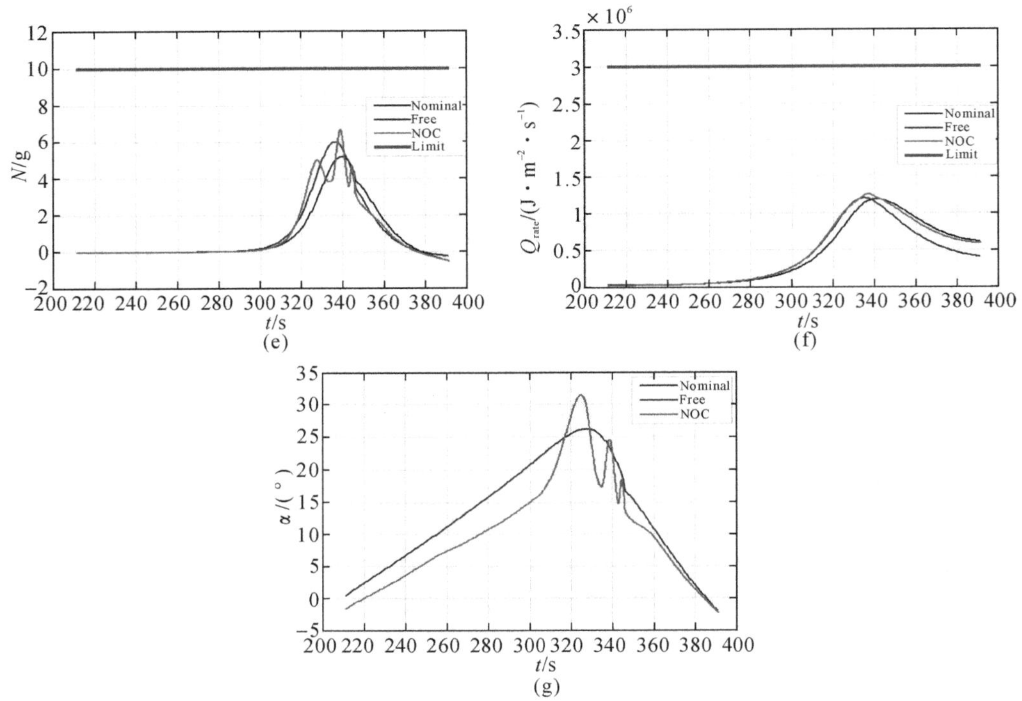

续图 5-10　初始位置和角度改变条件下的弹道

(e)过载曲线；(f)热流密度曲线；(g)控制量曲线

图 5-10 (a) 给出了初始位置和角度改变条件下的弹道曲线。从图中可以发现，在初始时刻 NOC 弹道和 Free 弹道的高度为 82 km，高于 Nominal 弹道高度 80 km。经过邻域最优算法修正，NOC 弹道在终端时刻能够收敛到基准弹道约束条件附近。结合表 5-3 给出的终端参数，NOC 弹道的终端高度为 25.5 km，x 轴射程为 900.2 km，Free 弹道的终端高度为 30.0 km，x 轴射程为 896.0 km，Nominal 弹道的终端高度为 25.2 km，x 轴射程为 901.0 km。图 5-10 (b) 给出了初始位置和角度改变条件下的速度曲线。从图中可以发现，NOC 得到的速度 2 600.2 m/s 要大于 Free 弹道速度 2 547.1 m/s，从而证明了 NOC 算法对于指标函数最优性的保持。从图 5-10 (e) 给出的弹道倾角曲线可以发现，在初始时刻，NOC 与 Free 的弹道倾角要小于 Nominal 的弹道倾角，在终端时刻，NOC 的弹道倾角 $-0.1°$与 Nominal 弹道倾角相接近，而 Free 的弹道倾角 $2.1°$与 Nominal 相差较大。图 5-10 (d)～(f) 分别给出了初始位置和角度改变条件下的动压曲线、过载曲线以及热流密度曲线。从图中可以发现，NOC 和 Free 得到的结果都能够满足过程约束条件。从图 5-10 (g) 给出的控制量变化曲线可以发现，NOC 得到的控制量在 Nominal 控制量的基础上进行了修正，同时对比图 5-9 (g) 和图 5-8(g) 可以发现，图 5-10 (g) 与图 5-9(g) 比较接近，并且控制量的修正幅度要大于图 5-8 (g) 中控制量。所以可以得出结论，相比于初始位置的改变而言，中制导段弹道对于初始角度的改变要更加敏感而且修正更加困难。

5.4.2　终端条件改变情况下的弹道修正

相比于初始条件偏差的弹道修正，终端约束条件下的弹道修正对于拦截作战而言更加具有现实意义。面对高动态目标，目标的飞行轨迹以及飞行状态很难精确获取。在传统作战过程中广泛应用的预测命中点的解算非常困难。在拦截弹发射时刻，只能依靠非精确目标状态对预测命中点进行预估，根据预估参数生成基准弹道。随后在弹目交会过程中，如果目标机动较小，预测命中点变化不大，那么拦截弹可以依靠基准弹道顺利完成中制导以及中末制导交接班，在末制导段成功拦截目标。如果目标机动较大，那么预测命中点也会相应发生变化，拦截弹需要针对修正后的预测命中点状态在中制导段进行修正，尽量减小中末制导交接班的难度以及末制导段主动寻的难度。本节仿真的目的是验证在由于预测命中点变化而引起的终端约束条件改变情况下应用邻域最优算法进行弹道修正的效果，选取第 4 章中 Radau 伪谱法优化得到的 case2 中基准最优弹道作为标称弹道。

情景 5.4：终端位置调整情况下的弹道修正。

情景 5.4 的设置主要是为了检验在预测命中点发生变化条件下的弹道修正能力。作战想定为，在拦截弹再入之前，按照基准弹道飞行，预测命中点坐标为(950，25，48.2)km。由于目标的机动，在拦截弹再入时刻对预测命中点坐标进行更新，调整为(950，20，53.2)km，即在高度方向降低 5 km，在 z 轴射程方向增加 5 km。基准弹道的初始条件以及终端约束设置见表 5－4。为了进一步证明 NOC 算法的有效性，将 NOC 得到的结果与应用 Radau 伪谱法(RPM)重新优化计算所得到的结果进行对比，仿真效果如图 5－11 所示。

表 5－4　基准弹道起始和终端参数

	z/km	h/km	x/km	v/(m·s^{-1})	θ/(°)	t/(°)	t/s
起始时刻	18.2	80	376.8	3 000	0	3	210.9
终端时刻	48.2	25.1	948.6	max	0	3	409.9

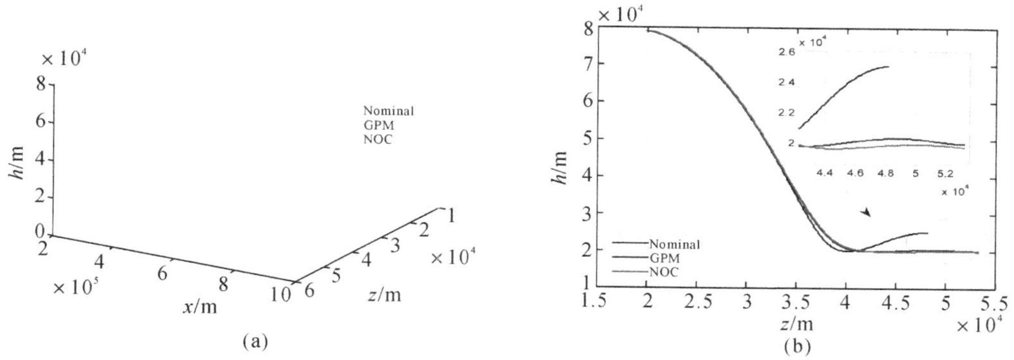

图 5.11　终端位置改变条件下的弹道修正

(a)三维弹道曲线；(b)$z-h$ 平面曲线

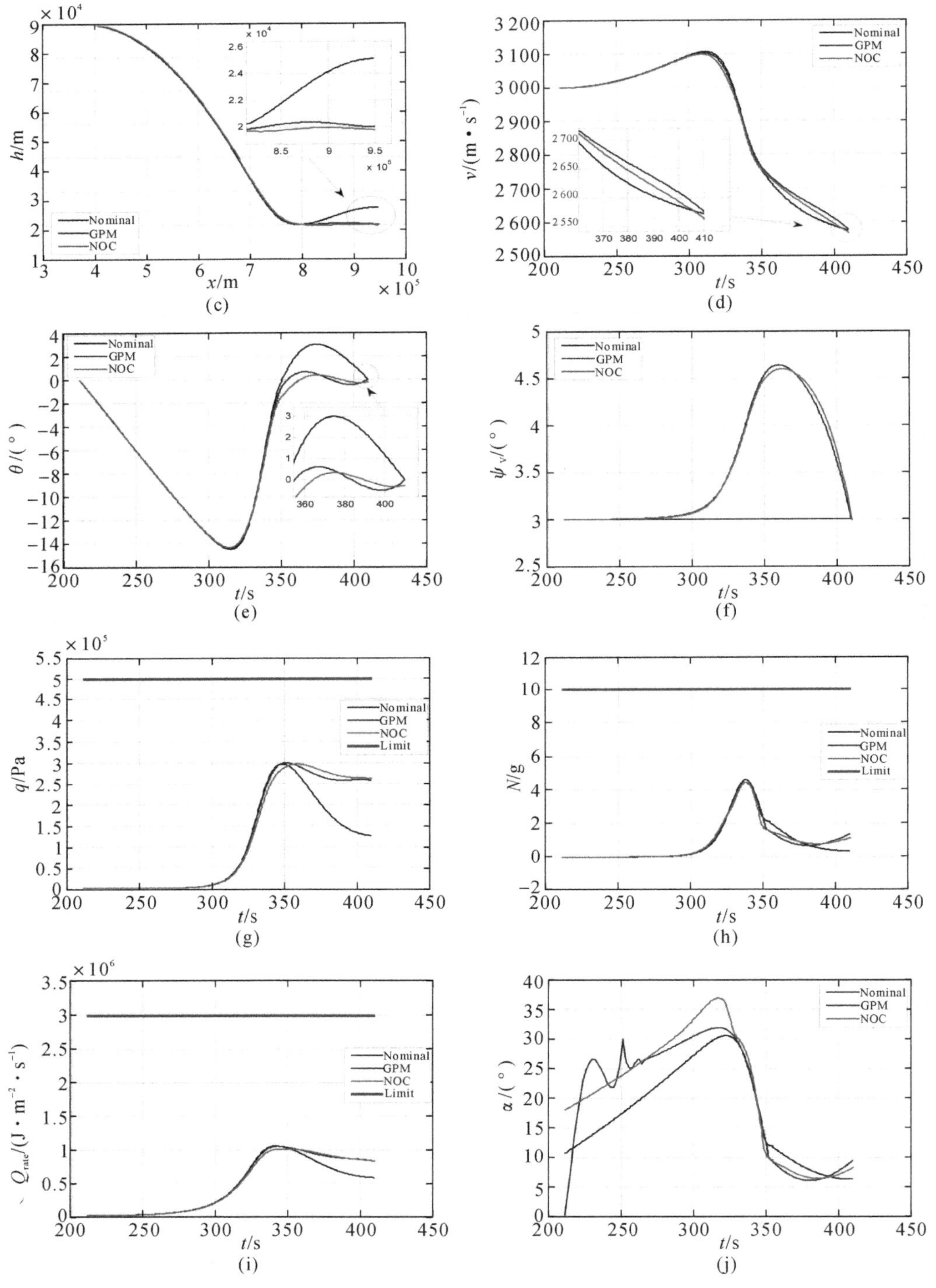

续图 5-11　终端位置改变条件下的弹道修正

(c) $x\ h$ 平面曲线；(d)速度曲线；(e)弹道倾角曲线；(f)弹道偏角曲线；

(g)动压曲线；(h)过载曲线；(i)热流密度曲线；(j)攻角曲线

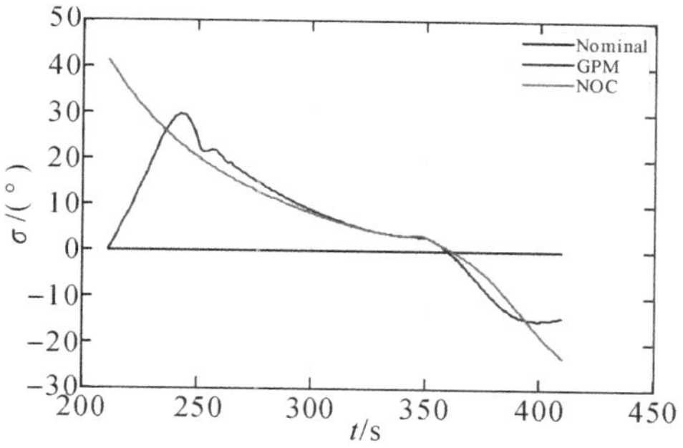

(k)

续图 5.11　终端位置改变条件下的弹道修正

(k)倾侧角曲线

图 5 - 11 (a)～(c) 分别给出了终端位置调整条件下的三维弹道曲线，$z-h$ 分平面曲线以及 $x-h$ 分平面曲线。从图中可以发现，NOC 和 GPM 得到的修正弹道比较平滑，都能够很好地满足修正后的预测命中点约束条件。结合表 5 - 5 可知，NOC 得到的终端高度为 19.8 km，x 轴射程为 949.7 km，z 轴射程为 53.2 km，RPM 得到的终端高度为 20 km，x 轴射程为 950 km，z 轴射程为 53.2 km，基本实现了修正后的预测命中点(950,20,53.2)km 的约束。图 5 - 11 (d) 给出了终端位置改变条件下的速度曲线。从图中可以发现，Nominal，RPM 和 NOC 得到的终端速度相差不大，分别为 2 571.4 m/s，2 575.3 m/s 和 2 562.1 m/s，从而证明了 NOC 算法能够确保性能指标的最优性。图 5 - 11 (e)～(f) 分别给出了终端位置改变条件下的弹道倾角曲线以及弹道偏角曲线。从图中可以发现，NOC 和 RPM 都能够调整拦截弹状态到终端约束附近，并且二者变化趋势相似，从而证明了 NOC 弹道在一定程度上也属于优化弹道，其优化结果具有与 RPM 方法相近的精度。图 5 - 11 (g)～(i) 分别给出了终端位置改变条件下的动压曲线、过载曲线以及热流密度曲线。从图中可以发现，NOC 与 RPM 解算得到的结果都能够满足中间过程约束条件，从而确保了拦截弹再入飞行的安全性。图 5 - 11 (j)～(k) 分别给出了终端位置改变条件下的攻角以及倾侧角控制量曲线。从图中可以发现，NOC 解算得到的控制量曲线与 Nominal 控制量曲线变化趋势比较相近。这是因为 NOC 通过在 Nominal 控制量的基础上增加补偿量 $\delta \boldsymbol{u}$，避免了像 RPM 一样再次大范围寻优，所以得到的控制量曲线比较平滑。从表 5 - 5 给出的 NOC 和 RPM 解算耗时可以发现，NOC 的解算时间为 0.06 s，RPM 的寻优时间为 0.20 s，NOC 的解算效率比 RPM 提高将近 2 倍，而解算精度相当，从而证明了 NOC 算法的高效性以及在线修正的适用性。

表 5 - 5　情景 5.4GPM 和 NOC 修正弹道终端状态参数对比

	z/km	h/km	x/km	v/(m·s^{-1})	θ/(°)	ψ/(°)	t/s
GPM	53.2	20	950	2 575.3	0	3	0.20
NOC	53.2	19.8	949.7	2 562.1	−0.2	2.9	0.06

情景 5.5:终端角度调整情况下的弹道修正。

为了增强拦截弹的定向杀伤性能,对于拦截弹终端打击角度往往增加一定的约束条件。情景 5.5 的设置主要为了检验在预测命中点位置为(950,25,48.2)km 保持不变的条件下,对于终端时刻的拦截弹弹道倾角以及弹道偏角进行修正,设置弹道倾角由基准条件的 0°调整为 4°,弹道偏角由 3°调整为 0°。修正弹道分别利用 NOC 算法和 RPM 算法进行解算,结果如图 5-12 所示。两种算法的终端参数对比见表 5-6。

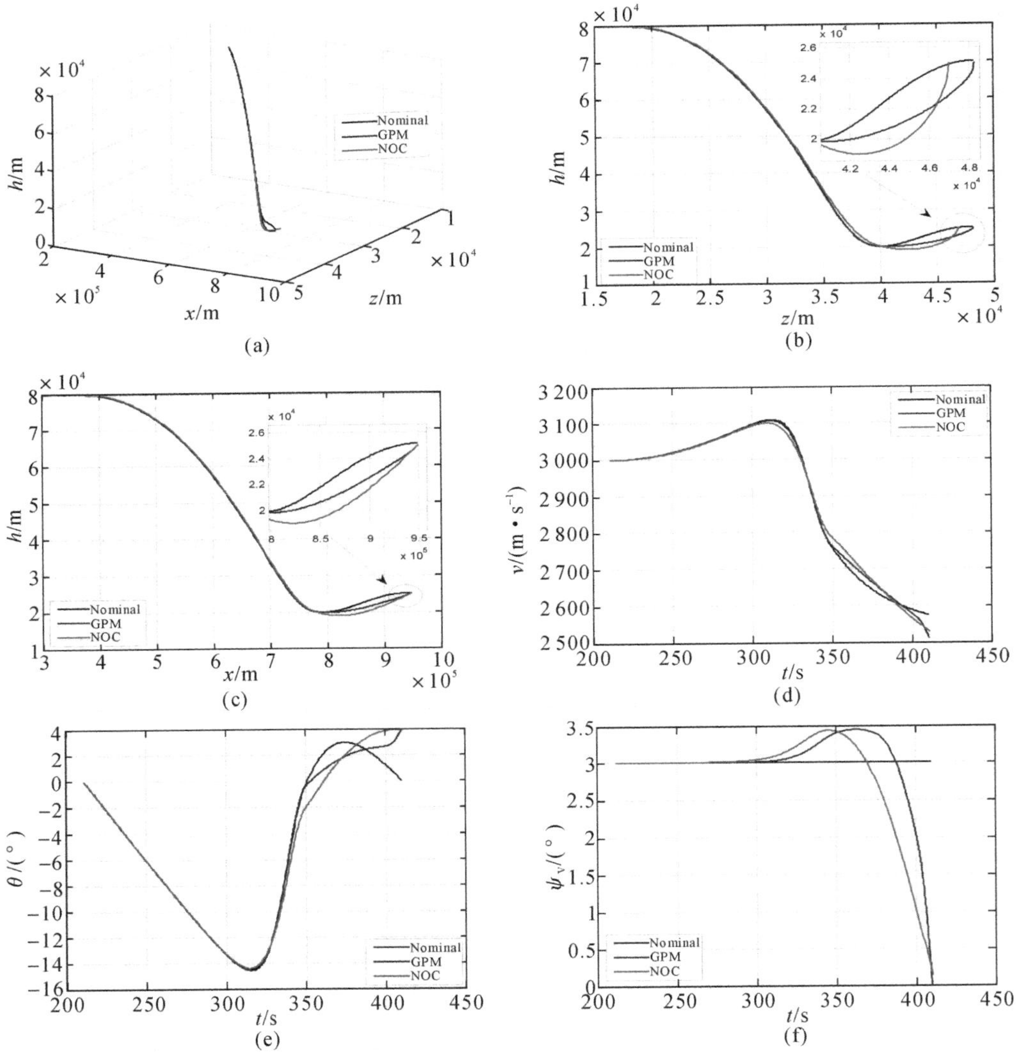

图 5-12 终端角度改变条件下的弹道修正

(a)三维弹道曲线;(b)$z-h$ 平面曲线;(c)$x-h$ 平面曲线;(d)速度曲线;(e)弹道倾角曲线;(f)弹道偏角曲线

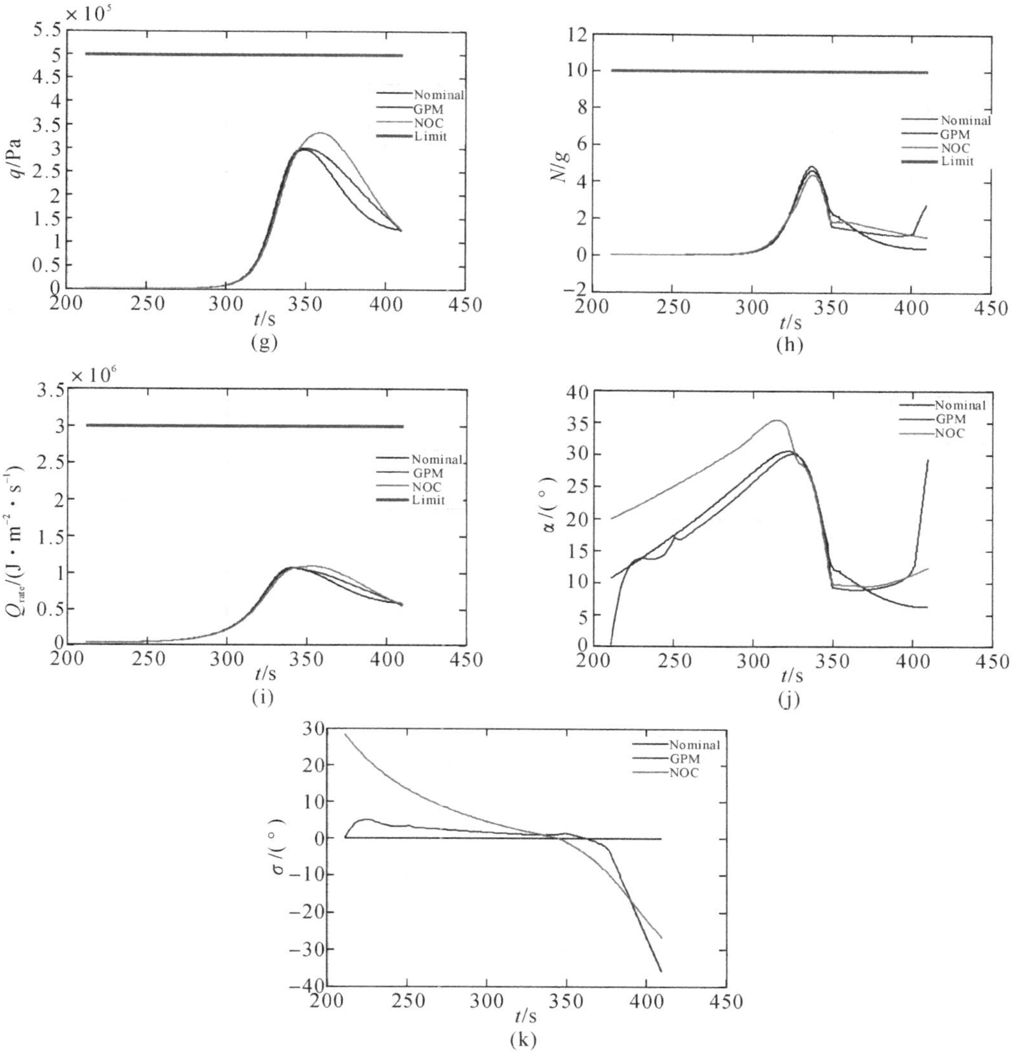

续图 5-12　终端角度改变条件下的弹道修正

(g)动压曲线；(h)过载曲线；(i)热流密度曲线；(j)攻角曲线；(k)倾侧角曲线

表 5-6　情影 5.5RPM 和 NOC 修正弹道终端状态参数对比

	z/km	h/km	x/km	v/(m·s^{-1})	θ/(°)	ψ/(°)	t/s
RPM	48.2	25	950	2 507.0	4	0	0.25
NOC	46.9	25	950.1	2 526.1	3.9	0.1	0.06

图 5-12 (a)～(c) 分别给出了终端角度调整条件下的三维弹道曲线、$z-h$ 平面曲线以及 $x-h$ 平面曲线。从图中可以发现，NOC 弹道和 RPM 弹道曲线比较平滑。结合表 5-6 给出的终端状态参数可以发现，NOC 得到的终端高度为 25 km，x 轴射程为 950.1 km，z 轴

射程为 46.9 km，RPM 得到的终端高度为 25 km，x 轴射程为 950 km，z 轴射程为 48.2 km，基本满足了预测命中点(950,25,48.2)km 的约束。图 5－12 (d) 给出了终端角度调整条件下的速度曲线。从图中可以发现，由于终端角度发生变化，NOC 与 RPM 解算得到的终端速度相比于 Nominal 终端速度有了一定程度的下降，分别为 2 526.1 m/s 和 2 507.0 m/s，并且 NOC 的速度要大于 RPM 速度，证明了 NOC 算法对于性能指标最优性的保持。图 5－12 (e)～(f) 分别给出了终端角度调整条件下的弹道倾角曲线以及弹道偏角曲线。从图中可以发现，NOC 弹道与 RPM 弹道都能够满足修正后的终端弹道倾角以及弹道偏角的约束条件限制。二者得到的终端角度分别为 3.9°，0.1°和 4°，0°。图 5－12 (g)～(i) 分别给出了终端角度调整条件下的动压曲线、过载曲线以及热流密度曲线。可知两种算法得到的修正弹道都能够满足中间过程约束条件。从图 5－12 (j)～(k) 给出的攻角曲线以及倾侧角曲线可知，NOC 与 RPM 得到的控制量都比较平滑，易于弹上的实现。从表 5.6 给出的 NOC 和 RPM 耗时参数可知，NOC 解算耗时 0.06 s，而 RPM 解算耗时为 0.25 s，NOC 相比于 RPM 解算效率有较大的提高。

情景 5.6：终端位置和角度同时调整情况下的弹道修正。

为了进一步检验 NOC 对于弹道的最优修正能力，在仿真情景 5.6 中设置终端时刻的位置和角度同时改变，设计预测命中点由基准状态下的(950,25,48.2)km 调整为(950,30,46.2)km，终端的弹道倾角和弹道偏角由基准状态的 0°，3°修正为 2°，1°。将 NOC 解算得到的弹道与 RPM 解算弹道进行对比，仿真结果如图 5－13 所示，二者的终端参数对比见表 5－7。

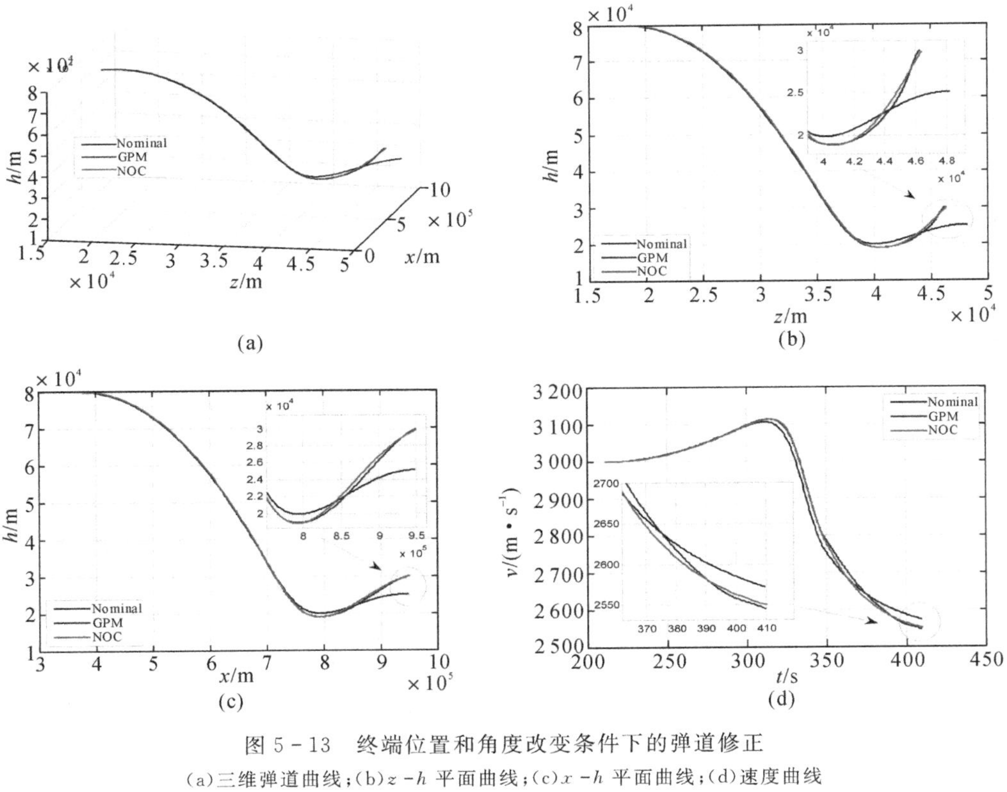

图 5－13 终端位置和角度改变条件下的弹道修正

(a)三维弹道曲线；(b)$z-h$ 平面曲线；(c)$x-h$ 平面曲线；(d)速度曲线

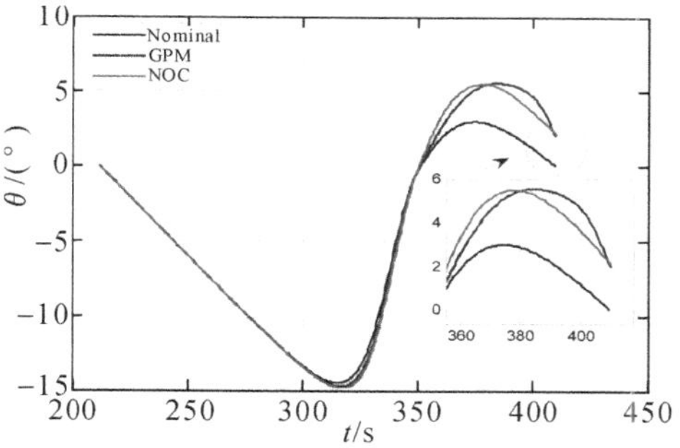

(e)

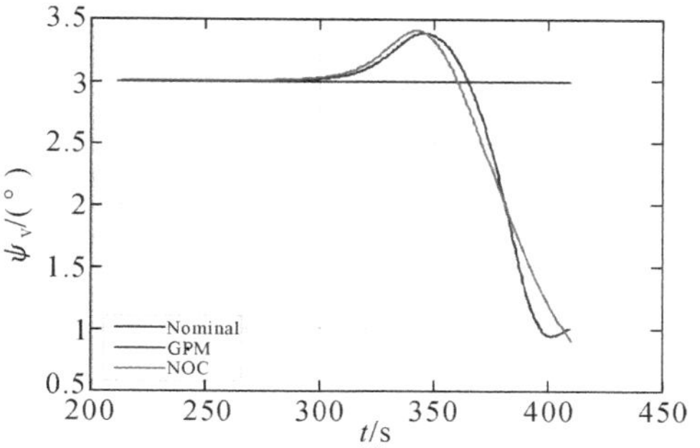

(f)

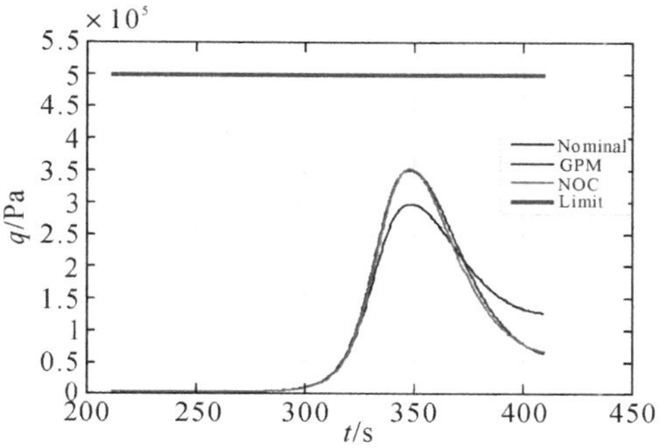

(g)

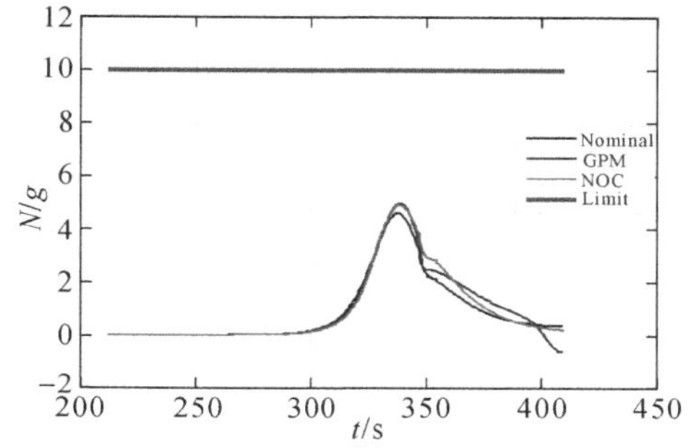

(h)

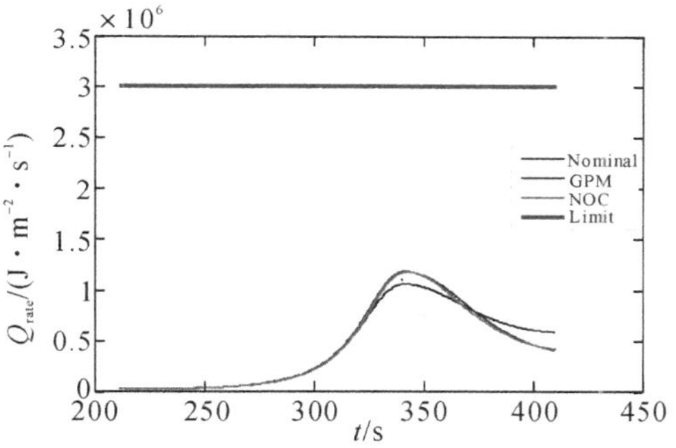

(i)

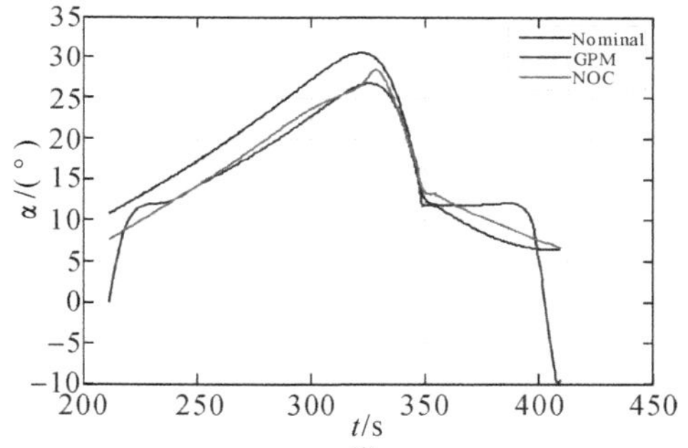

(j)

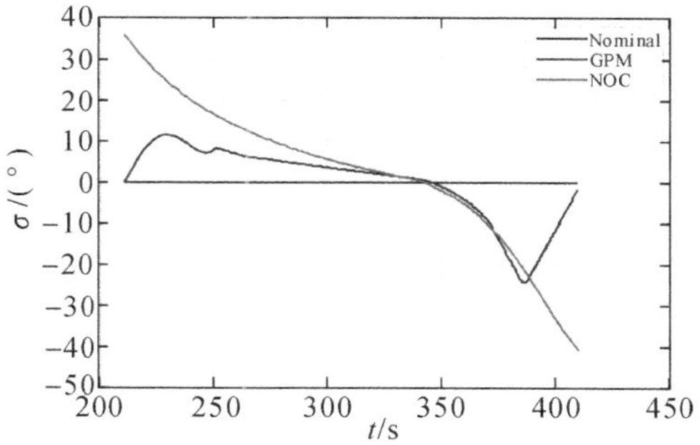

(k)

续图 5－13　终端位置和角度改变条件下的弹道修正

(e)弹道倾角曲线；(f)弹道偏角曲线；(g)动压曲线；

(h)过载曲线；(i)热流密度曲线；(j)攻角曲线；(k)倾侧角曲线

表 5.7 情景 5.6RPM 和 NOC 修正弹道终端状态参数对比

	z/km	h/km	x/km	v/(m·s^{-1})	θ/(°)	ψ/(°)	t/s
RPM	46.2	30	950	2 545.5	2	1	0.42
NOC	46.3	29.8	949.6	2 549.7	2.1	0.8	0.07

图 5－13 (a)～(c) 分别给出了终端位置和角度调整条件下的三维弹道曲线、$z-h$ 平面曲线以及 $x-h$ 平面曲线。从图中可以发现，NOC 弹道和 RPM 弹道曲线比较平滑。结合表 5－7 给出的终端状态参数可知，NOC 得到的终端高度为 29.8 km，x 轴射程为 949.6 km，z 轴射程为 46.3 km，RPM 得到的终端高度为 30 km，x 轴射程为 950 km，z 轴射程为 46.2 km，基本实现了修正后的预测命中点(950，25，46.2)km 的约束。图 5－13 (d) 给出了终端位置和角度调整条件下的速度曲线。从图中可以发现，由于终端高度的升高，NOC 和 RPM 得到的终端速度要小于 Nominal 弹道速度，分别为 2 545.5 m/s 和 2 549.7 m/s，并且二者相差非常小，从而证明了 NOC 算法的最优化特性。图 5－13 (e)～(f) 分别给出了终端位置和角度调整条件下的弹道倾角和弹道偏角曲线。从图中可以发现，NOC 和 RPM 得到的弹道倾角和弹道偏角的变化趋势基本相似，并且二者得到的拦截弹运动姿态都能够满足修正后的弹道倾角和弹道偏角约束条件，分别为 2.1°，0.8°和 2°，1°。图 5－13 (g)～(i) 分别给出了终端位置和角度调整条件下的动压曲线、过载曲线和热流密度曲线。从中可以发现，NOC 和 RPM 得到的结果都能够满足中间过程约束条件。图 5－13 (j)～(k) 分别给出了终端位置和角度调整条件下的攻角曲线和倾侧角曲线。从图中可以发现，NOC 解算得到的控制量与 Nominal 控制量之间变化较小，而 RPM 得到的控制量是在允许范围内通过再次寻优而得，与 Nominal 控制量之间有一定的差异。由于终端预测命中点以及拦截弹弹道角度约束条件调整较小，所以 NOC 得到的修正结果能够满足弹道调整精度。NOC 消耗时间为 0.07 s，RPM 消耗时间为 0.42 s，可知 NOC 相比与 RPM 的解算效率更高，非常适合于在线修正计算。

情景 5.7：终端条件多次调整情况下的弹道修正。

在实际作战过程中，对于终端预测命中点的修正应该是一个连续的过程。随着拦截弹和目标的交会，可能会发生对预测命中点的多次修正，从而要求拦截弹在实际作战过程中具备多次弹道修偏能力。为检验 NOC 算法对于弹道的多次修正性能，在此设置仿真情景 5.7。具体的作战想定为：在拦截弹再入初始时刻对于终端预测命中点进行修正，由基准弹道的(950，25，48.2)km 调整为(950，30，48.2)km，即终端高度升高 5 km，终端弹道倾角以及弹道偏角约束状态保持不变。在拦截弹与目标飞行至 310 s 时进行第二次修正，预测命中点由(950，30，48.2)km 调整为(950，20，48.2)km，即终端高度降低 10 km，同样保持终端弹道倾角与弹道偏角不变。将 NOC 解算得到的修正弹道与 RPM 弹道进行对比，仿真结果如图 5－14 所示，终端参数对比见表 5－8。

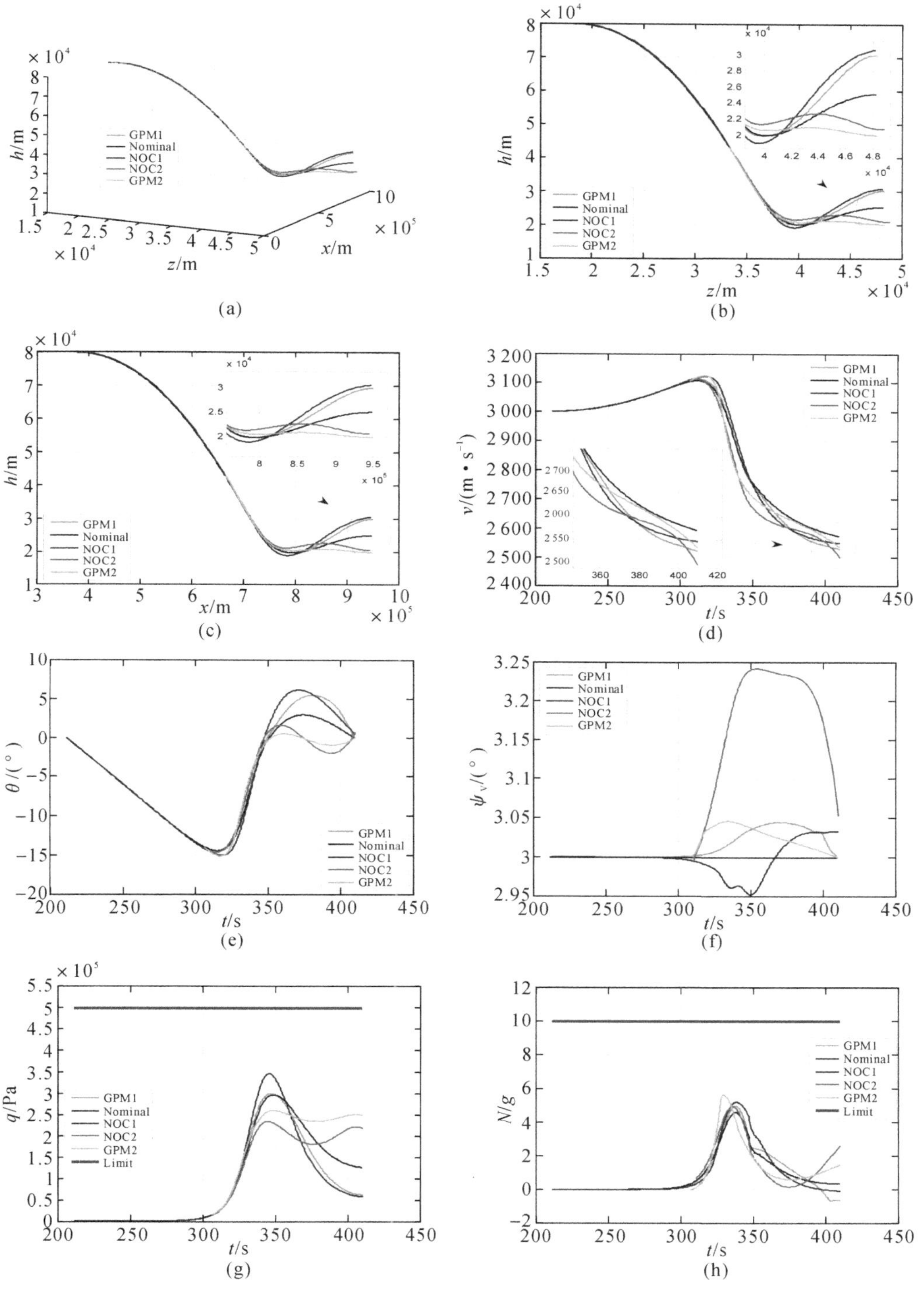

图 5-14　终端约束多次调整条件下的弹道修正

(a)三维弹道曲线；(b)z-h 平面曲线；(c)x-h 平面曲线；(d)速度曲线；

(e)弹道倾角曲线；(f)弹道偏角曲线；(g)动压曲线；(h)过载曲线

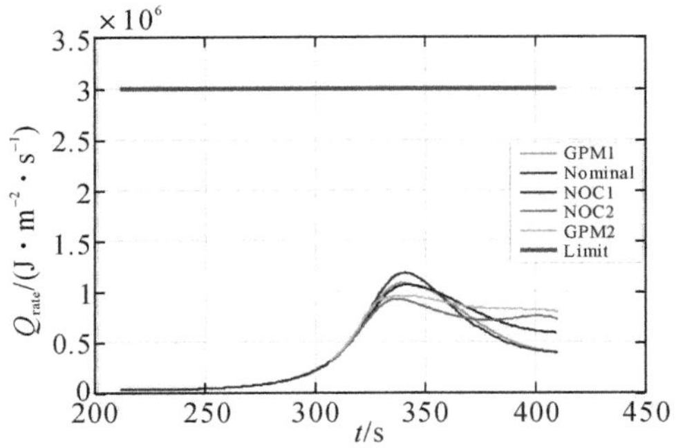

(i)

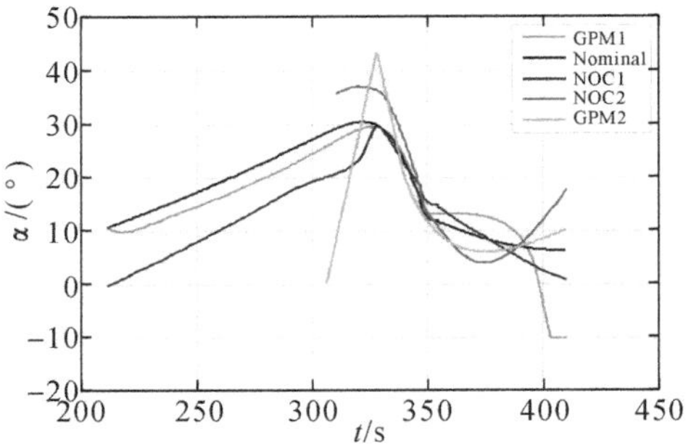

(j)

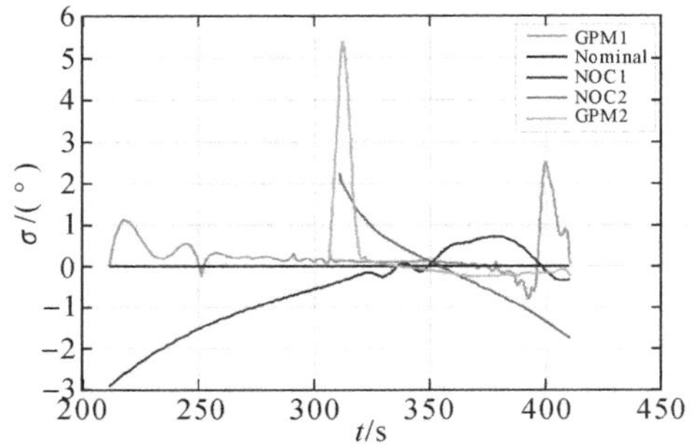

(k)

续图 5-14　终端约束多次调整条件下的弹道修正

(i)热流密度曲线；(j)攻角曲线；(k)倾侧角曲线

表 5-8　情景 5.7RPM 和 NOC 修正弹道终端状态参数对比

	z/km		h/km	x/km	v/(m·s^{-1})	θ/(°)	ψ/(°)	t/s
一次修正	RPM	48.2	30	950	2 528.1	0	3	0.23
	NOC	48.1	30.6	948.0	2 548.2	0.4	3	0.06
二次修正	RPM	48.2	20	950	2 535.2	0	3	0.20
	NOC	48.8	20.7	945.4	2 496.8	0.7	3	0.04

图 5-14 (a)～(c) 分别给出了终端约束多次调整条件下的三维弹道曲线、$z-h$ 平面曲线以及 $x-h$ 平面曲线。从图中可以发现，NOC 和 RPM 得到的修正弹道都能满足终端预测命中点的位置约束条件。在第一次修正中，二者得到的终端高度分别为 30.6 km 和 30 km。在 310 s 发生第二次修正后，NOC 通过邻域最优控制算法解算控制量的补偿量。注意到此时第二次弹道修正的初始状态与 Nominal 弹道相比已经发生了改变，所以在式(5.54)中将 $\delta\boldsymbol{X}_0$ 和 $\mathrm{d}\boldsymbol{\psi}_f$ 代入解算得到 $\delta\boldsymbol{u}$。而 RPM 方法则利用此时的初始状态与修正后的终端预测命中点约束为边界条件构造两点边值问题，对控制量重新寻优求解。NOC 和 RPM 得到的第二次终端高度分别为 20.7 km 和 20 km，基本满足了第二次预测命中点约束。图 5-

14 (d) 给出了终端约束多次调整条件下速度曲线。从图中可以发现，多次弹道修正造成拦截弹的终端速度减小，第一次修正后 NOC 和 RPM 的终端速度分别为 2 528.1 m/s 和 2 548.2 m/s，第二次修正后二者的终端速度分别为 2 535.2 m/s 和 2 498.8 m/s，低于 Nominal 的终端速度 2 571.4 m/s。图 5-14 (e)～(f) 分别给出了终端约束多次调整条件下弹道倾角曲线和弹道偏角曲线。从图中可以发现，NOC 和 RPM 得到的修正弹道基本能够保持 Nominal 终端弹道倾角以及弹道偏角状态不变，从而证明 NOC 算法可以确保在终端位置多次调整的同时维持终端角度与基准状态一致。另外从图中弹道偏角的变化曲线可以发现，虽然在两次弹道修正过程中对于弹道偏角未进行调整，但是 NOC 和 RPM 得到的弹道偏角曲线都发生了较小的变化，并且在第二次弹道修正过程中，NOC 的弹道偏角偏离 Nominal 的 3°约束最大达到了近 0.25°。这主要是因为拦截弹的纵向运动与横向运动有一定的耦合，在纵向位置调整的过程中对于横向运动也会产生一定的影响。从图中可以发现，NOC 和 RPM 都能够在弹道偏角发生偏差的情况下进行主动调整，使之最终收敛到终端约束状态附近，从而验证了 NOC 算法的三维弹道修偏能力。图 5-14 (g)～(i) 分别给出了终端约束多次调整条件下的动压曲线、过载曲线以及热流密度曲线。从图中可以发现，两次弹道修正过程中都能够满足中间过程约束条件。从图 5-14 (j)～(k) 分别给出的攻角曲线和倾侧角曲线可以发现，NOC 算法解算得到的控制量曲线相对更加平滑。这主要得益于在原来控制量的基础上增加补偿量，避免了再次寻优可能造成的控制量的非连续性。从表 5-8 给出的终端状态参数对比中可以发现，NOC 解算消耗的时间始终小于 RPM 消耗时间。在第一次修正中 NOC 和 RPM 耗时分别为 0.06 s 和 0.23 s，在第二次修正中耗时分别为 0.04 s 和 0.20 s。从而说明了 NOC 方法具有较高的解算效率，相比于 RPM 更加有利于在线的弹道修正。

第6章　面向动态交接班的中制导弹道在线生成

6.1　中制导弹道在线生成概述

能否顺利进行中末制导交班是拦截弹最终成功拦截目标的前提。拦截弹导引头对目标的截获概率与制导精度、目标探测精度、导引头探测特性和目标运动特性等密切相关。对于防御惯性飞行的弹道导弹弹头，拦截弹在中制导末期通过将姿态转入到预设姿态角，保证导引头同时满足弹目距离小于导引头最大探测距离和导引头光轴与弹目视线的夹角小于导引头最大视场角，最终满足导引头截获条件。与弹道导弹防御不同，临近空间高动态目标在超高声速飞行条件下的可持续随机小过载运动特性使得其预测轨迹存在大范围不确定性，给拦截弹导引头截获目标带来巨大挑战。目标跟踪量测噪声、目标博弈性机动和多源探测跟踪传感设备的数据融合误差等因素的影响，防御方所获得的目标信息已不再是一个具有连续轨迹的动点，而是转变为一个以概率密度函数描述的目标动态区域。

拦截弹导引头视场在中末制导交接班时刻对目标动态概率存在区域的覆盖范围，决定了导引头对目标的截获概率。然而，拦截弹导引头视场覆盖能力和搜索速度往往有限；因此，在中制导末期拦截弹处在理想的位置和保持合适的导引头指向对缩短搜索定位时间以及成功捕获目标至关重要，这就对拦截弹进入中制导末端的状态提出了较高的要求。特别是随着技术的发展，目标机动性越来越强，比较典型的如临近空间高动态目标的可持续不确定机动特性为其带来了大范围机动能力，对这种状态约束的要求越来越高，这就需要拦截弹具有弹道在线生成能力，能够实时的调整中制导拦截弹道。随着弹载计算性能的大幅提高，在线轨迹规划技术受到了越来越多的关注，这种技术可以根据拦截弹当前的状态和目标预测信息在线生成实时弹道，通过不间断地更新目标预测信息，及时对拦截弹的弹道进行在线调整，为交接班时刻导引头开机截获目标创造有利条件。典型的中制导段在线弹道生成与动态交接班过程如图6-1所示。

最优弹道的在线生成一直是弹道设计领域所追求的目标。Fumiaki Imado等人研究利用最优控制理论解决最优弹道问题，可以很好地满足对弹道的各种要求，但是实时性太差，难以在线运行；Lin C. F. 以各种复杂关系的简化为基础，研究了一种弹道成型制导律，其本质也是在线生成最优弹道，但是这种方法近似太多，形成的弹道也丧失了其自身的最优性。

Song E. J. 采用神经网络方法研究了中制导弹道的逼近和在线生成问题，并将其扩展到中末制导交接班，取得了丰富的成果，但是，其对训练数据结构选择的原理以及其背后的理论依据缺乏分析。模型预测静态规划（Model Predictive Static Programming，MPSP）是 2009 年 Padhi 基于模型预测控制和近似动态规划理论，提出的一种高效的计算技术，可以用来解决终端约束限制下的有限时间开环最优控制问题。MPSP 通过引入一个静态拉格朗日算子将最优控制问题转换为一个静态优化问题，直接得出解析的关于终端误差的控制量偏差，不存在数值优化的过程，这一特点使得 MPSP 算法具有较高的计算效率，具备在线应用潜力。基于此，本章研究面向动态交接班的中制导弹道在线生成，主要分为两个方面。首先，利用交互多模型算法对目标状态进行实时的跟踪，以当前滤波结果为基础，对中末制导交接班时刻目标位置进行预测，得到目标高概率存在区域，动态构建交接班窗口；其次，基于模型预测静态规划理论设计面向交接班捕获窗口的拦截弹中制导次优弹道生成算法，并通过仿真分析验证算法的有效性和实时性，实现拦截弹弹道在线调整。

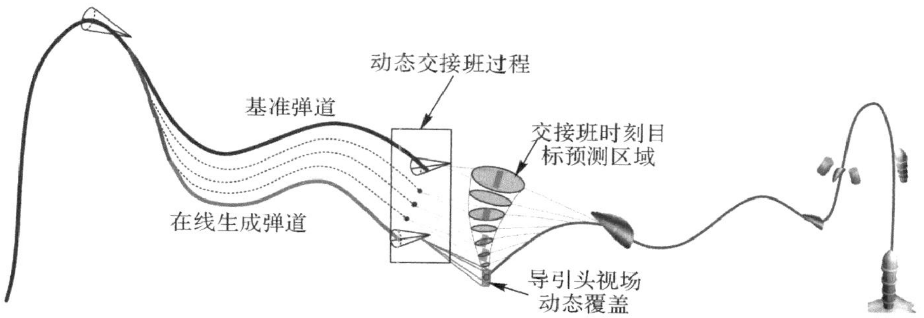

图 6-1　中制导段弹道在线生成示意图

6.2 面向中末交接班的目标概率存在区域预测分析

6.2.1 基于交互多模型的目标轨迹跟踪

目标轨迹预测是依据量测信息估计目标未来运动状态的过程，目标连续跟踪是轨迹预测的基础。已有不少学者对高速机动目标跟踪问题开展了研究。高速目标可进行随机不确定机动，这使得高速目标的运动模式多变，仅采用单一运动模型难以有效逼近目标真实的运动模式，目标的跟踪精度也难以满足临近空间防御作战的需求。多模型方法是改善不确定机动目标跟踪效果的有效方法和途径。本节采用多模型算法中的交互式多模型（Interacting Multiple Model，IMM）对高速机动目标进行跟踪。IMM 的核心即利用不同运动模型模拟机动目标变化复杂的运动模式。IMM 中，不同运动模型之间能够相互转换，其转移概率构成马尔可夫矩阵，通过该转移矩阵可以自主调整不同运动模型在跟踪阶段所占的比例。同时 IMM 算法利用卡尔曼系列滤波算法完成对目标状态的估计与对模型概率不同时刻的更新。

1. 目标跟踪模型

目标运动模型用于表述目标的状态随着时间变化的规律。跟踪系统的描述方程可以表达为

$$\boldsymbol{X}(k+1)=\boldsymbol{\Phi}\boldsymbol{X}(k)+\boldsymbol{\omega}(k) \tag{6.1}$$

系统的量测方程为

$$\boldsymbol{Z}(k)=\boldsymbol{h}(k,\boldsymbol{X}(k))+\boldsymbol{v}(k) \tag{6.2}$$

式中：$\boldsymbol{X}(k+1)$表示目标在第 $k+1$ 时刻的系统状态；Φ 表示状态转移矩阵；$\boldsymbol{\omega}(k)$表示过程噪声；$\boldsymbol{v}(k)$表示观测噪声。将二者视为零均值高斯白噪声，且协方差矩阵分别为 $\boldsymbol{Q}(k)$和 $\boldsymbol{R}(k)$。k 时刻的观测量为 $\boldsymbol{Z}(k)$，$h(k,\boldsymbol{X}(k))$为非线性量测函数。

目标轨迹跟踪原理如图 6-2 所示。

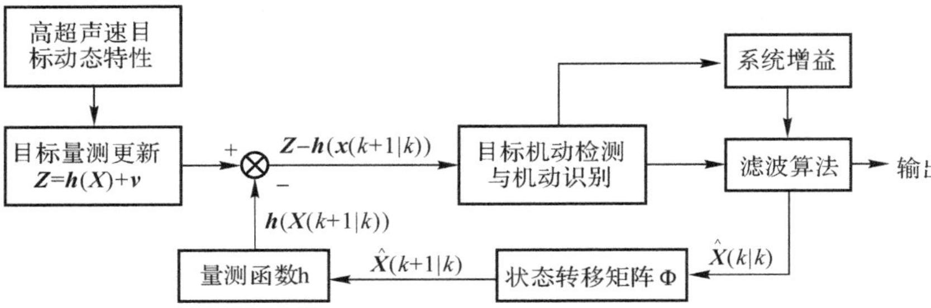

图 6-2　目标轨迹跟踪原理

在图 6-2 中，高速运动目标的机动将导致原来模型的匹配度减小，滤波状态估计偏离目标的真实状态，跟踪精度下降。根据观测量残差的变化，需要对目标跟踪系统参数进行适当调整，选择匹配度更好的目标运动模型，并优化系统增益，使系统的跟踪精度达到最优。

在机动目标跟踪系统中，选取合适的目标运动模型对目标轨迹跟踪以及预测性能具有至关重要的作用。为获得最佳的跟踪性能，所建立的模型需要尽量逼近目标真实运动状态，同时能够方便跟踪滤波器的处理。

2. 目标轨迹跟踪

目标跟踪的本质是基于量测值对目标运动状态进行实时估计。在对高速机动目标的观测过程中，因距离远，噪声环境复杂，量测数据存在一定误差，故需要对其进行滤波，以获得较为准确的目标运动状态。

首先假设模型集中包含 r 种目标运动状态，r 种目标运动状态对应 r 个目标运动模型（即 r 个状态转移方程），假设模型集中第 j 个模型代表的目标状态方程为

$$\boldsymbol{X}_j(k+1)=\boldsymbol{\Phi}_j(k)\boldsymbol{X}_j(k)+\boldsymbol{G}_j(k)\boldsymbol{W}_j(k) \tag{6.3}$$

量测方程表示为

$$\boldsymbol{Z}(k)=\boldsymbol{h}(k,\boldsymbol{X}(k))+\boldsymbol{V}(k) \tag{6.4}$$

式中：$\boldsymbol{W}_j(k)$是均值为零、协方差矩阵为 $\boldsymbol{Q}_j$ 的高斯白噪声序列。r 个模型之间的转移可以

看作为一阶马尔可夫过程，由马尔可夫概率转移矩阵 $\boldsymbol{P}$ 描述为

$$\boldsymbol{P}=\begin{bmatrix} p_{11} & \cdots & p_{1r} \\ \vdots & & \vdots \\ p_{r1} & \cdots & p_{rr} \end{bmatrix} \tag{6.5}$$

矩阵元素 p_{ij} 表示目标由模型集中的第 i 个模型转移到第 j 个模型事件发生概率。交互多模型算法以递推方式进行，设滤波算法采用扩展卡尔曼滤波，每次迭代主要分为以下四个步骤。

Step1：模型 j 输入交互。根据 $\hat{\boldsymbol{X}}_i(k-1|k-1)$ 与概率 $\boldsymbol{\mu}_j(k-1)$ 得到混合估计 $\hat{\boldsymbol{X}}_{i0j}(k-1|k-1)$ 和协方差 $\boldsymbol{P}_{0j}(k-1|k-1)$，将混合的估计值 $\hat{\boldsymbol{X}}_{0j}(k-1|k-1)$ 作为当前迭代的初值。迭代中用到的具体参数计算如下。

模型 j 的预测概率 $\bar{\boldsymbol{c}}_j$（归一化常数）为

$$\bar{\boldsymbol{c}}_j=\sum_{i=1}^{r} p_{ij}\boldsymbol{\mu}_i(k-1) \tag{6.6}$$

模型 i 到模型 j 的混合概率 $\boldsymbol{\mu}_{ij}(k-1|k-1)$ 为

$$\boldsymbol{\mu}_{ij}(k-1 \mid k-1)=\sum_{i=1}^{r} p_{ij}\boldsymbol{\mu}_i(k-1)/\bar{\boldsymbol{c}}_j \tag{6.7}$$

模型 j 的混合状态估计 $\hat{\boldsymbol{X}}_{0j}(k-1|k-1)$ 为

$$\hat{\boldsymbol{X}}_{0j}(k-1|k-1)=\sum_{i=1}^{r}\hat{\boldsymbol{X}}_i(k-1|k-1)\mu_{ij}(k-1|k-1) \tag{6.8}$$

模型 j 的混合协方差估计为

$$\begin{aligned}\boldsymbol{P}_{0j}(k-1|k-1)=&\sum_{i=1}^{r}\boldsymbol{\mu}_{ij}(k-1|k-1)\{\boldsymbol{P}_i(k-1|k-1)+[\hat{\boldsymbol{X}}_i(k-1|k-1)-\\&\hat{\boldsymbol{X}}_{0j}(k-1|k-1)][\hat{\boldsymbol{X}}_i(k-1|k-1)-\hat{\boldsymbol{X}}_{0j}(k-1|k-1)]^{\mathrm{T}}\}\end{aligned} \tag{6.9}$$

其中 $\boldsymbol{\mu}_j(k-1)$ 为模型 j 在 $k-1$ 时刻的概率。

Step2：扩展卡尔曼滤波。以混合估计 $\hat{\boldsymbol{X}}_{0j}(k-1|k-1)$、协方差 $\boldsymbol{P}_{0j}(k-1|k-1)$ 以及量测 $\boldsymbol{Z}(k)$ 作为输入进行扩展 Kalman 滤波，更新预测状态 $\hat{\boldsymbol{X}}_j(k|k)$ 和协方差 $\boldsymbol{P}_j(k|k)$。

计算雅可比矩阵

$$H(k)=\frac{\partial \boldsymbol{h}}{\partial \boldsymbol{X}} \tag{6.10}$$

预测状态更新

$$\hat{\boldsymbol{X}}_j(k|k-1)=\boldsymbol{\Phi}_j(k-1)\hat{\boldsymbol{X}}_{0j}(k-1|k-1) \tag{6.11}$$

预测误差协方差更新

$$\boldsymbol{P}_j(k|k-1)=\boldsymbol{\Phi}_j\boldsymbol{P}_{0j}(k-1|k-1)\boldsymbol{\Phi}_j^{\mathrm{T}}+\boldsymbol{G}_j\boldsymbol{Q}_j\boldsymbol{G}_j^{\mathrm{T}} \tag{6.12}$$

计算 Kalman 增益

$$\boldsymbol{K}_j(k)=\boldsymbol{P}_j(k|k-1)\boldsymbol{H}(k)^{\mathrm{T}}\cdot[\boldsymbol{H}(k)\boldsymbol{P}_j(k|k-1)\boldsymbol{H}(k)^{\mathrm{T}}+\boldsymbol{R}]^{-1} \tag{6.13}$$

滤波状态更新

$$\hat{\boldsymbol{X}}_j(k|k)=\hat{\boldsymbol{X}}_j(k|k-1)+\boldsymbol{K}_j(k)[\boldsymbol{Z}(k)-\boldsymbol{H}(k)\hat{\boldsymbol{X}}_j(k|k-1)] \tag{6.14}$$

滤波协方差更新

$$\boldsymbol{P}_j(k|k)=[\boldsymbol{I}-\boldsymbol{K}_j(k)\boldsymbol{H}(k)]\boldsymbol{P}_j(k|k-1) \tag{6.15}$$

Step 3:模型概率更新。模型 j 的似然函数可以表示为

$$\boldsymbol{\Lambda}_j(k)=\frac{1}{(2\pi)^{n/2}\sqrt{|\boldsymbol{S}_j(k)|}}\exp\left\{-\frac{1}{2}\boldsymbol{v}_j(k)\boldsymbol{S}_j^{-1}(k)\boldsymbol{v}_j(k)\right\} \tag{6.16}$$

其中

$$\boldsymbol{S}_j(k)=\boldsymbol{H}(k)\boldsymbol{P}_j(k)\boldsymbol{H}(k)^{\mathrm{T}}+\boldsymbol{R}(k) \tag{6.17}$$

$$v_j(k)=\boldsymbol{Z}_j(k)-\boldsymbol{H}(k)\hat{\boldsymbol{X}}_j(k|k-1) \tag{6.18}$$

模型 j 的概率表示为

$$\mu_j(k)=\boldsymbol{\Lambda}_j(k)\bar{\boldsymbol{c}}_j/c \tag{6.19}$$

其中,c 表示归一化常数,表达式可以写为

$$c=\sum_{i=1}^{r}\sum_{j=1}^{r}\Lambda_i(k)p_{ij}\mu_j(k-1) \tag{6.20}$$

Step 4:输出交互。

基于以上模型概率,对模型集中每个模型的估计结果进行加权混合,得到最终的状态估计 $\hat{\boldsymbol{X}}(k|k)$和协方差 $\boldsymbol{P}(k|k)$。

$$\hat{\boldsymbol{X}}(k\mid k)=\sum_{j=1}^{r}\hat{\boldsymbol{X}}_j(k\mid k)\boldsymbol{\mu}_j(k) \tag{6.21}$$

$$\boldsymbol{P}(k\mid k)=\sum_{j=1}^{r}\boldsymbol{\mu}_j(k)\{\boldsymbol{P}_j(k\mid k)+[\hat{\boldsymbol{X}}_j(k\mid k)-\hat{\boldsymbol{X}}(k\mid k)][\hat{\boldsymbol{X}}_j(k\mid k)-\hat{\boldsymbol{X}}(k\mid k)]^{\mathrm{T}}\} \tag{6.22}$$

从以上的公式推导中可以发现,交互多模型滤波器的混合输出是模型集结果的混合加权。对应的权值反映了当前时刻模型集逼近目标真实运动状态的程度。

在本章的后续研究中,选取 CV 模型、CA 模型以及 Singer 模型三种目标运动模型作为交互多模型滤波算法的模型集,应用扩展卡尔曼滤波作为基本的滤波算法,所设计的交互多模型算法结构如图 6-3 所示。

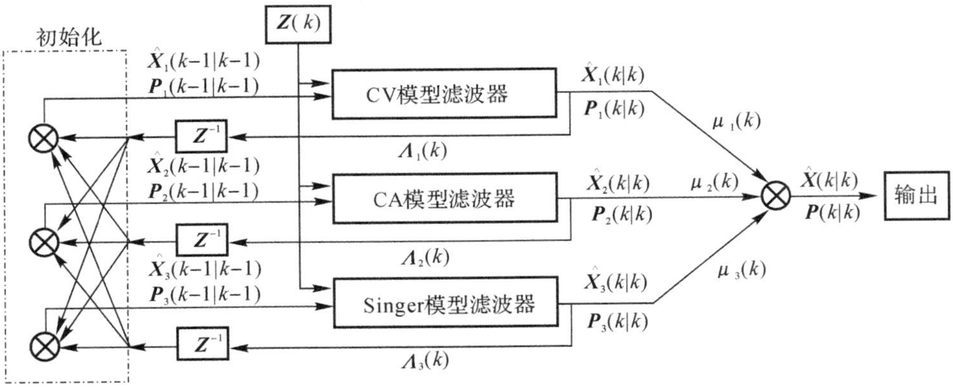

图 6-3　交互多模型算法结构图

6.2.2　交接班时刻目标概率存在区域预测

对目标轨迹预测误差进行统计学分析，并在此基础上对目标概率存在区域进行建模，通过轨迹预测结果和误差统计结果来确定可靠概率范围内的导引头搜索空域，为完成中末制导交接班提供信息支援。

利用 IMM 算法实现对目标运动状态良好的跟踪之后，目标在交接班时刻的运动信息可以利用当前目标状态 $\hat{\boldsymbol{X}}(k|k)$ 和协方差 $\boldsymbol{P}(k|k)$，根据式(6.11)和式(6.12)进行迭代计算，得到交接班时刻 t_f 的目标运动状态和协方差矩阵分别为 $\hat{\boldsymbol{X}}(t_f)$ 和 $\boldsymbol{P}(t_f)$。

定义 6.1　记目标在 x，y 和 z 三个坐标轴向的位置估计值分别为 $[\mu_x \quad \mu_y \quad \mu_z]$，方差分别为 $[\sigma_x \quad \sigma_y \quad \sigma_z]$，假定目标位置服从高斯分布并且在三个坐标轴相互独立，则在 k 时刻目标位置的概率密度函数(Probability Density Function，PDF)可以表示为

$$f_k(x,y,z)=f_k(x)f_k(y)f_x(z) \tag{6.23}$$

其中

$$f_k(x)=\frac{1}{\sqrt{2\pi}\sigma_x}\exp\left(-\frac{(x-\mu_x)^2}{2\sigma_x^2}\right) \tag{6.24}$$

$$f_k(y)=\frac{1}{\sqrt{2\pi}\sigma_y}\exp\left(-\frac{(y-\mu_y)^2}{2\sigma_y^2}\right) \tag{6.25}$$

$$f_k(z)=\frac{1}{\sqrt{2\pi}\sigma_z}\exp\left(-\frac{(z-\mu_z)^2}{2\sigma_z^2}\right) \tag{6.26}$$

定义 6.2　预测交接班区域(Predicted Handover Area，PHA)为目标在 t_f 时刻目标预测位置为中心，以目标位置的 3σ 的区域为半径，在 x，y，z 三个坐标轴向对立分布所构成的椭球区域。

注 6.1　PHA 描述目标交接班时刻的高概率存在区域，而目标落入 3 倍标准差椭球的概率接近于 1，该区域是导引头的覆盖空域模型。

6.2.3　仿真分析

为了验证 IMM 滤波算法以及轨迹预测算法的有效性，在此开展以下两种情景的仿真。

情景 6.1：高超声速目标为了提高突防成功率，做侧向摆动机动飞行。

为了验证 IMM 滤波算法对高超声速目标轨迹跟踪的有效性，假设目标量测信息可以通过综合探测系统融合后获得，对目标轨迹进行全程跟踪，跟踪时间为 0～360 s，更新时间为 $T=2$ s。误差设置为高斯白噪声并且服从分布 $N(0,100^2)$。设置 IMM 滤波算法模型之间的马尔可夫概率转移矩阵为[0.9，0.05，0.05；0.05，0.9，0.05；0.05，0.05，0.9]，基于 IMM 滤波算法对目标轨迹进行跟踪，并开展了 100 次蒙特卡洛仿真，统计 IMM 算法所得结果的均方根误差(Root Mean Square Error，RMSE)，跟踪结果如图 6-4 所示。

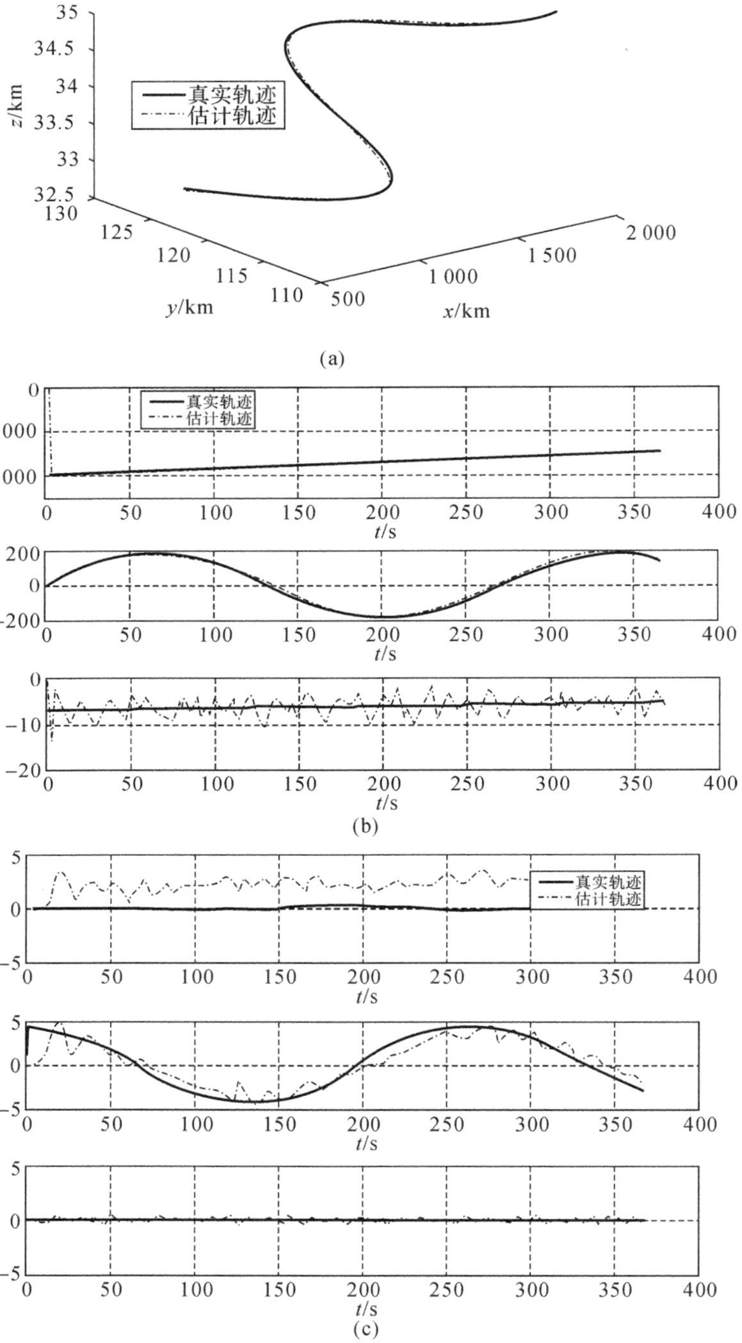

图 6-4 情景 6.1 的仿真结果

(a)三维弹道跟踪曲线;(b)速度跟踪曲线;(c)加速度跟踪曲线

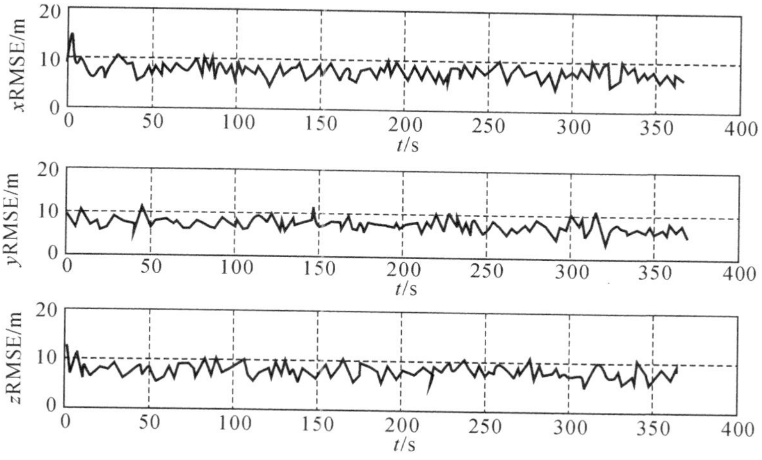

(d)

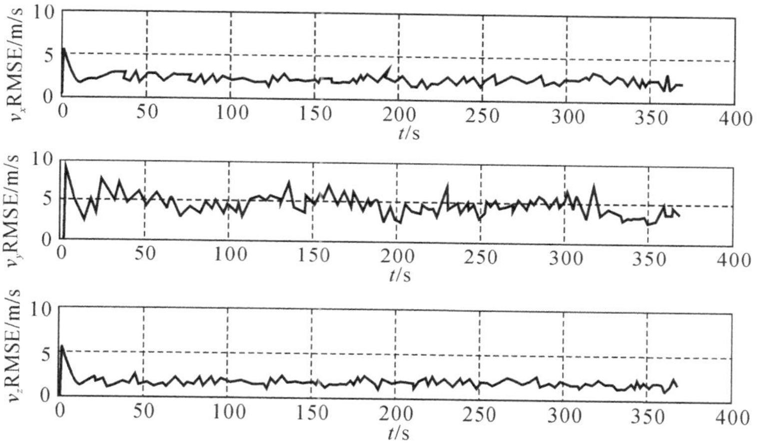

(e)

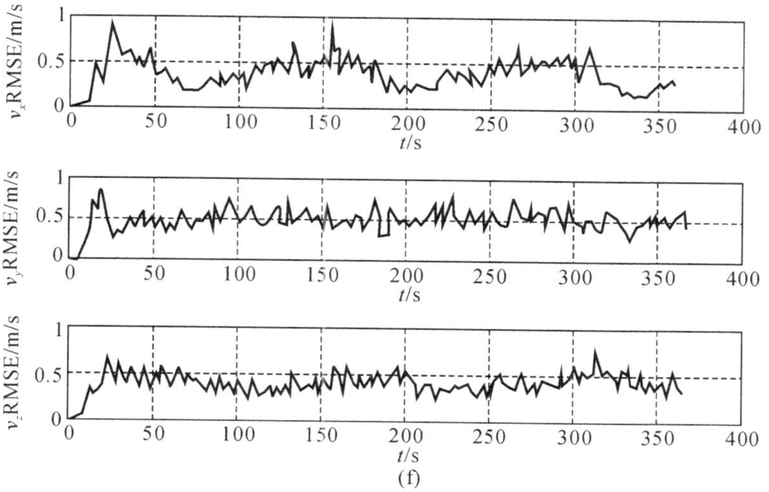

(f)

续图 6-4　情景 6.1 的仿真结果

(d)位置均方根误差;(e)速度均方根误差;(f)加速度均方根误差

图 6-4(a)(d)给出了三维弹道跟踪曲线和位置均方根误差，由图可知，通过 IMM 滤波算法能够很好地估计目标在三个轴向上的位置，使得估计得到的目标轨迹能够很好的逼近目标真实轨迹，位置的均方差都能保持在 20 m 范围内；图 6-4(b)(e)给出了速度跟踪曲线和速度均方根误差，由图可知，滤波得到的目标速度比较接近目标的真实速度，估计精度较高，三个轴向上的速度的均方差都基本保持在 10 m/s 的范围内；图 6-4(c)(f)滤波得到的目标加速度与真实加速度有一定的误差，但是加速度变化趋势能够满足跟踪要求。综上所述，IMM 滤波算法对目标的跟踪结果能够满足拦截弹弹道设计的需求。

情景 6.2：在仿真情景 6.2 中，高超声速目标为了提高突防成功率，做侧向摆动机动飞行。以对目标跟踪时间为起点，IMM 算法对目标轨迹滤波时间为 0～160 s，然后通过轨迹预测方法对后 200 s 的信息进行预测，轨迹预测时间为 160～360 s。进行 200 次蒙特卡洛仿真的目标轨迹预测，可以获得不同预测时长下交接班时刻目标预测信息，如图 6-5 所示。

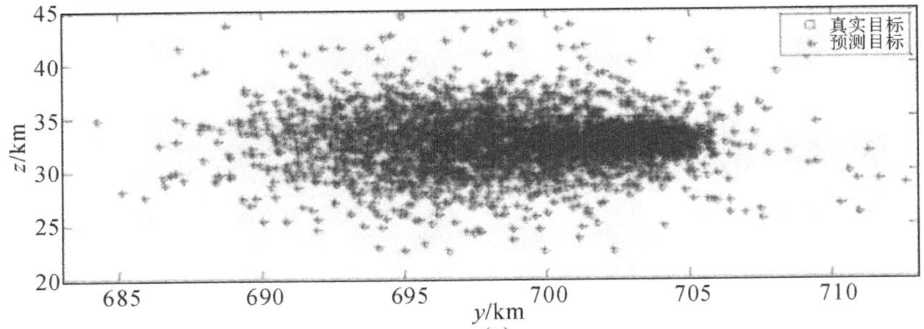

(a)

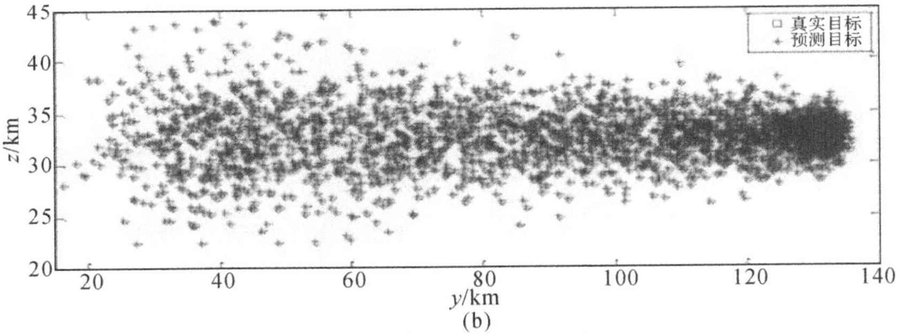

(b)

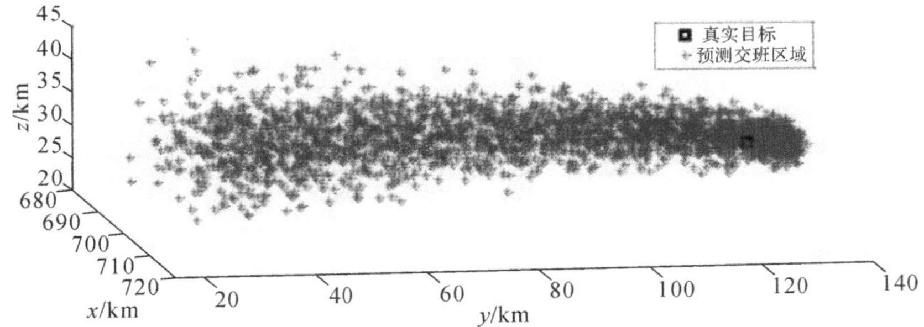

(c)

图 6-5　情景 6.2 的仿真结果

(a)纵向分平面交接班时刻目标位置预测结果；(b)侧向分平面交接班时刻目标位置预测结果；(c)三维空间交接班时刻目标位置预测结果

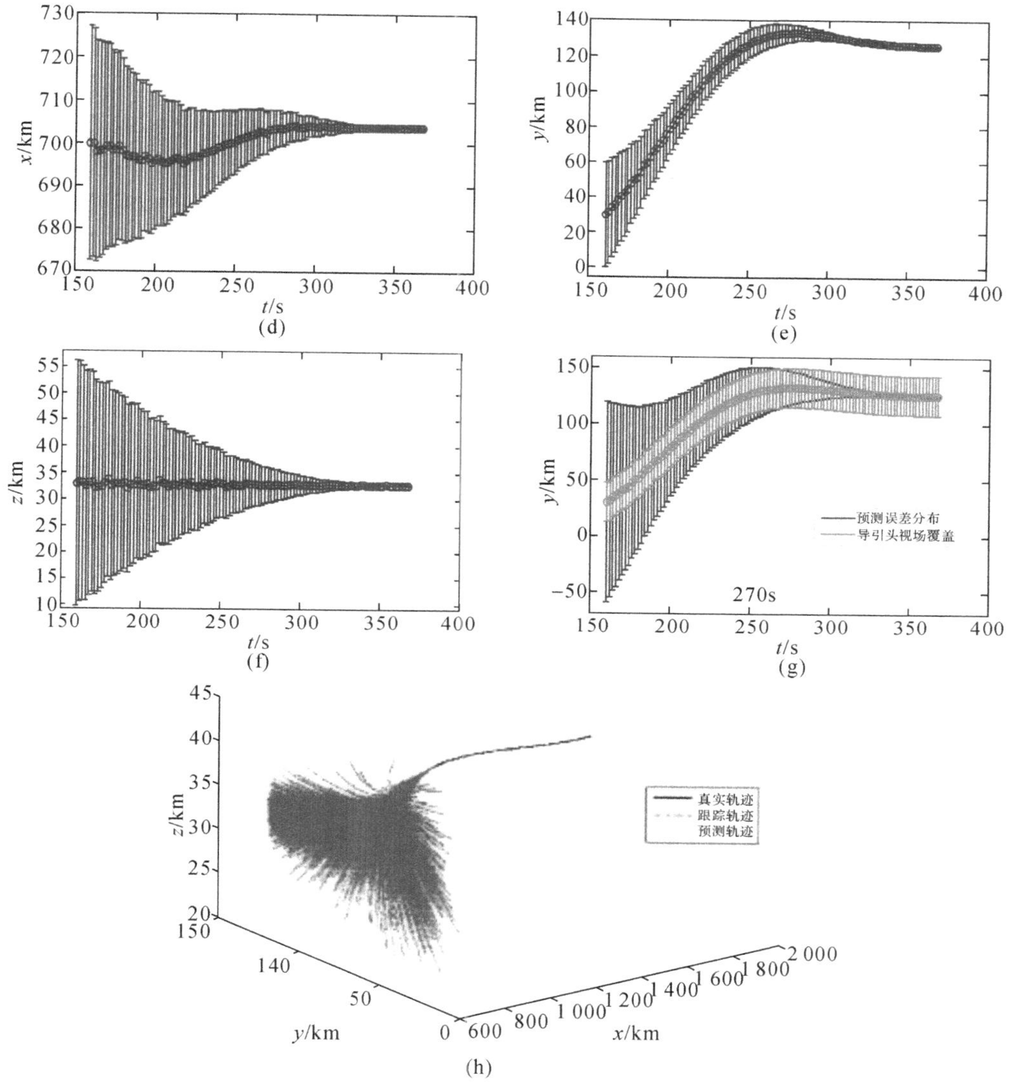

续图 6-5　情景 6.2 的仿真结果

(d)x 方向误差棒随时间变化曲线；(e)y 方向误差棒随时间变化曲线；(f)z 方向误差棒随时间变化曲线；(g)y 方向 3 倍方差与导引头视场关系；(h)100 次蒙特卡洛仿真目标交接班时刻轨迹预测结果

图 6-5(a)～(c)给出了在不同预测时长下目标交接班时刻的预测区域，随着预测时间的增长，目标轨迹预测的误差也会增大。究其原因，主要由于预测时长变大不仅会积累量测误差，也会积累目标未知机动造成的目标轨迹预测信息的变化，从而导致目标轨迹预测的均值以及方差都会增大。目标突防一般采用侧向机动，这也使得目标在侧向的概率分布更加的分散，而纵向相对比较集中。随着预测时长的不断减小，目标轨迹的预测精度也会不断收敛，最终与跟踪精度基本一致。

图 6-5(d)～(f)给出了目标预测位置误差棒随时间的变化曲线。可以发现预测视场主

要影响目标交接班时刻的位置预测方差的大小，预测开始时刻都比较发散，预测终端时刻都收敛，然而 x，y，z 三个方向的预测均值变化却不相同，y 变化最为显著，主要是受到侧向机动的影响。这就对拦截弹弹道进行侧向调整提出了更高的要求。图 6-5(g)为侧窗探测导引头对目标高概率存在区域的覆盖情况分析，在 270 s 时导引头在侧向才能够完全覆盖目标高概率存在区域。所以拦截弹的中制导弹道必须能够跟上目标预测交接班区域的变化，才能保证拦截弹导引头开机截获目标，本章将根据图 6-5(g)获得的目标预测信息动态解算拦截弹中制导终端约束条件。

6.3 面向交接班捕获窗口的中制导次优弹道生成

高速机动目标拦截的难点主要集中在目标轨迹预测和弹目机动对抗上。假设中制导采用气动力修正，末制导采用轨控式直接侧向力修正。为了克服因高速机动目标轨迹预测误差引起的拦截弹中末制导交接班误差，保证交接班时刻拦截弹能够处于交接班捕获窗口中，本节设计了基于模型预测静态规划方法的拦截弹中制导弹道在线次优生成方法。

6.3.1 模型预测静态规划

模型预测静态规划是基于离散模型的解决带有终端约束的最优控制问题的算法，其性能指标为二次型的能量最少函数。目前也已有许多学者进行了扩展与应用。MPSP 算法最显著的特点是其通过引入一个静态拉格朗日算子，将问题转换为一个静态优化问题，得出解析的关于终端误差的控制量修正量，这一特点使得 MPSP 算法具有较高的计算效率，具备在线应用的潜力。

6.3.2 中制导弹道终端约束条件描述

目标轨迹预测误差使得拦截弹难以实现零控交接班，甚至导致交接班失败。为便于拦截弹在中制导段进行弹道修正来保证拦截弹顺利交接班，下面将描述目标轨迹预测误差所引起的交接班误差。

图 6-6 表示拦截弹中制导和末制导的飞行过程。其中 $O_IX_IY_IZ_I$ 为惯性坐标系，M、T 和 $\bar{T}$ 分别代表拦截弹、真实目标和用于设计交接班参数的预测目标。通过天基预警卫星和地面预警雷达对目标进行协同探测跟踪获取目标信息，然后再进行目标轨迹预测获得预测目标信息。在交接班时刻，$[x_d, y_d, z_d]^T$ 和$[x_T, y_T, z_T]^T$ 分别代表拦截弹和目标的位置矢量；$[\dot{x}_d, \dot{y}_d, \dot{z}_d]^T$ 和$[\dot{x}_T, \dot{y}_T, \dot{z}_T]^T$ 分别代表拦截弹和目标的速度矢量；$[\bar{x}_T, \bar{y}_T, \bar{z}_T, \bar{\dot{x}}_T, \bar{\dot{y}}_T, \bar{\dot{z}}_T]^T$ 代表中末制导交接班时刻的 $\bar{T}$ 状态信息，r 代表交接班时刻弹目距离。

为了描述上述的中末制导交接班误差，首先定义

$$\left.\begin{aligned}\boldsymbol{r}&=[x_T-x_d, y_T-y_d, z_T-z_d]^T\\ \boldsymbol{v}&=[\dot{x}_T-\dot{x}_d, \dot{y}_T-\dot{y}_d, \dot{z}_T-\dot{z}_d]^T\end{aligned}\right\} \tag{6.27}$$

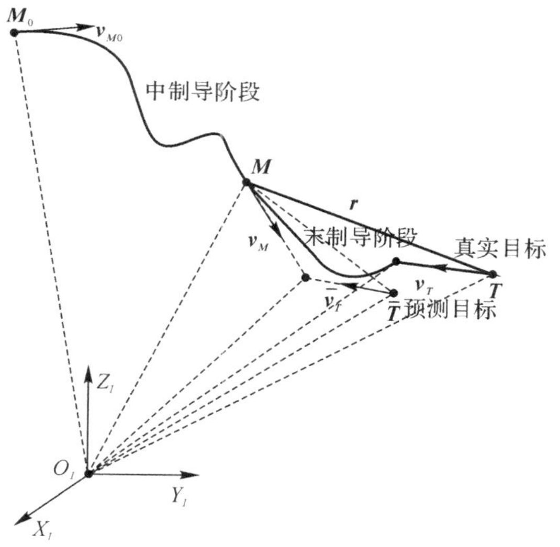

图 6-6　弹目三维运动几何关系

$$\left.\begin{aligned}\bar{\boldsymbol{r}}&=[\bar{x}_{\mathrm{T}}-x_{\mathrm{d}},\bar{y}_{\mathrm{T}}-y_{\mathrm{d}},\bar{z}_{\mathrm{T}}-z_{\mathrm{d}}]^{\mathrm{T}}\\ \boldsymbol{V}&=[\bar{\dot{x}}_{\mathrm{T}}-\dot{x}_{\mathrm{d}},\bar{\dot{y}}_{\mathrm{T}}-\dot{y}_{\mathrm{d}},\bar{\dot{z}}_{\mathrm{T}}-\dot{z}_{\mathrm{d}}]^{\mathrm{T}}\end{aligned}\right\}\tag{6.28}$$

其中

$$\left.\begin{aligned}\dot{x}_{\mathrm{d}}&=v\cos\theta_{\mathrm{d}}\cos\psi_{\mathrm{d}}\\ \dot{y}_{\mathrm{d}}&=v\cos\theta_{\mathrm{d}}\sin\psi_{\mathrm{d}}\\ \dot{z}_{\mathrm{d}}&=v\sin\theta_{\mathrm{d}}\end{aligned}\right\}\tag{6.29}$$

利用目标预测信息设计离线的拦截弹优化弹道，而在交接班时刻，拦截弹与预测目标位于碰撞三角形内，则满足

$$\bar{\boldsymbol{v}}\times\boldsymbol{r}=\boldsymbol{0}\tag{6.30}$$

通过对目标轨迹进行预测，可获得目标在交接班时刻位置和速度的预测信息。结合式(6.29)和式(6.30)可计算出拦截弹针对预测目标的零控拦截流形，即中制导期望的终端约束条件。

假设真实目标信息通过探测系统量测更新已知，则可得到因预测误差所引起的交接班误差矢量为

$$\boldsymbol{d}=\frac{\boldsymbol{v}\times\boldsymbol{r}}{\|\boldsymbol{v}\|}\tag{6.31}$$

式中，误差矢量 $\boldsymbol{d}$ 垂直于初始于交接班时刻的相对矢量和相对速度矢量，交接班误差矢量受到目标轨迹信息即目标位置与速度指向预测精度的直接影响。本节引入拦截弹中制导弹道修正算法通过调整弹道终端位置和速度指向来减小此误差。

6.3.3　基于模型预测静态规划的次优弹道生成算法设计

基于 MPSP 的次优弹道生成算法原理图如图 6-7 所示。

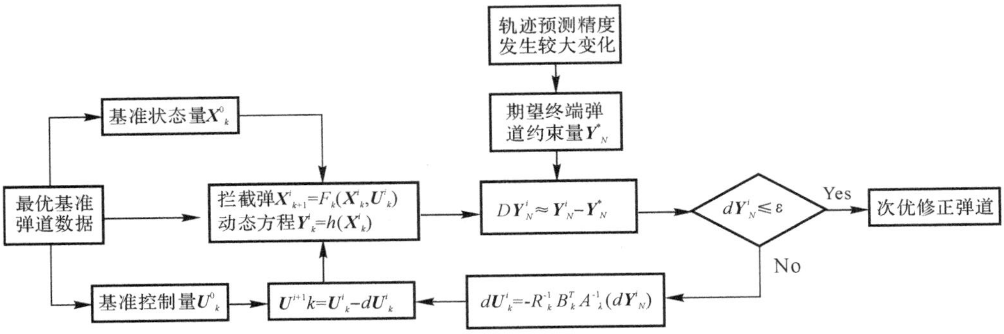

图 6-7　基于 MPSP 的次优弹道生成算法原理图

根据欧拉积分方法可以将拦截弹的状态方程表示成为离散形式：

$$\boldsymbol{X}^i_{k+1}=F_k(\boldsymbol{X}^i_k,\boldsymbol{U}^i_k)=\boldsymbol{X}^i_k+f(\boldsymbol{X}^i_k,\boldsymbol{U}^i_k)\cdot dt \tag{6.32}$$

其中，$k=1,2,\cdots,N$ 为等时间间隔 dt 划分的节点，i 表示迭代次数。状态量为 $\boldsymbol{X}^i_k=[x^i_k \quad y^i_k \quad z^i_k \quad v^i_k \quad \theta^i_k \quad \psi^i_{vk}]^{\mathrm{T}}$，控制量为 $\boldsymbol{U}^i_k=[\alpha^i_k \quad \alpha^i_k]^{\mathrm{T}}$，$F_k(\boldsymbol{X}^i_k,\boldsymbol{U}^i_k)$ 的表达式为

$$\boldsymbol{X}^i_{k+1}=F_k(\boldsymbol{X}^i_k,\boldsymbol{U}^i_k)=\begin{bmatrix} x^i_k+\dot{x}^i_k\mathrm{d}t \\ y^i_k+\dot{y}^i_k\mathrm{d}t \\ z^i_k+\dot{z}^i_k\mathrm{d}t \\ v^i_k+\dot{v}^i_k\mathrm{d}t \\ \theta^i_k+\dot{\theta}^i_k\mathrm{d}t \\ \psi^i_{vk}+\dot{\psi}^i_{vk}\mathrm{d}t \end{bmatrix} \tag{6.33}$$

选取状态方程的观测输出 $\boldsymbol{Y}^i_k$ 表示为

$$\boldsymbol{Y}^i_k=h(\boldsymbol{X}^i_k)=[x^i_k \quad y^i_k \quad z^i_k \quad \theta^i_k \quad \psi^i_{vk}]^{\mathrm{T}} \tag{6.34}$$

观测输出与预期值之间的误差为 $\Delta Y^i_N=Y^i_N-Y^*_N$，其中 Y^*_N 为期望的弹道终端约束，$Y^*_N=[x_{\mathrm{d}} \quad y_{\mathrm{d}} \quad z_{\mathrm{d}} \quad \theta_{\mathrm{d}} \quad \psi_{v\mathrm{d}}]^{\mathrm{T}}$。将误差 ΔY^i_N 在预期值处进行泰勒级数展开，忽略高阶项只保留一阶项，可以得到

$$\Delta\boldsymbol{Y}^i_N=\begin{bmatrix} x^i_N-x_d \\ y^i_N-y_d \\ z^i_N-z_d \\ \theta^i_N-\theta_d \\ \psi^i_{vN}-\psi_{vd} \end{bmatrix}\approx\mathrm{d}\boldsymbol{Y}^i_N=\left[\frac{\partial F_k}{\partial\boldsymbol{U}_k}\right]_{(\boldsymbol{X}^i_N)}\mathrm{d}\boldsymbol{X}^i_N \tag{6.35}$$

其中，当 $i=0$ 时，为了计算弹道终端约束的变化量，引入末速最优基准弹道的终端状态。根据拦截弹的状态方程式(6.32)，第 $k+1$ 节点处的状态量偏差 $\mathrm{d}\boldsymbol{X}^i_{k+1}$ 进一步可以表示为

$$\mathrm{d}\boldsymbol{X}^i_{k+1}=\left[\frac{\partial F_k}{\partial\boldsymbol{X}_k}\right]_{(\boldsymbol{X}^i_k,\boldsymbol{U}^i_k)}\mathrm{d}\boldsymbol{X}^i_k+\left[\frac{\partial F_k}{\partial\boldsymbol{U}_k}\right]_{(\boldsymbol{X}^i_k,\boldsymbol{U}^i_k)}\mathrm{d}\boldsymbol{U}^i_k \tag{6.36}$$

其中 $\mathrm{d}U_k^i = U_k^{i-1} - U_k^i$（其中 $\mathrm{d}U_k^1 = U_k^* - U_k^1$）表示第 k 节点处的当前控制量与更新后的控制量之间的偏差。将 $k = N-1$ 代入式(6.36)中可以得到

$$\mathrm{d}\boldsymbol{X}_N^i = \left[\frac{\partial F_{N-1}}{\partial \boldsymbol{X}_{N-1}}\right]_{(\boldsymbol{X}_{N-1}^i, \boldsymbol{U}_{N-1}^i)} \mathrm{d}\boldsymbol{X}_{N-1}^i + \left[\frac{\partial F_{N-1}}{\partial \boldsymbol{U}_{N-1}}\right]_{(\boldsymbol{X}_{N-1}^i, \boldsymbol{U}_{N-1}^i)} \mathrm{d}\boldsymbol{U}_{N-1}^i \tag{6.37}$$

将式(6.37)中 $\mathrm{d}\boldsymbol{X}_N^i$ 的表达式代入式(6.35)可以得到

$$\mathrm{d}\boldsymbol{Y}_N^i = \left[\frac{\partial Y_N}{\partial \boldsymbol{X}_N}\right]_{(\boldsymbol{X}_N^i)} \left(\left[\frac{\partial F_{N-1}}{\partial \boldsymbol{X}_{N-1}}\right]_{(\boldsymbol{X}'_{N-1}, \boldsymbol{U}'_{N-1})} \mathrm{d}\boldsymbol{X}_{N-1}^i + \left[\frac{\partial F_{N-1}}{\partial \boldsymbol{U}_{N-1}}\right]_{(\boldsymbol{X}_{N-1}^i, \boldsymbol{U}_{N-1}^i)} \mathrm{d}\boldsymbol{U}_{N-1}^i\right) \tag{6.38}$$

同样，将 $k = N-2, N-3, \cdots, 1$ 依次代入式(6.36)中可以得到 $\mathrm{d}\boldsymbol{X}_{N-2}^i, \mathrm{d}\boldsymbol{X}_{N-3}^i, \cdots, \mathrm{d}\boldsymbol{X}_1^i$ 的表达式，将其代入式(6.38)并进行整理可以得到

$$\mathrm{d}\boldsymbol{Y}_N^i = A\,\mathrm{d}\boldsymbol{X}_1^i + B_1\,\mathrm{d}\boldsymbol{U}_1^i + B_2\,\mathrm{d}\boldsymbol{U}_2^i + \cdots + B_{N-1}\,\mathrm{d}\boldsymbol{U}_{N-1}^i \tag{6.39}$$

其中

$$A = \left[\frac{\partial \boldsymbol{Y}_N^i}{\partial \boldsymbol{X}_N^i}\right]_{(\boldsymbol{X}_N^i)} \prod_{m=N-1}^{1} \left[\frac{\partial F_m}{\partial X_m}\right]_{(\boldsymbol{X}_m^i, \boldsymbol{U}_m^i)} \tag{6.40}$$

$$B_k = \left(\frac{\partial \boldsymbol{Y}_N^i}{\partial \boldsymbol{X}_N^i}\right)_{(\boldsymbol{X}_N^i)} \prod_{m=N-1}^{k+1} \left[\frac{\partial F_m}{\partial X_m}\right]_{(\boldsymbol{X}_m^i, \boldsymbol{U}_m^i)} \left[\frac{\partial F_k}{\partial U_k}\right]_{(\boldsymbol{X}_k^i, \boldsymbol{U}_k^i)} \tag{6.41}$$

式中，拦截弹运动各方程对各状态量和控制量的偏导数见附录 6 - A。

如果拦截弹的终端约束状态不发生改变，那么拦截弹将利用预先设定的弹道跟踪控制规律，严格按照基准弹道飞行。当终端状态约束发生改变时，认为当前时刻的状态偏差量很小，即

$$\mathrm{d}X_1^i \approx \boldsymbol{0} \tag{6.42}$$

将式(6.42)代入式(6.39)中可以进一步化简得到

$$\mathrm{d}\boldsymbol{Y}_N^i = B_1\,\mathrm{d}\boldsymbol{U}_1^i + B_2\,\mathrm{d}\boldsymbol{U}_2^i + \cdots + B_{N-1}\,\mathrm{d}\boldsymbol{U}_{N-1}^i = \sum_{k=1}^{N-1} B_k\,\mathrm{d}\boldsymbol{U}_k^i \tag{6.43}$$

为了使得拦截弹制导指令尽可能的接近末速最优基准弹道，最小化更新的控制量与当前值的偏差，保证更新的控制量保持在先前控制量的领域内。定义性能指标函数 J 为

$$J = \frac{1}{2}\sum_{k=1}^{N-1} (\mathrm{d}\boldsymbol{U}_k^i)^{\mathrm{T}} R_k (\mathrm{d}\boldsymbol{U}_k^i) \tag{6.44}$$

式(6.43)和式(6.44)形成了有约束的最优化控制问题，结合最优控制相关理论，定义哈密尔顿函数表达式为

$$\tilde{J} = \frac{1}{2}\sum_{k=1}^{N-1} (\mathrm{d}\boldsymbol{U}_k^i)^{\mathrm{T}} R_k (\mathrm{d}\boldsymbol{U}_k^i) + \boldsymbol{\lambda}^{\mathrm{T}}\left(\mathrm{d}\boldsymbol{Y}_N^i - \sum_{k=1}^{N-1} B_k\,\mathrm{d}\boldsymbol{U}_k^i\right) \tag{6.45}$$

根据最小值原理，其一阶最优性条件可以表示为

$$\frac{\partial \tilde{J}_k}{\partial\,\mathrm{d}\boldsymbol{U}_k^i} = -R_k(\mathrm{d}\boldsymbol{U}_k^i) - B_k^{\mathrm{T}}\boldsymbol{\lambda} = \boldsymbol{0} \tag{6.46}$$

$$\frac{\partial \tilde{J}_k}{\partial \boldsymbol{\lambda}} = \mathrm{d}\boldsymbol{Y}_N^i - \sum_{k=1}^{N-1} B_k\,\mathrm{d}\boldsymbol{U}_k^i = \boldsymbol{0} \tag{6.47}$$

通过式(6.46)可以求解得到 $d\boldsymbol{U}_k^i$ 的表达式为

$$dU_k^i = R_k^{-1} B_k^{\mathrm{T}} \boldsymbol{\lambda} \tag{6.48}$$

将式(6.48)代入式(6.47)可以得到

$$\boldsymbol{\lambda} = -\boldsymbol{A}_\lambda^{-1} \mathrm{d}\boldsymbol{Y}_N^i \tag{6.49}$$

其中

$$A_\lambda = \sum_{k=1}^{N-1} B_k R_k^{-1} B_k^{\mathrm{T}} \tag{6.50}$$

通过式(6.49)求解得到 $\boldsymbol{\lambda}$ 并代入式(6.48)中可以得到 dU_k^i 表达式为

$$\mathrm{d}\boldsymbol{U}_k^i = -R_k^{-1} B_k^{\mathrm{T}} A_\lambda^{-1} (\mathrm{d}\boldsymbol{Y}_N^i) \tag{6.51}$$

将修正的控制量 $\boldsymbol{U}_k^{i+1}$ 可表示为

$$\boldsymbol{U}_k^{i+1} = \boldsymbol{U}_k^i - \mathrm{d}\boldsymbol{U}_k^i = \boldsymbol{U}_k^i + R_k^{-1} B_k^{\mathrm{T}} A_\lambda^{-1} (\mathrm{d}\boldsymbol{Y}_N^i) \tag{6.52}$$

将式(6.52)代入拦截弹的状态方程式(6.32),检验终端的观测输出与预期值之间的误差,如果误差在规定的范围内,则将修正的控制量作为更新值,将修正的拦截弹状态量作为更新后的基准量,如果误差超过一定范围,利用迭代的思想对控制量进行不断修正,直到误差收敛到一定范围内终止。

单次小范围内的修正使得拦截弹弹道仍能够满足路径约束条件,但是拦截弹中制导弹道需要根据目标信息的更新进行多次的在线修正,最终会使得拦截弹在线生成的次优弹道难以满足路径约束。解决这一难题一般将路径约束转换为高度的约束。

为了解决这一问题,下面将会过载约束、热流约束及动压约束转化为拦截弹的攻角约束。

$$n = \frac{\sqrt{(C_D qS)^2 + (C_L qS)^2}}{mg} = \frac{L\cos\alpha + D\cos\alpha}{mg} \leqslant n_{\max} \tag{6.53}$$

式(6.53)所给出的过载约束可以表达为函数关系式

$$n = f_n(v, h, \alpha) \tag{6.54}$$

由式(6.54)可知拦截弹的过载是关于其速度、高度和攻角的函数。拦截弹在速度和高度确定的情况下,由式(6.53)可以确定攻角上限边界值 $\alpha_{\max}^n$。

热流和动压的约束为

$$\left.\begin{aligned} \dot{Q} &= k_Q \sqrt{\rho} v^{3.15} \leqslant \dot{Q}_{\max} \\ q &= 0.5\rho v^2 \leqslant q_{\max} \end{aligned}\right\} \tag{6.55}$$

由式(6.55)可知,热流和动压是关于高度和速度的函数,即可表示为

$$\left.\begin{aligned} \dot{Q} &= f_{\dot{Q}}(v, h) \\ q &= f_q(v, h) \end{aligned}\right\} \tag{6.56}$$

式(6.56)均不显含攻角,并不能根据当前弹道状态直接给出控制量的约束。然而可以将热流和动压上限约束转换为拦截弹飞行高度关于速度的下边界函数:

$$h(v) \geqslant H \ \ln \frac{\rho_0 K_Q^2 V^{6.3}}{Q_{max}^2} \tag{6.57}$$

$$h(v) \geqslant H \ \ln \frac{\rho_0 V^2}{2q_{max}} \tag{6.58}$$

式(6.57)和式(6.58)关于速度的变化趋势是相同的。假设拦截弹飞行过程中弹道倾角

变化不大，即弹道倾角的变化率为零，同时忽略重力的影响，

$$\frac{1}{mV}L\cos\sigma-\left(\frac{g}{V}-\frac{V}{r}\right)\cos\theta=0 \tag{6.59}$$

根据式(6.59)可以得到攻角的表达式为

$$\alpha=\frac{1}{C_{L_\alpha}}\left[\left(\frac{g}{V}-\frac{V}{r}\right)\frac{2m\cos\theta}{\rho VS\cos\sigma}-C_{L_0}\right] \tag{6.60}$$

将式(6.57)和式(6.58)的高度下限换算为地心距分别代入式(6.60)，由于拦截弹当前飞行的速度已知，通过计算可以得到满足热流攻角的下限值 $\alpha_{\min}^{Q}$ 和动压约束下攻角的下限值 $\alpha_{\min}^{q}$。通过上述分析可以得到攻角的约束范围为

$$\max\{\alpha_{\min},\alpha_{\min}^{Q},\alpha_{\min}^{q}\}\leqslant\alpha\leqslant\min\{\alpha_{\max},\alpha_{\max}^{n}\} \tag{6.61}$$

攻角应保持在式(6.61)的约束范围内，并有足够的裕度克服未知的扰动和保证良好的瞬态特性。

利用 MPSP 所设计的中制导段次优弹道生成算法的具体运算步骤如下：

Step1：根据当前目标信息设定终端约束，根据第 4 章自适应 Radau 伪谱法求解弹道优化问题，得到末速最优基准弹道数据，储存在弹载设备中；

Step2：对目标轨迹预测信息进行周期性的更新，如果因目标轨迹预测精度提高而引起弹道终端约束条件发生较大变化，则转入 Step3，否则在此步骤进行循环；

Step3：将基准弹道数据 $\boldsymbol{X}_k^0$，$\boldsymbol{U}_k^0$ 作为 MPSP 算法的初始值，将终端状态约束偏差表示成为偏微分方程的连乘积形式，然后根据 $d\boldsymbol{Y}_n^i$ 来计算控制量的变化量 $d\boldsymbol{U}_k^i$；

Step4：将控制量的补偿量 $d\boldsymbol{U}_k^i$ 与当前时刻的控制量 $\boldsymbol{U}_k^i$ 相加得到更新的控制量 $\boldsymbol{U}_k^{i+1}=\boldsymbol{U}_k^i+R^-1_kB_k^{\mathrm{T}}A_\lambda^{-1}(d\boldsymbol{Y}_N^i)$，并将此制导指令代入到离散化的拦截弹状态方程(6.32)中，由式(6.35)得到更新后的终端状态约束偏差，判断 $d\boldsymbol{Y}_N^{i+1}\leqslant\boldsymbol{\varepsilon}$ 是否成立，若成立则生成次优修正弹道。不成立则重复 Step3 和 Step4。

6.3.4　仿真分析

为验证所设计的基于模型预测静态规划的弹道单次修正的有效性和次优性，开展以下二种情景的仿真。应用第 4 章中自适应 Radau 伪谱法得到的优化结果作为最优基准弹道。中制导过程中目标轨迹信息依靠远程预警系统和拦截弹的火控雷达。

情景 6.3：为了检验弹道终端约束条件变化下中制导弹道修正的有效性，作战想定为，在拦截弹再入之前，按照基准弹道飞行，拦截弹在基准弹道的基础上中制导终端约束条件变化为 $\Delta x_f=4$ km、$\Delta y_f=4$ km 和 $\Delta z_f=4$ km，其中位置容许误差为 5 m，速度指向角容许误差为 0.1°，基准弹道参数设置见表 5-1。仿真结果如图 6-8 所示，并见表 6-1。

表 6-1　基准弹道起始和终端参数

参　数	x/km	y/km	z/km	v/(m·s^{-1})	θ/(°)	ψ/(°)
起始时刻	0	30	80	3 000	−2	2.7
交班时刻	600	70	30	max	−2	2.7

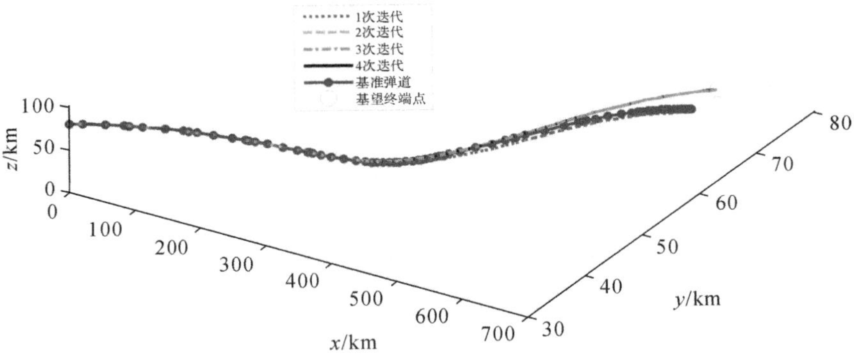

图 6-8　多次迭代后的仿真结果

由图 6-8 可知，修正后的弹道比较平滑，经过 4 次迭代耗时 0.43 s 后，拦截弹修正弹道能够很好的满足拦截弹弹道终端条件的容许误差，说明 MPSP 算法具有较高的计算效率，适用于拦截弹弹道在线生成的应用。也为后续利用 MPSP 算法在线解算中制导弹道提供有利依据。由表 6-2 可知，拦截弹修正弹道能够很好的满足期望的终端状态，说明 MPSP 算法具有较高的计算精度。

表 6-2　终端误差的收敛情况

迭代次数	$x_f - x_d$	$y_f - y_d$	$z_f - z_d$	$\theta_f - \theta_d$	$\psi_{vf} - \psi_{vd}$
1	160.1	−621.1	278.7	0.017	0.054
2	12.4	−121.2	−272.3	0.015	0.053
3	5.9	−17.6	−15.8	0.015	0.053
4	1.4	−2.1	−1.8	0.015	0.052

情景 6.4：为了进一步证明 MPSP 算法有没有解决过程约束的问题，将 MPSP 得到的结果与自适应 Radau 伪谱法算法重新优化计算所得结果进行对比，仿真结果如图 6-9 所示。

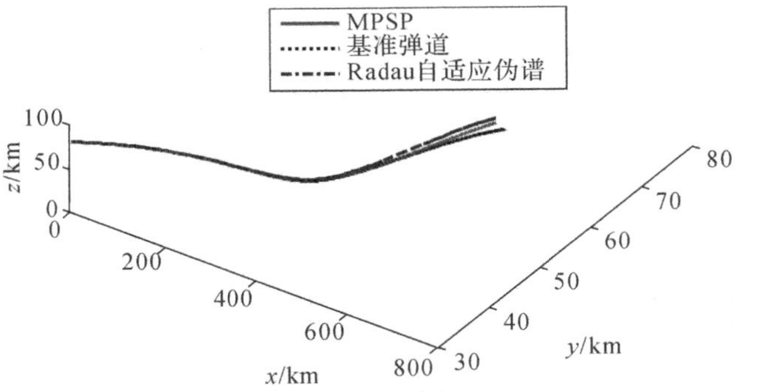

(a)

图 6-9　情景 6.4 仿真结果

(a)修正后的拦截弹弹道曲线

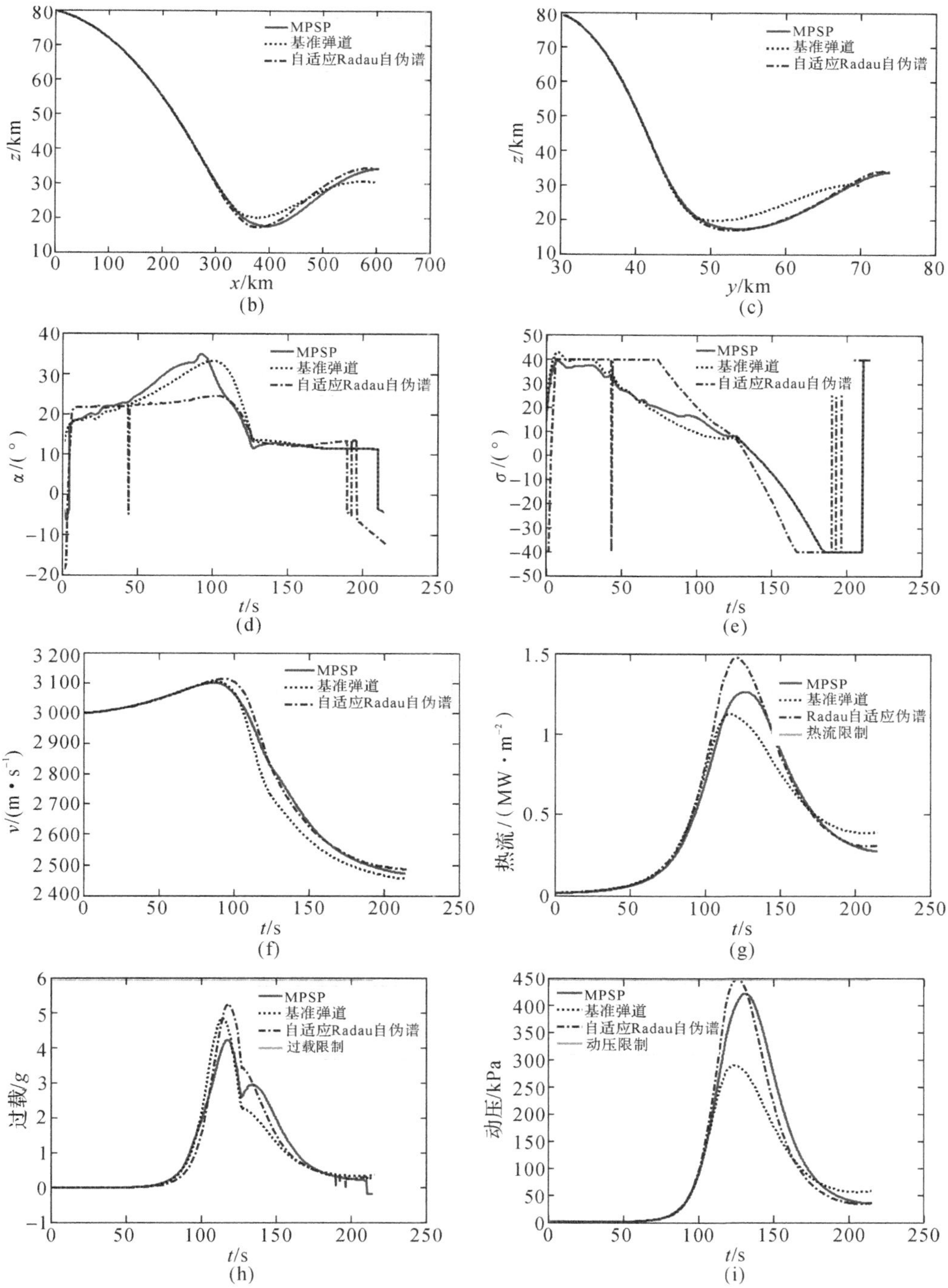

续图 6-9　情景 6.4 仿真结果

(b) $X-Z$ 平面弹道曲线；(c) $Y-Z$ 平面弹道曲线；(d) 攻角变化曲线；(e) 倾侧角变化曲线；(f) 速度变化曲线；(g) 热流密度变化曲线；(h) 过载变化曲线；(i) 动压变化曲线

由图 6-9(a)～(c)可知，拦截弹修正弹道的控制量也是在基准弹道控制量的基础上做较小浮动的调整。由图 6-9 (d)～(f)可知，为了满足更新后的弹道终端条件，由于控制量在基准弹道控制量的基础上进行了更新，则拦截弹速度也会发生变化。然而在相同条件下，MPSP 方法所求解的弹道的速度与自适应 Radau 伪谱法所得到的末速最优弹道速度相差不大，其中性能指标函数 J 为 0.548 7。由图 6-9(g)～(i)可知，采用 MPSP 算法求解得到的拦截弹修正弹道的热流密度、过载和动压都维持在约束范围之内。从耗时角度对比，MPSP 耗时为 0.43 s，自适应 Radau 伪谱法耗时为 5.15 s，MPSP 的解算效率明显要高于自适应 Radau 伪谱法。为后续设计弹道实时在线生成算法提供了可靠的依据。

情景 6.5： 由于目标轨迹预测信息存在很大的不确定性，预测误差越大拦截弹就需要进行大幅修正弹道才能满足零控交接班条件，为了验证气动力修正能力以及零控交接班条件的有效性，设定 4 种不同目标轨迹预测误差情形见表 6-3。

表 6-3 目标交接班时刻状态

情　形	x/km	y/km	z/km	v/(m·s^{-1})	θ/(°)	ψ_{vf}/(°)
1	700	70	40	3 510	−168.5	5.1
2	700	63.3	40	3 537	−168.6	4
3	700	53.3	40	3 537	−168.6	4
4	700	33.3	40	3 537	−168.6	4

根据式(6.31)可计算出表 6-3 中 4 种不同情形下的交接班误差分别为

$$\left.\begin{aligned} d_1&=[-0.98\quad 0.22\quad 8.69] \\ d_2&=[-1.51\quad 0.40\quad 13.6] \\ d_3&=[-2.444\quad 0.349\quad 22.072] \\ d_4&=[-4.631\quad 0.154\quad 41.203] \end{aligned}\right\} \tag{6.62}$$

由图 6-10 可知，针对目标 4 种预测情形，拦截弹修正情形都能通过弹道修正实现中末制导交接班，前 3 种情形都在经过中制导弹道修正后基本能够实现零控交接班，情形 4 中，由于交接班误差大于中制导段气动力的修正能力，无法完成零控交接班，但通过末制导段的直接侧向力修，最终也能实现对目标的直接碰撞。因此中制导弹道修正最低目标是使得拦截弹的终端状态满足中末制导交接班窗口的约束。

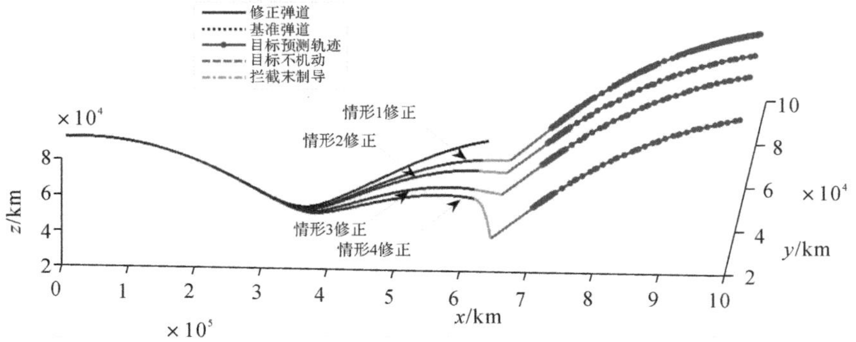

图 6-10 不同预测误差下的弹道修正结果

6.4 面向交接班截获窗口的中制导弹道在线生成

不理想的目标轨迹预测精度会引起较大的交接班误差，如果拦截弹中制导段不及时地进行弹道在线调整，会使得中制导段的终端状态难以满足期望的终端约束，从而使得真实的目标偏离导引头的视场范围。由于侧窗探测导引头侧向视场覆盖能力明显弱于纵向，然而目标又具备侧向大范围机动能力使得目标存在区域在侧向更分散，更容易导致导引头交接班失败。因此本小节将重点研究拦截弹弹道侧向的调整，使得拦截弹能够适应目标机动带来的不良影响，保证导引头视场对目标预测交接班区域的高概率覆盖。

6.4.1 侧窗探测导引头截获概率模型

由于 3.4.2 节对侧窗探测导引头进行了介绍，此处不再赘述。设最大截获距离为 $R=100$ km，导引头视线角跟踪范围方位 $q_\beta^b=[-5° \quad 5°]$，俯仰角 $q_\varepsilon^b=[-5° \quad 55°]$，利用拦截弹的导引头覆盖目标的 PHA，其原理如图 6-11 所示。

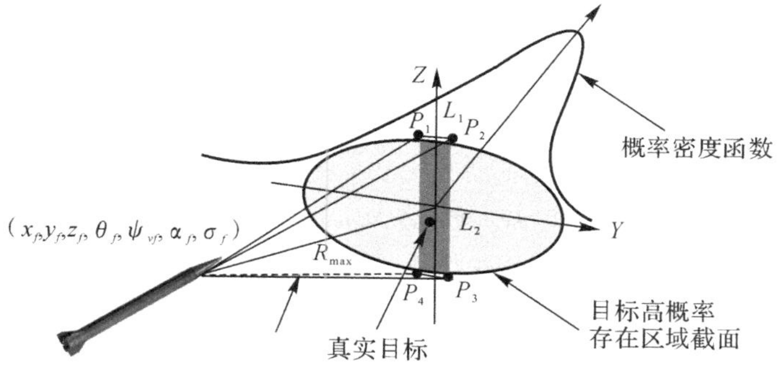

图 6-11　导引头视场覆盖目标 PHA

如图 6-11 所示，侧窗探测导引头理想的覆盖状态就是导引头视场的中心点对准目标 PHA 的中心位置。通过合理的调整拦截弹的位置以及导引头预设姿态角，能够使得目标高概率存在区域能够更好地被拦截弹的探测范围所覆盖。由于拦截弹被视为可控质点，不考虑姿态控制问题。交接班时刻拦截弹的视场投影受到和拦截弹状态量$(x_f, y_f, z_f, \theta_f, \alpha_f, \sigma_f)$的影响。

由于拦截弹采用 BTT 转弯控制方式，则侧滑角 $\beta=0$；而在中制导弹道设计时，为了与目标形成迎面拦截态势，令 $\theta_f=0$，为了简化侧窗视场的描述，将 σ_f 控制在零附近，则拦截弹姿态角可以表示为

$$\left.\begin{aligned}\vartheta_f&=\alpha_f+\theta_f\\ \psi_f&=\psi_{vf}\end{aligned}\right\}\tag{6.63}$$

导引头视场角的范围为

$$\left.\begin{aligned}q_{\varepsilon\max}&=\vartheta_f-5^\circ\\ q_{\varepsilon\mathrm{mid}}&=\vartheta_f-30^\circ\\ q_{\varepsilon\min}&=\vartheta_f-55^\circ\\ q_{\beta\max}&=\vartheta_f-5^\circ\\ q_{\beta\min}&=\vartheta_f\\ q_{\beta\min}&=\vartheta_f+5^\circ\end{aligned}\right\}\tag{6.64}$$

侧窗探测导引头视场经过简化处理后的视场范围为

$$\left.\begin{aligned}x_{\min}&=x_f+R_{\max}\cos q_{\varepsilon\mathrm{mid}}\cos q_{\beta\mathrm{mid}}\\ y_{\mathrm{mid}}&=y_f+R_{\max}\cos q_{\varepsilon\mathrm{mid}}\sin q_{\beta\mathrm{mid}}\\ z_{\mathrm{mid}}&=z_f+R_{\max}\sin q_{\varepsilon\mathrm{mid}}\end{aligned}\right\}\tag{6.65}$$

$$\left.\begin{aligned}x_1&=x_f+R_{\max}\cos q_{\varepsilon\max}\cos q_{\beta\max}\\ y_1&=y_f+R_{\max}\cos q_{\varepsilon\max}\sin q_{\beta\max}\\ z_1&=z_f+R_{\max}\sin q_{\varepsilon\max}\\ x_2&=x_f+R_{\max}\cos q_{\varepsilon\max}\cos q_{\beta\max}\\ y_2&=y_f+R_{\max}\cos q_{\varepsilon\max}\sin q_{\beta\min}\\ z_2&=z_f+R_{\max}\sin q_{\varepsilon\max}\\ x_3&=x_f+R_{\max}\cos q_{\varepsilon\min}\cos q_{\beta\min}\\ y_3&=y_f+R_{\max}\cos q_{\varepsilon\min}\sin q_{\beta\min}\\ z_3&=z_f+R_{\max}\sin q_{\varepsilon\min}\\ x_4&=x_f+R_{\max}\cos q_{\varepsilon\min}\cos q_{\beta\max}\\ y_4&=y_f+R_{\max}\cos q_{\varepsilon\min}\sin q_{\beta\max}\\ z_4&=z_f+R_{\max}\sin q_{\varepsilon\min}\end{aligned}\right\}\tag{6.66}$$

在作战过程中，由于拦截弹和目标在 x 轴相向运动，对于目标 PHA 椭球的覆盖可以转化为针对 x 轴特定截平面上的目标椭圆形区域覆盖。根据图 6－12 可知，拦截弹视场对应探测范围近似为一个长方形区域，并且两个边长 L_1 和 L_2 可以表示为

$$L_1=R_{\max}q_\beta^b,L_2=R_{\max}q_\varepsilon^b\tag{6.67}$$

$$p(y,y_i)=\begin{cases}\dfrac{1}{\delta}(y-y_i)+\dfrac{L_1}{2\delta},-\dfrac{L_1}{2}<y<y_i<\delta-\dfrac{L_1}{2}\\ 1,|y-y_i|\leqslant\dfrac{L_1}{2}-\delta\\ -\dfrac{1}{\delta}(y-y_i)+\dfrac{L_1}{2\delta},\dfrac{L_1}{2}-\delta<y<y_i<\dfrac{L_1}{2}\\ 0,|y-y_i|\geqslant\dfrac{L_1}{2}\end{cases}\tag{6.68}$$

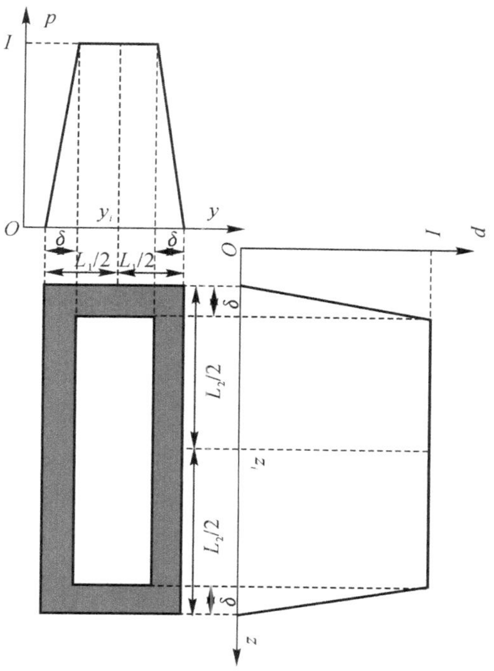

图 6-12 侧窗探测导引头截获概率模型

$$p(z,z_i)=\begin{cases}\dfrac{1}{\delta}(z-z_i)+\dfrac{L_2}{2\delta},-\dfrac{L_2}{2}<z<z_i<\delta-\dfrac{L_2}{2}\\1,|z-z_i|\leqslant\dfrac{L_2}{2}-\delta\\-\dfrac{1}{\delta}(z-z_i)+\dfrac{L_2}{2\delta},\dfrac{L_2}{2}-\delta<z<z_i<\dfrac{L_2}{2}\\0,|z-z_i|\geqslant\dfrac{L_2}{2}\end{cases}\tag{6.69}$$

拦截弹对目标的截获概率可以表示为

$$P_k=P_k(y)\times P_k(z)=\int_{-\infty}^{+\infty}\int_{-\infty}^{+\infty}p(y,y_i)p(z,z_i)f_k(y)\mathrm{d}yf_k(z)\mathrm{d}z\tag{6.70}$$

拦截弹中制导段弹道在线生成的目的就是根据目标预测轨迹以及 PDF 的变化，及时调整拦截弹弹道，确保在中末制导交接班时刻 t_f，同时使得拦截弹导引头对目标的捕获概率达到最大化 $\max(P_k)$。若目标的高概率存在区域在导引头探测范围内的积分值超过一定阈值则认为该目标能够成功捕获。

6.4.2 基于滚动时域控制策略的 MPSP 弹道在线生成算法设计

拦截弹中制导弹道在线生成技术是实现对目标 PHA 高概率覆盖的有效手段。在基于 MPSP 次优弹道生成算法的基础之上，本节引入滚动时域控制策略来实现拦截弹中制导弹道在线生成。

滚动时域控制(Receding Horizon Control, RHC)是一种最早应用于工业控制的基于在线优化的控制方法。RHC将一段时间内的优化问题转化为有限个足够小的时间段内的优化问题,进而显著减小计算的复杂度。滚动时域控制的闭环稳定性已经得到了理论上的证明。在当前系统最优控制量作用下,预测得到的一段固定时间内的系统状态与系统期望状态的误差作为优化算法的适应度函数。在每个预测时间段内,局部优化目标与全局优化目标相一致,因此局部优化问题的数学模型等价于全局优化问题的数学模型。随着时间的推进,重复求解实时的最优控制指令并更新模型状态和指令序列,以达到逐步缩小系统状态与系统期望状态之间误差的目的,使得系统达到期望的状态。RHC形成的基于当前状态进行优化的策略对控制对象的不同状态甚至故障状态有着很强的适应能力。滚动时域控制的闭环稳定性已经得到了理论上的证明。相比固定时域能够极大地减少计算时间,满足弹道在线生成的要求。

基于滚动时域控制的中制导弹道的制导指令在线更新机制如图6-13所示。

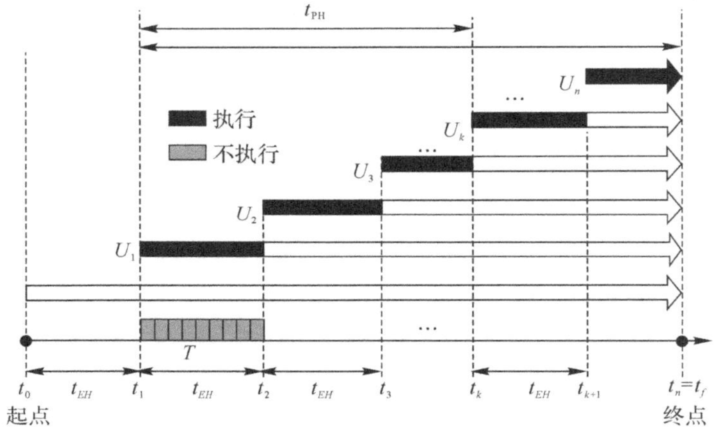

图6-13 滚动时域下制导指令执行策略

T 为仿真步长;t_{PH} 为滚动时域长度;t_{EH} 为制导指令更新周期;$t_i(i=1,2,\cdots,n)$为制导指令更换时刻;$\boldsymbol{U}_k$ 为制导指令。如果制导指令计算在更换时刻 t_i 没有在规定的时间 t_{EH} 内完成,可以使用上一周期生成的制导指令;另外为了节省拦截弹中制导弹道修正的成本,需要根据预测交班区域的动态变化情况,形成合理的弹道指令切换机制,若目标机动不明显,则制导指令无需调整,若机动明显,则需要较为频繁的调整。

面向动态交接班的拦截弹中制导弹道在线生成算法框图如图6-14所示,具体步骤总结如下:

Step1:利用天基、空基、海基和地基等综合探测平台对来袭目标进行跟踪探测,基于探测系统的量测信息对目标在中末制导交接班时刻的运动状态进行预测;

Step2:根据拦截初始时刻目标的预测交接班区域,利用第4章自适应Radau伪谱法离线解算面向中末制导交接班的基准弹道数据;

Step3:更新目标在交接班时刻的高概率存在区域,根据每个阶段得到的目标预测信息判断拦截弹导引头指向是否需要调整，若需要调整，根据期望的导引头指向更新拦截弹中制导终端约束条件；

Step4：利用基于滚动时域控制策略的 MPSP 弹道在线生成算法在线生成控制指令修正量，调整拦截弹弹道终端位置和速度指向，实现对导引头指向的控制；若所生成的终端条件无法执行则需要返回进行调整；最终实现对拦截弹导引头指向的调整；

Step5：由于目标进行机动突防，使得整个中制导过程目标的预测交接班区域会不断变化，重复 Step3 和 Step4 直到交接班时刻导引头开机后能够成功截获目标。

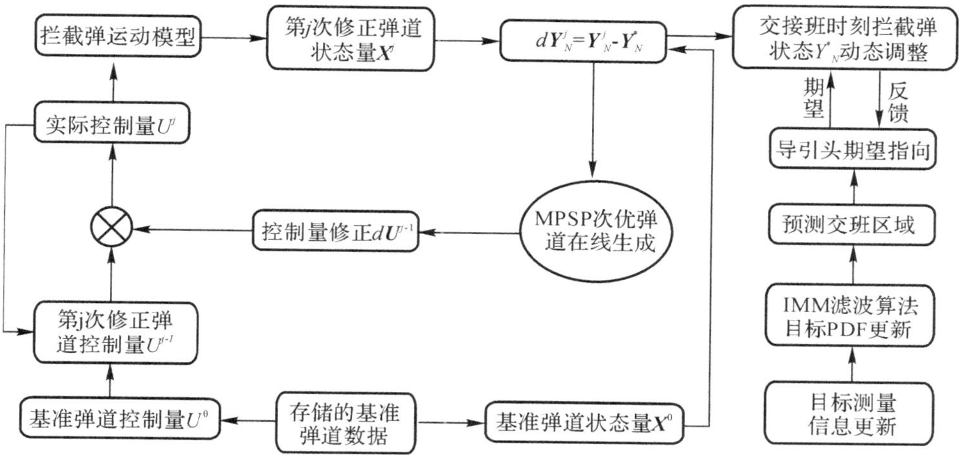

图 6-14　面向动态交接班的次优弹道在线生成原理

6.4.3　仿真分析

为了验证面向动态交接班的中制导弹道在线生成方法的合理性和可行性，开展以下仿真，首先根据 5.2.3 节得到的目标概率存在区域信息设计拦截弹中制导基准弹道终端约束条件，然后利用第 4 章设计的 Radau 伪谱法解算基准弹道。其中，拦截弹中制导基准弹道初始和终端条件设计见表 6-4。

表 6-4　中制导基准弹道初始和终端条件设置

x_0	y_0	z_0	θ_0	ψ_{v0}	$v_0/(\mathrm{m\cdot s^{-1}})$
80	30	80	−5	0.1	3 000
x_f	y_f	z_f	θ_f	ψ_{vf}	J
600	30	45	0	0	v_{max}

为了保证拦截弹导引头覆盖范围对目标预测交接班区域覆盖的最大化，根据目标预测交接班区域信息的不断更新，拦截弹通过在线弹道来调整导引头的视场覆盖范围。计算得到弹道在线调整的时间以及调整的距离见表 6-5。

表 6-5　拦截弹中制导弹道期望调整信息

调整时间/s	0(160)	16	30	44	58	74
y_f/km	30	47.39	66.07	83.93	100.81	117.1

由表 6-5 可知，拦截弹弹道调整的时间起点为目标轨迹预测的时间起点。拦截弹在基准弹道的基础上，由于目标侧向机动带来的交接班时刻预测信息变化使得拦截弹共需要在线进行了 5 次弹道调整。根据表 6-5 设计拦截弹中制导弹道实际调整状态为表 6-6，下面将通过仿真验证基于滚动时域控制策略的 MPSP 弹道在线生成算法在有限次弹道在线调整的能力以及计算效率。

表 6-6　拦截弹中制导弹道实际的调整信息

	修正 1	修正 2	修正 3	修正 4	修正 5
dy_f/km	15	15	13	15	5
$d\psi_{vf}$/(°)	3	3	2.5	3	1

第 1 次弹道调整到第 5 次弹道调整的过程如图 6-15～图 6-19 所示。

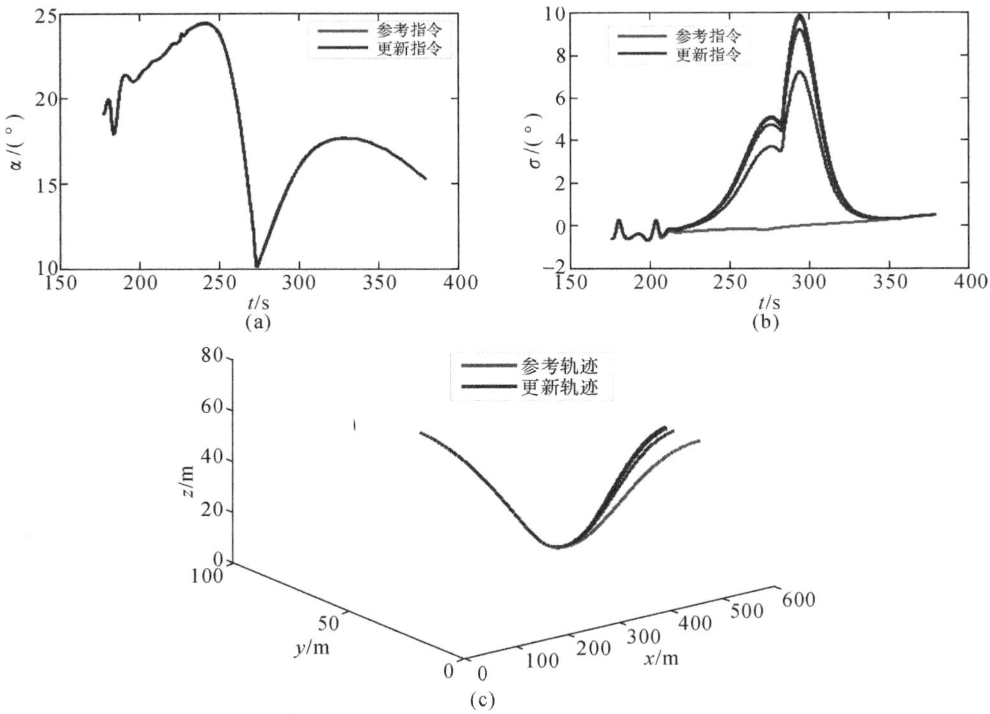

图 6-15　第 1 次弹道在线调整结果

(a)攻角变化曲线；(b)倾侧角变化曲线；(c)拦截弹在线生成弹道

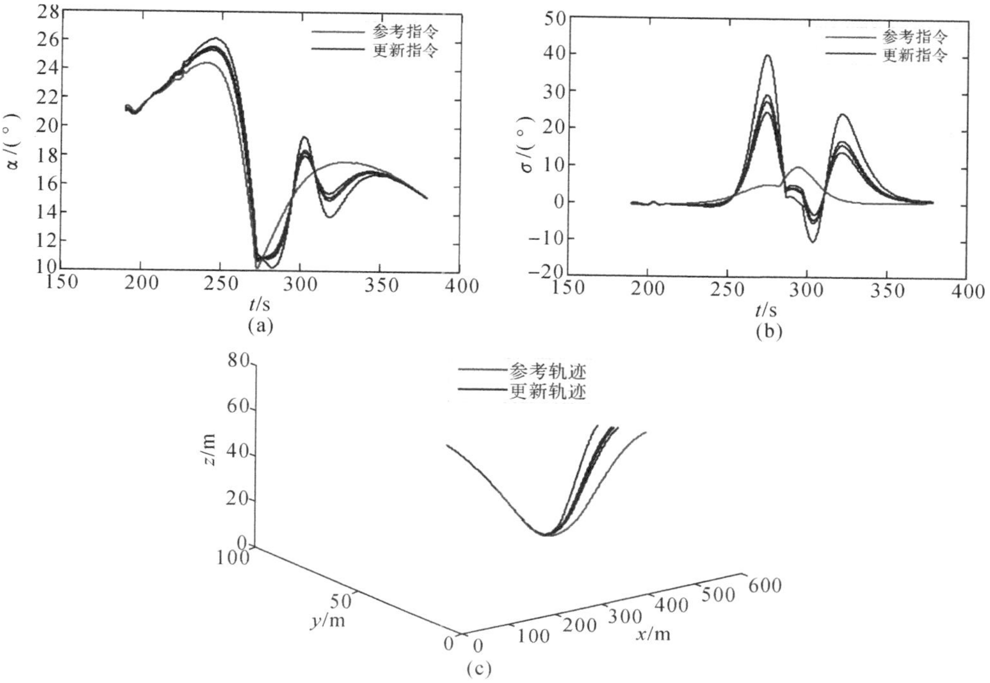

图 6－16　第 2 次弹道在线调整结果

(a)攻角变化曲线；(b)倾侧角变化曲线；(c)拦截弹在线生成弹道

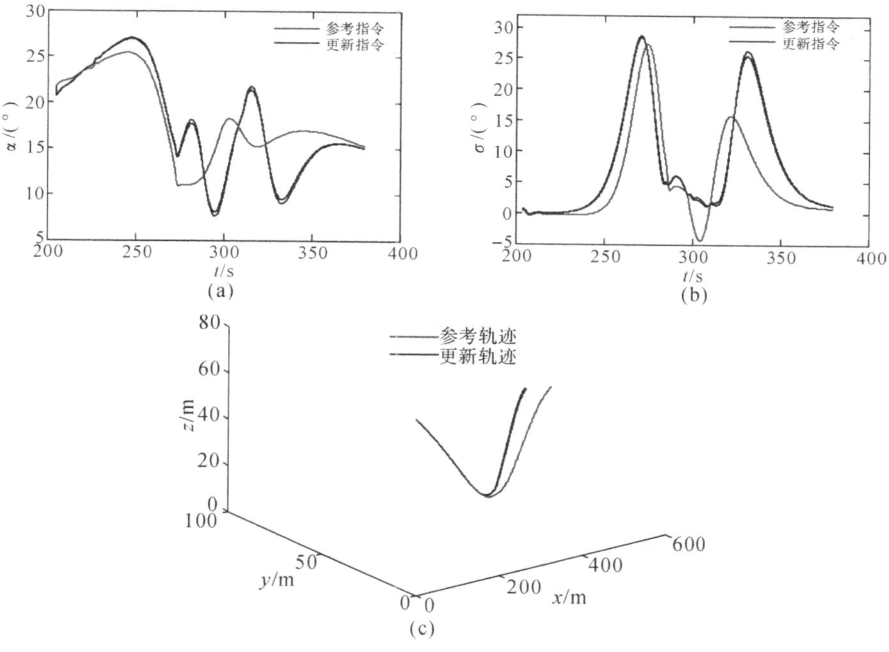

图 6－17　第 3 次弹道在线调整结果

(a)攻角变化曲线；(b)倾侧角变化曲线；(c)拦截弹在线生成弹道

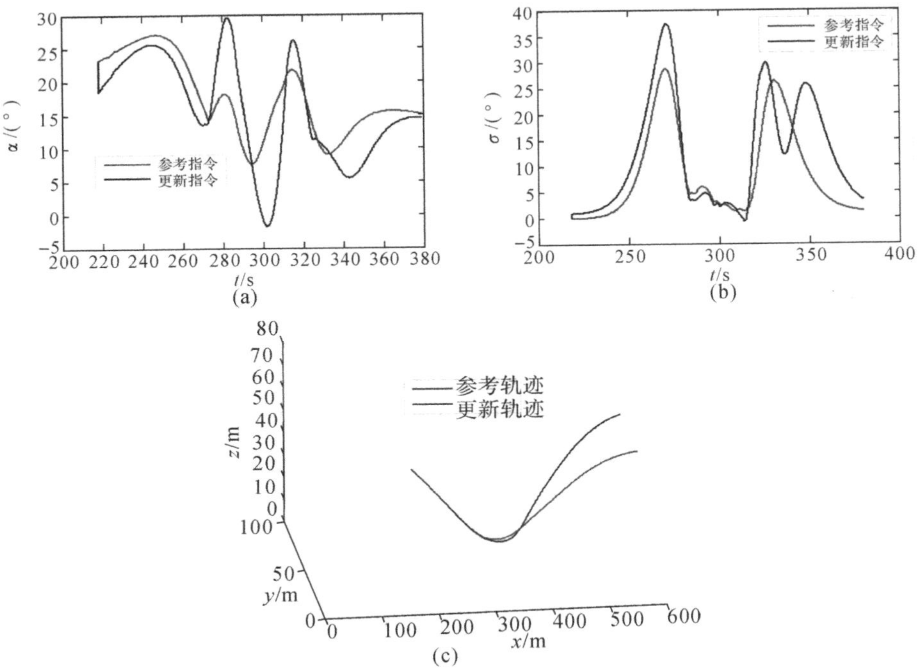

图 6-18　第 4 次弹道在线调整结果

(a)攻角变化曲线；(b)倾侧角变化曲线；(c)拦截弹在线生成弹道

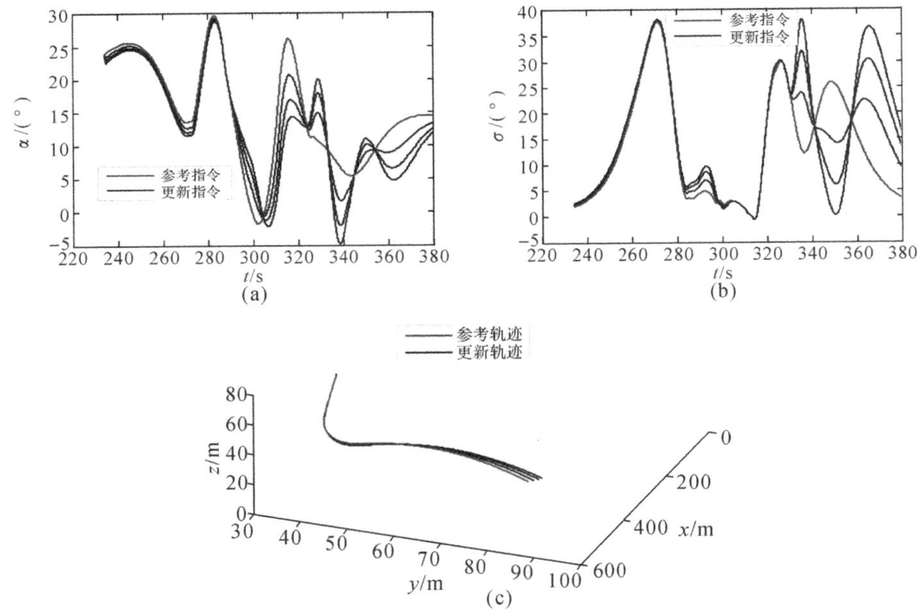

图 6-19　第 5 次弹道在线调整结果

(a)攻角变化曲线；(b)倾侧角变化曲线；(c)拦截弹在线生成弹道

图 6－15～图 6－19 给出了拦截弹中制导弹道 5 次弹道在线调整的仿真结果。由图 6－15～图 6－19 可知，随着拦截任务的推进，目标交接班时刻概率存在区域的更新，基于滚动时域的 MPSP 在线生成算法能够高效的计算满足期望终端约束的弹道。然而，拦截弹弹道在线修正的次数是有限的，并不能修正的过于频繁；修正的时间越早弹道可修正能力越强，越靠近交接班时刻，拦截弹弹道修正能力越弱。并且在第 4、5 次修正过程中，拦截弹交接班时刻的倾侧角变大，这会使得导引头视场覆盖范围的控制变得复杂，交接班问题也会变得复杂。为此，可以引入直接力装置对交接班时刻的倾侧角进行修正。由表 6－7 可知，MPSP 算法的计算效率非常高效，且终端状态的收敛精度能够满足弹道在线调整的要求。

表 6－7　5 次弹道修正终端状态收敛情况

	迭代次数	时间/s	x 误差/m	y 误差/m	z 误差/m	θ/(°)	Psai/(°)
修正 1	4	0.98	−498.5	−77.5	−201.0	−9.26e−03	0.47
修正 2	4	0.78	−5.88	−2.13	−2.49	−0.4	0.1
修正 3	2	0.33	−2.81	−1.76	−8.22	−2.29	7.06
修正 4	1	0.02	−3.40	−6.76	1.914	0.4	0.7
修正 5	3	0.18	354.5	−506.9	354.5	0.5	−0.165

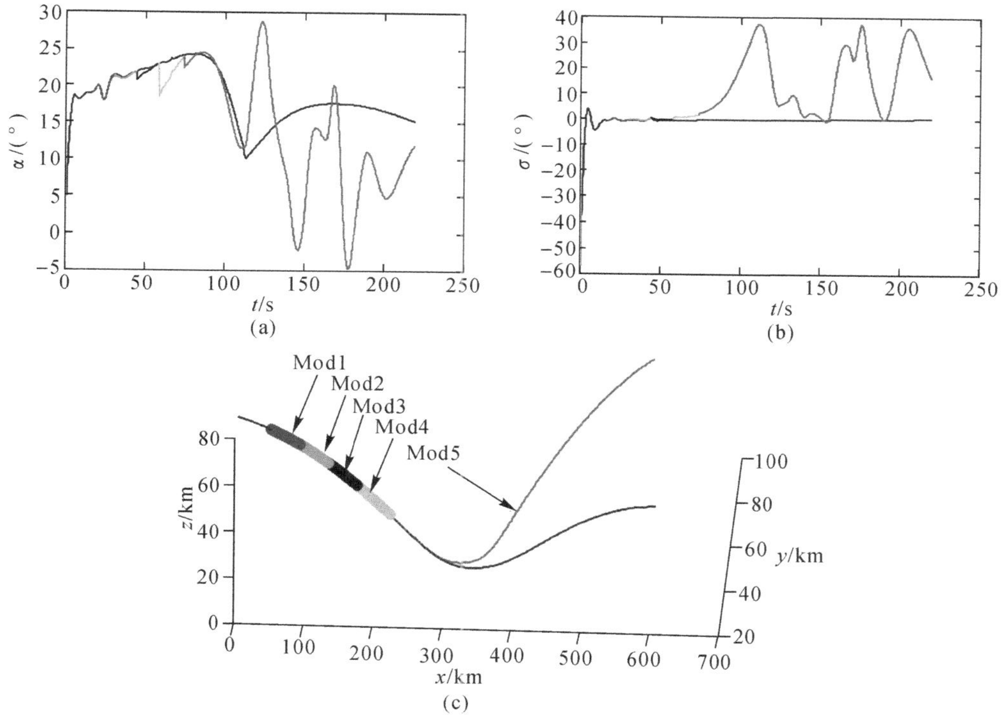

图 6－20　拦截弹最终生成弹道的结果

(a)攻角变化曲线；(b)倾侧角变化曲线；(c)拦截弹在线生成弹道

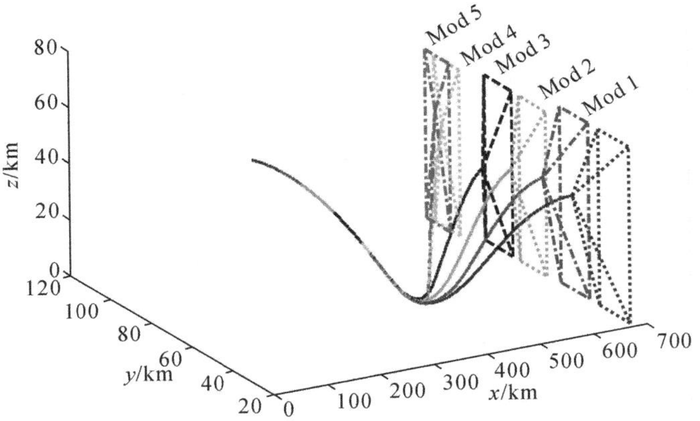

(d)

续图 6-20 拦截弹最终生成弹道的结果

(d)拦截弹 5 次修正视场变化情况

图 6-20 给出了拦截弹最终生成弹道的结果，拦截弹中制导总的时间为 200 s，弹道在线调整主要集中在前 74 s 内完成。在线解算得到的控制指令连续，控制系统可进行跟踪控制。目标预测信息更新使得拦截弹导引头视场在侧向要调整 87 km，拦截弹通过将侧向位置调整 63 km，弹道偏角调整 12.5°。实现了对导引头视场侧向覆盖位置的有效调整。但目标预测信息在 74 s 之后出现较大变化，则单枚拦截弹弹道在线调整将难以适应。

附录 6-A

拦截弹运动各方程对各状态量和控制量的偏导数

(A-1)	(A-2)
$\begin{cases} \dfrac{\partial f_1}{\partial x_M}=0 \\ \dfrac{\partial f_1}{\partial y_M}=0 \\ \dfrac{\partial f_1}{\partial z_M}=0 \\ \dfrac{\partial f_1}{\partial y_M}=\cos\theta_M\cos\psi_M \\ \dfrac{\partial f_1}{\partial y_M}=-v_M\sin\theta_M\cos\psi_M \\ \dfrac{\partial f_1}{\partial \alpha}=0 \\ \dfrac{\partial f_1}{\partial \beta}=0 \end{cases}$	$\begin{cases} \dfrac{\partial f_2}{\partial x_M}=0 \\ \dfrac{\partial f_2}{\partial y_M}=0 \\ \dfrac{\partial f_2}{\partial z_M}=0 \\ \dfrac{\partial f_2}{\partial v_M}=\cos\theta_M\sin\psi_M \\ \dfrac{\partial f_2}{\partial \theta_M}=-v_M\sin\theta_M\sin\psi_M \\ \dfrac{\partial f_2}{\partial \alpha}=0 \\ \dfrac{\partial f_2}{\partial \beta}=0 \end{cases}$

(A－1)	(A－2)
$\begin{cases} \dfrac{\partial f_3}{\partial x_M}=0 \\ \dfrac{\partial f_3}{\partial y_M}=0 \\ \dfrac{\partial f_3}{\partial z_M}=0 \\ \dfrac{\partial f_3}{\partial y_M}=\sin\theta_M \\ \dfrac{\partial f_3}{\partial \theta_M}=v_M\cos\theta_M \\ \dfrac{\partial f_3}{\partial \psi_M}=0 \\ \dfrac{\partial f_3}{\partial \alpha}=0 \\ \dfrac{\partial f_3}{\partial \beta}=0 \end{cases}$	$\begin{cases} \dfrac{\partial f_4}{\partial x_M}=0 \\ \dfrac{\partial f_4}{\partial y_M}=0 \\ \dfrac{\partial f_4}{\partial z_M}=\dfrac{-C_D v^2 MS}{2m}\dfrac{\partial \rho}{\partial z_M}-\sin\theta_M\dfrac{\partial g}{\partial z_M} \\ \dfrac{\partial \rho_3}{\partial z_M}=-\dfrac{\rho_0}{H}e^{(\frac{z}{H})},\dfrac{\partial g}{\partial z_M}=\dfrac{-2\mu}{(z_M+\mathrm{Re})^3} \\ \dfrac{\partial f_4}{\partial v_M}=\dfrac{-C_D\rho v_M S}{m} \\ \dfrac{\partial f_4}{\partial \theta_M}=-g\cos\theta_M \\ \dfrac{\partial f_4}{\partial \psi_M}=0 \\ \dfrac{\partial f_4}{\partial \alpha}=\dfrac{-\rho v_M^2 S\partial C_D}{2m\ \partial \alpha},\dfrac{\partial C_D}{\partial \alpha}=C_D^{\alpha}+2C_D^{\alpha^2}\alpha \\ \dfrac{\partial f_4}{\partial \beta}=0 \end{cases}$

(A－5)	(A－6)
$\begin{cases} \dfrac{\partial f_5}{\partial x_M}=0 \\ \dfrac{\partial f_5}{\partial y_M}=0 \\ \dfrac{\partial f_5}{\partial z_M}=\dfrac{C_L v_M S\cos\beta}{2m}\dfrac{\partial \rho}{\partial z_M}-\dfrac{v_M\cos\theta_M}{(z_M+\mathrm{Re})^2}-\dfrac{\cos\theta_M}{v_M}\dfrac{\partial g}{\partial z_M} \\ \dfrac{\partial f_5}{\partial v_M}=\dfrac{C_L\rho S}{2m}\cos\beta+\cos\theta_m\left(\dfrac{1}{z_M+\mathrm{Re}}+\dfrac{g}{v_M^2}\right) \\ \dfrac{\partial f_5}{\partial \theta_M}=\sin\theta_M\left(\dfrac{g}{v_M}-\dfrac{v_M}{z_M+\mathrm{Re}}\right) \\ \dfrac{\partial f_5}{\partial \psi_M}=0 \\ \dfrac{\partial f_5}{\partial \alpha}=\dfrac{\rho v_M S\cos\beta\partial C_L}{2m\ \partial \alpha},\dfrac{\partial C_L}{\partial \alpha}=C_L^{\alpha} \\ \dfrac{\partial f_5}{\partial \beta}=-\dfrac{C_L qS}{m v_M}\sin\beta \end{cases}$	$\begin{cases} \dfrac{\partial f_6}{\partial x_M}=0 \\ \dfrac{\partial f_6}{\partial y_M}=0 \\ \dfrac{\partial f_6}{\partial z_M}=\dfrac{C_L v_M S\sin\beta}{2m\cos\theta_M}\dfrac{\partial \rho}{\partial z_M} \\ \dfrac{\partial f_6}{\partial v_M}=\dfrac{C_L\rho S\sin\beta}{2m\cos\theta_M} \\ \dfrac{\partial f_6}{\partial \theta_M}=\dfrac{C_L qS\sin\beta}{m v_M}\dfrac{\sin\theta_M}{\cos^2\theta_M} \\ \dfrac{\partial f_6}{\partial \psi_M}=0 \\ \dfrac{\partial f_6}{\partial \alpha}=\dfrac{\rho v_M S\sin\beta\partial C_L}{2m\cos\theta_M\ \partial \alpha}=C_L^{\alpha} \\ \dfrac{\partial f_6}{\partial \beta}=\dfrac{C_L\rho S\cos\beta}{m v_M\cos\theta_M} \end{cases}$

第7章 基于协同覆盖的多拦截弹中制导弹道在线生成

7.1 协同弹道生成概述

在复杂的作战环境下，由于目标跟踪探测噪声、目标冗余机动以及多源探测跟踪传感设备的数据融合误差等的综合影响，导引头所要探测的目标信息支援系统能够提供的目标信息已不再是一个具有连续航迹的动点，而是转变为一个以概率密度函数描述的目标动态区域。单枚拦截弹导引头的探测能力有限，当目标进行随机绕飞突防将导致轨迹预测效果恶化，而导引头视场对目标概率散布范围的覆盖概率将会减小甚至变为零；另外，在拦截弹中制导弹道在线调整过程中，目标的突防也会根据动态拦截区域进行在线规划设计，具有一定的自主性和博弈性，任何预测模型都很难准确匹配目标真实的机动模型，特别是目标的侧向机动具有很大的随机性和博弈性。在过载受限的条件下，单枚拦截弹通过弹道在线生成一定程度上能够适应目标侧向机动对防御方带来的挑战，然而当目标侧向机动幅度过大或者在临近交接班时刻进行机动都会使得拦截弹导引头难以成功截获目标。受当前技术水平限制，通过提升单枚拦截弹的能力实现对此类目标的拦截在短期内很难实现，研究多拦截器协同制导技术更具现实意义。

近年来，国内外一些学者对多拦截器协同制导问题进行了研究，比较典型的研究方向如对闭环时间协同制导律问题研究，按照协同制导的架构，将多拦截器时间协同制导分为双层协同制导架构和“领弹－从弹”协同制导架构；另一个研究较多的方向是基于集中式和分布式协同策略的多拦截器协同制导方法。但是现有文献研究多集中于末制导段，认为多拦截器已成功探测并捕获目标，目标的所有信息认为能够实时精确获取，这一假设条件在针对高速机动目标作战的中制导阶段很难满足。事实上，在复杂的作战环境下，由于探测噪声的存在、目标机动的不确定性以及作战任务的多样性，制导目标已不再是一个动点，而是一个以概率密度函数描述的动态区域。传统研究中的拦截器中制导终端条件主要为特定的预测命中点，但是考虑到高速运动目标的快速性以及轨迹的不确定性，精确预测命中点的解算几乎是不可能的，只有考虑在目标概率密度函数描述的基础上，以拦截器导引头探测区域协同覆盖目标高概率存在区域，才能确保多拦截器中制导的顺利实施以及中末制导交接班的成功完成。针对该问题，一些学者将目标终端时刻位置不确定性描述成为多个高斯分布随机量的和，构造了目标终端时刻位置概率密度函数在拦截弹位置可达集内的积分作为制导的指标函数，并且在预测控制的框架下进行制导律设计问题的研究。基于上述思想，也有学者考虑每个目标运动信息的不确定性以及目标虚警概率，预测真实目标在末制导终端时刻可能出现的区域及概率密度分布，以拦截弹可达集对目标可能出现区域的覆盖率最大为目标设计了拦截弹的制导控制指令。这些研究多集中研究末制导阶段多拦截弹攻击区对目标终端时刻存在区域的协同覆盖，对多拦截弹中制导终端时刻多拦截弹拦截能力覆盖最大化问题的研究较少。针对该问题，根据目标位置概率密度函数的变化对弹道进行修正，确保在中末制导交接班时刻，多拦截弹导引头协同探测区域能够覆盖目标高概率存在区域，并成功捕获目标转入末制导，同时保证多拦截弹之间编成拦截队形，相邻拦截弹之间保持一定的安全距离避免碰撞，但是并不能对交接班时间进行控制。以上研究对于多拦截弹协同覆盖目标高概率存在区域进行了有效探索，但是导引头搜索模型构建以及协同覆盖策略等方面还不够完善。

多拦截弹协同拦截能够通过信息融合扩大探测范围、通过数据处理提高目标识别率以及在预测拦截位置不足够精确的情况下仍能保证拦截的优点，因此本章将在中制导弹道在线生成方法的基础上，研究基于协同覆盖理论的中制导弹道在线生成问题。

结合第3章已经指出的中末交接班既要保证导引头能够看到目标，还需保证拦截弹能够成功命中目标，研究过程中考虑多导引头协同覆盖目标高概率存在区域和多拦截弹可拦截区域覆盖预测命中区域两种覆盖策略。考虑拦截对抗中目标的博弈性机动，目标典型侧向机动突防场景如图7-1所示，考虑雷达探测和拦截弹防御而进行的两次机动，主要目的是增大探测误差和减小拦截弹的杀伤概率。为了保证导引头能够成功截获目标，将目标考虑成为以概率密度函数描述的动态区域，利用多拦截弹导引头协同探测区域对目标高概率存在区域进行覆盖，根据目标概率密度函数的变化对多拦截弹弹道进行修正；为了保证拦截弹能够成功命中目标，利用多拦截弹协同可拦截区域对目标预测命中区域进行覆盖。

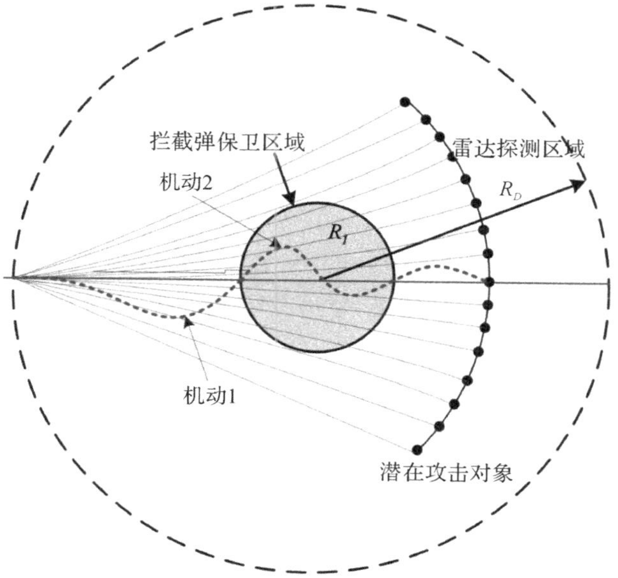

图7-1　目标侧向机动突防典型场景

7.2 协同覆盖策略分析

本章在拦截弹弹道在线生成技术的基础上，针对单枚拦截弹侧向调整能力不足和导引头探测能力有限，提出多导引头协同覆盖目标高概率存在区域的策略；针对单枚拦截弹末端修正能力受限于自身过载，难以修正因较大预测误差引起的交接班误差，提出多拦截弹可拦截区域协同覆盖预测命中区域的策略。假设防御方通过预警探测平台发现来袭的目标后及时发射了 n 枚拦截弹，记每枚拦截弹为 $M_i(i=1,2\cdots,n)$。每枚拦截弹上装备有红外凝视侧窗探测导引头。其中，导引头截获概率模型已在第 5 章介绍，拦截弹可拦截区域建模将在 7.4.2 节介绍。两种策略介绍如下。

7.2.1 多导引头协同覆盖目标高概率存在区域分析

将目标交接班时刻预测信息的概率密度函数在多拦截弹导引头协同探测范围内的积分值作为多导引头协同覆盖目标的性能指标即为协同截获概率。若协同截获概率超过一定阈值则认为该目标能够被成功截获。当目标为突破防御方的拦截进行机动，防御方及时更新目标运动的量测信息，预测交班区域会因为目标机动发生改变，多拦截弹通过在线调整弹道的终端状态和姿态从而控制导引头视场对预测交班区域的有效覆盖范围，最终确保至少一枚拦截弹导引头能够实现截获目标的目的。其原理如图 7－2 所示。

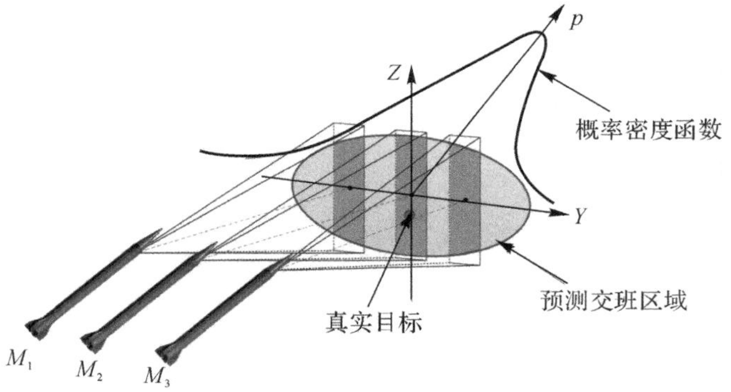

图 7－2　多导引头协同覆盖目标高概率存在区域

假设我方的防御作战火力单元在发现目标威胁后发射了 n 枚拦截弹，记每枚拦截弹为 $M_i(i=1,2,\cdots,n)$。如图 7－3 所示，每枚拦截弹上装备有被动红外成像导引头，其最大探测距离为 R，瞬时红外成像视场为 $\eta\times\eta$，利用多枚拦截弹的导引头协同覆盖目标的 HPR。

在图 7－3 中，由于拦截弹和目标在 x 轴相向运动，所以拦截弹导引头对目标的协同捕获主要是在 y 轴和 z 轴方向，依靠导引头的作用区域协同覆盖目标在这两个轴向上的分布区域。即当拦截弹和目标的相对距离满足目标位于拦截弹导引头的作用范围内时，对于目标 HPR 椭球的协同覆盖可以褪化为针对 x 轴特定截平面上的目标椭圆形区域覆盖。

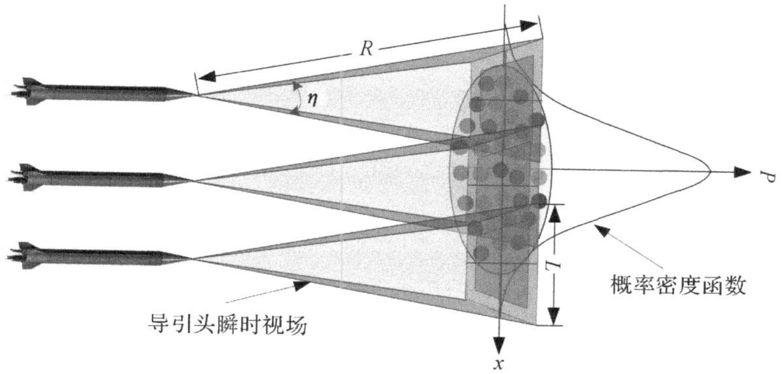

图 7 - 3 多拦截弹导引头协同覆盖目标 HPR 示意图

根据图 7 - 3 可知,拦截弹视场对应探测范围近似为一个正方形区域,并且边长 L 可以表示为

$$L = R\eta \tag{7.1}$$

在 y 轴和 z 轴方向,拦截弹导引头对目标的捕获概率 $p(\lambda, \lambda_i)$ 建模如图 7 - 4 所示。

$$p(\lambda, \lambda_i) = \begin{cases} \dfrac{1}{\delta}(\lambda - \lambda_i) + \dfrac{L}{2\delta}, & -\dfrac{L}{2} < \lambda - \lambda_i < \delta - \dfrac{L}{2} \\ 1, & |\lambda - \lambda_i| \leqslant \dfrac{L}{2} - \delta \\ -\dfrac{1}{\delta}(\lambda - \lambda_i) + \dfrac{L}{2\delta}, & \dfrac{L}{2} - \delta < \lambda - \lambda_i < \dfrac{L}{2} \\ 0, & |\lambda - \lambda_i| \geqslant \dfrac{L}{2} \end{cases}$$

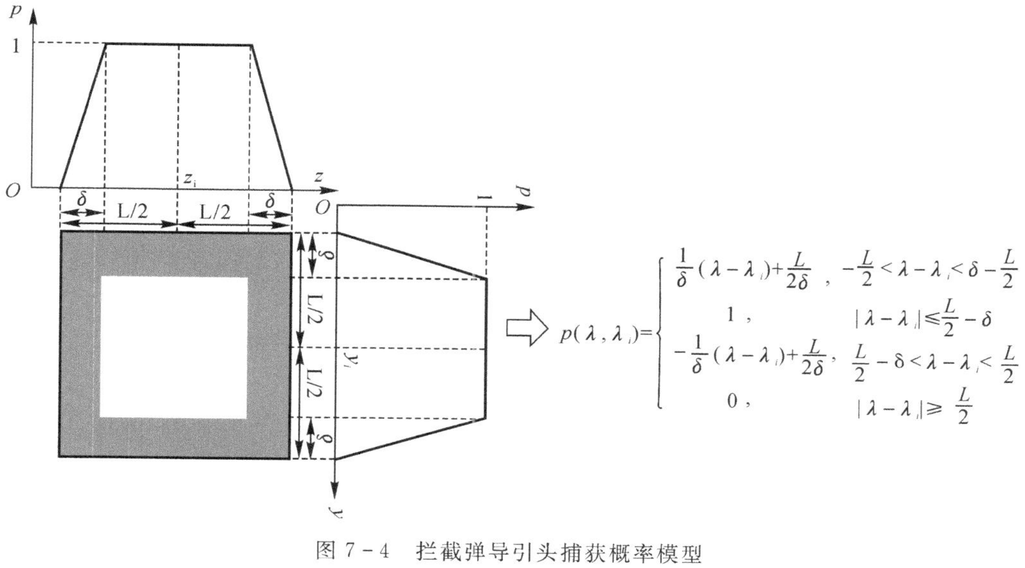

图 7 - 4 拦截弹导引头捕获概率模型

在图 7 - 4 中导引头的探测区域主要分为三部分,分别是中间的白色区域,代表在此区域内导引头可以准确探测捕获目标,对目标的探测概率为 1;导引头作用范围之外的区域,代表在此区域内,导引头不能探测到目标,对目标的探测捕获概率为 0;以及二者之间的过渡区域,代表在此区域内,导引头对目标的探测概率从 0 上升为 1。这样建模的目的是更好地描述导引头视场边缘区域由于视场模糊造成的目标漏检情况,同时可以避免捕获概率从 0 到 1 的非连续性。

在图 7－4 中 $\lambda=y, z$ 分别表示 y 轴和 z 轴上目标的预测位置，λ_i 表示第 M_i 拦截弹的导引头在不同轴向上的中心点位置。$L/2$ 表示拦截弹导引头探测区域边长的一半。δ 为过渡区域的宽度。

根据以上导引头捕获模型，位于(y_i, z_i)的拦截弹 M_i 对于位置为(y, z)的目标的捕获概率表示为 $p(y, y_i)p(z, z_i)$，那么目标至少被一枚拦截弹捕获的概率可以表示为

$$1-\prod_{i=1}^{n}(1-p(y, y_i)p(z, z_i)) \tag{7.2}$$

结合目标的 PDF，n 枚拦截弹对于目标的协同捕获概率 P_k 可以表示为

$$P_k=\int_{-\infty}^{+\infty}\int_{-\infty}^{+\infty}\left(1-\prod_{i=1}^{n}(1-p(y, y_i)p(z, z_i))\right)f_k(y)\mathrm{d}y f_k(z)\mathrm{d}z \tag{7.3}$$

因此，临近空间防御作战中制导段弹道生成与修正的目的就是根据目标预测轨迹以及 PDF 的变化，及时调整拦截弹轨迹，确保在中末制导交接班时刻 t_f，$\max P_k$。

7.2.2 多拦截弹可拦截区域协同覆盖预测命中区域分析

由于要实现对目标的拦截，拦截弹的可用过载需要是目标机动值的 3 倍左右。由于高速机动目标预测轨迹存在较大的不确定性，通过预测轨迹解算得到的命中点会变成动态变化的预测命中区域。拦截弹在过载受限情况下，单枚拦截弹的可拦截区域难以完全覆盖预测命中区域。在交接班时刻可通过控制多枚拦截弹满足期望的位置和速度指向要求，从而实现多枚拦截弹的可拦截区域协同覆盖目标的预测命中区域目的。其原理如图 7－5 所示。

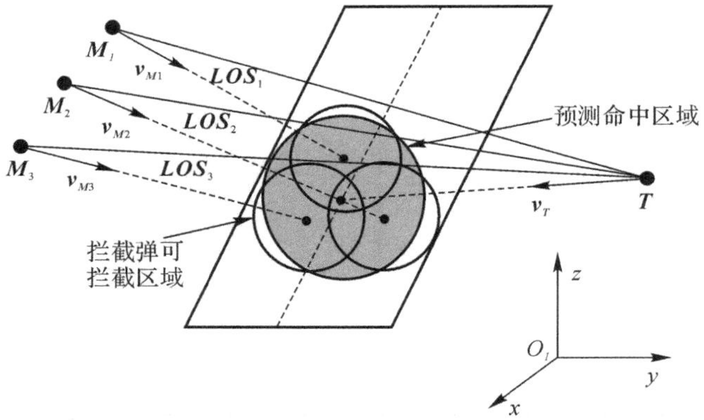

图 7－5　多拦截弹可拦截区域协同覆盖预测命中区域

7.3 协同覆盖策略数学建模

考虑 N 个智能体覆盖在目标区域 $R\in\mathbf{R}^2$，所有智能体的位置集合为 $P=\{p_1, p_2, \cdots, p_N\}$。令 $p_i=[p_i^y, p_i^z]^{\mathrm{T}}$ 表示智能体 A_i 在目标区域内的位置，目标区域的概率密度分布函数为 $\phi(\xi): R\rightarrow\mathbf{R}^+$，其中 $\xi\in R$ 表示目标区域 R 内的任意一点。为了定量描述多智能体的

覆盖效果，定义智能体 A_i 对点 ξ 的覆盖代价函数 $h(p,\xi)$ 为

$$h(p,\xi)=\| p_i-\xi \| \tag{7.4}$$

因此多个智能体对目标区域的覆盖代价函数可以表示为

$$H(P,R,\phi)=\int_R h(p_i,\xi)\phi(\xi)\mathrm{d}\xi \tag{7.5}$$

式(7.5)又被称为位置优化函数，由式(7.5)可知，每个智能体均对于目标区域内的点 $\xi\in R$ 具有覆盖能力，然而点 ξ 到智能体的距离越大，智能体对该点的覆盖代价越大，覆盖性能越差。为了使区域覆盖问题中的代价函数 $H(P,R,\varphi)$ 最小，所以选择距离最小的智能体对该点进行覆盖。本章主要通过优化多智能体的位置，调节每个智能体的分配区域，使得该代价函数最小。

Voronoi 分割具有针对性强，计算效率高等特点，目前在无线传感器网络定位、无人机航迹规划和机器人运动规划等领域都有相对广泛的应用。

引理 7.1　在目标区域 $R\in\mathbf{R}^2$ 内，N 个智能体随机分布，其位置信息为 P。根据当前时刻的位置信息，多智能体协同覆盖的最优区域分割原则为 Voronoi 分割。

证明：为了使覆盖代价函数式(7.5)达到最小值，对于目标区域内的点 ξ，必须由距离该点覆盖代价最小的智能体负责覆盖该点，即

$$H(P,R,\phi)=\int_{\substack{\min \\ Ri\epsilon\{1,\cdots,n\}}} h(p_i,\xi)\phi(\xi)\mathrm{d}\xi \tag{7.6}$$

而点 ξ 与 N 个智能体之间的最小距离为

$$D_\xi=\min_{i\epsilon\{1,\cdots,n\}} h(p_i,\xi) \tag{7.7}$$

根据最小距离式(7.7)，可将目标区域分割为 N 个独立的子区域，其中与智能体 A_i 距离最近的点的集合可以表示为

$$R_i=\{\xi\in R\mid h(p_i,\xi)\leqslant h(p_j,\xi),\ \forall j\neq i\ \forall i,j\in N,\} \tag{7.8}$$

式中：R_i 为智能体 A_i 所要覆盖的子区域，其中，$R=\{R_1,R_2,\cdots,R_N\}$表示每个智能体的分配子区域。该类区域分割原则为 Voronoi 分割。对应的多个智能体对目标区域的最优覆盖代价函数为

$$H_1(P,R,\phi)=\sum_{i=1}^{N}\int_{Ri} h(p_i,\xi)\phi(\xi)\mathrm{d}\xi \tag{7.9}$$

由该引理可知，在目标区域内，每个智能体的最优覆盖区域为 Voronoi 区域，其大小形状不仅与该智能体及其邻居的位置信息相关，还与每个智能体的覆盖代价函数式(7.4)有关，式(7.9)所描述的协同覆盖问题。

7.4　面向多导引头协同覆盖的中制导弹道在线生成

为了确保 n 枚拦截弹导引头在中末制导交接班时刻对目标协同捕获，同时避免拦截弹之间发生碰撞，首先建立目标函数 H_k 为

$$H_k=h_1(1-P_k)+h_2\sum_{i=1}^{n-1}\left(y_{i+1}-y_i-2\left(\frac{L}{2}-\delta\right)\right)^2+h_3\sum_{i=1}^{n-1}\left(z_{i+1}-z_i-2\left(\frac{L}{2}-\delta\right)\right)^2 \tag{7.10}$$

式中：h_1，h_2 和 h_3 是待调参数；y_i 和 z_i 是中末制导交接班时刻拦截弹 M_i 在 y 轴和 z 轴方向上的位置。

式(7.10)中目标函数 H_k 由三部分组成：第一项是为了确保 n 枚拦截弹中至少有一枚能够成功捕获目标；第二项和第三项分别是确保多枚拦截弹在接近目标的同时，在 y 轴和 z 轴方向上相邻两枚拦截弹(y_i，z_i)和(y_{i+1}，z_{i+1})之间保持一定的安全距离，避免碰撞。

在中制导过程中，当目标量测信息更新后，目标预测位置以及 PDF 发生变化时，多拦截弹的位置也应该相应发生调整，以确保多拦截弹导引头对更新后的目标的协同覆盖。在此选取拦截弹 M_i 在中末制导交接班时刻 t_f 位置(y_i，z_i)的变化规律为

$$\dot{y}_i=-\kappa\frac{\partial H_k}{\partial y_i},i=1,2,\cdots,n \tag{7.11}$$

$$\dot{z}_i=-\kappa\frac{\partial H_k}{\partial z_i},i=1,2,\cdots,n \tag{7.12}$$

式中：κ 为正的待调参数。

定理 7.1　以式(7.10)为目标函数，以式(7.11)、式(7.12)作为多拦截弹中末制导交接班时刻的终端位置修正规律，能够确保在中末制导交接班时刻对于目标 HPR 的协同覆盖，同时多枚拦截弹能够编成拦截队形，相邻拦截弹之间保持在安全距离内，避免相互碰撞。

证明：由于 y 轴和 z 轴方向上证明过程相似，所以以 y 轴方向的证明为例，z 轴方向的证明可以通过变量替换得到。

首先，拦截弹 M_i 在中末制导交接班时刻 y 轴方向上位置的变化律 $\dot{y}_i$ 为

$$\dot{y}_i=-\kappa\frac{\partial H_k}{\partial y_i}=\kappa h_1\frac{\partial P_k}{\partial y_i}-\kappa h_2\frac{\partial}{\partial y_i}\sum_{j=1}^{n-1}(y_{j+1}-y_j-2(L/2-\delta))^2 \tag{7.13}$$

由于未调整之前拦截弹 M_i 在中末制导交接班时刻的位置为(y_i，z_i)，其导引头的瞬时视场有效范围分别为$[y_i-L/2,y_i+L/2]$和$[z_i-L/2,z_i+L/2]$，只有在此区域内目标的 PDF 函数积分有效，所以将式(7.3)代入式(7.13)并进行化简，可以得到

$$\begin{aligned}\dot{y}_i=&\kappa h_i\int_{z_i-\frac{L}{2}}^{z_i+\frac{L}{2}}\int_{y_i-\frac{L}{2}}^{y_i+\frac{L}{2}}\frac{\partial p(y,y_i)p(z,z_j)}{\partial y_i}\prod_{j=1,j\neq 1}^{n}[1-p(y,y_i)p(z,z_j)]\\&f_k(y)\mathrm{d}yf_k(z)\mathrm{d}z-\kappa h_2\frac{\partial}{\partial y_i}\sum_{j=1}^{n-1}(y_{j+1}-y_j-2(L/2-\delta))^2\end{aligned} \tag{7.14}$$

根据导引头的捕获概率模型可以得到

$$\frac{\partial p(\lambda,\lambda_i)}{\partial\lambda_i}\begin{cases}-\dfrac{1}{\delta},-\dfrac{1}{2}<\lambda-\lambda_i<\delta-\dfrac{L}{2}\\0,|\lambda-\lambda_i|\leqslant\dfrac{L}{2}-\delta\\\dfrac{1}{\delta},\dfrac{L}{2}-\delta<\lambda-\lambda_i<\dfrac{L}{2}\\0,|\lambda-\lambda_i|\geqslant\dfrac{L}{2}\end{cases} \tag{7.15}$$

将式(7.15)代入式(7.14)，得

$$\dot{y}_i=\frac{\kappa h_1}{\delta}\int_{z_i-\frac{L}{2}}^{z_i+\frac{L}{2}}\int_{y_i-\frac{L}{2}}^{y_i-\frac{L}{2}+\delta}p(z,z_i)\prod_{j=1,j\neq 1}^{n}(1-p(y,y_j)p(z,z_j))f_k(y)\mathrm{d}yf_k(z)\mathrm{d}z+$$
$$\frac{\kappa h_1}{\delta}\int_{z_i-\frac{L}{2}}^{z_i+\frac{L}{2}}\int_{y_i-\frac{L}{2}-\delta}^{y_i-\frac{L}{2}}p(z,z_i)\prod_{j=1,j\neq 1}^{n}(1-p(y,y_j)p(z,z_j))f_k(y)\mathrm{d}yf_k(z)\mathrm{d}z-$$
$$\kappa h_2\frac{\partial}{\partial y_i}\sum_{j=1}^{n-1}(y_{j+1}-y_j-2(L/2-\delta))^2 \tag{7.16}$$

假设目标所在位置位于拦截弹 M_i 导引头的瞬时视场之外，在 y 轴方向上目标预测位置 μy 满足 $yi-L/2>\mu_y$，在 M_i 导引头的瞬时视场区间 $[y_i-L/2+\delta,y_i-L/2]$ 得到的目标 PDF 函数积分将会大于区间 $[y_i+L/2-\delta,y_i+L/2]$ 内的 PDF 函数积分，即

$$0>-\frac{\kappa h_1}{\delta}\int_{z_i-\frac{L}{2}}^{z_i+\frac{L}{2}}\int_{y_i-\frac{L}{2}}^{y_i-\frac{L}{2}+\delta}p(z,z_i)\prod_{j=1,j\neq 1}^{n}(1-p(y,y_j)p(z,z_j))f_k(y)\mathrm{d}yf_k(z)\mathrm{d}z+$$
$$\frac{\kappa h_1}{\delta}\int_{z_i-\frac{L}{2}}^{z_i+\frac{L}{2}}\int_{y_i+\frac{L}{2}-\delta}^{y_i+\frac{L}{2}}p(z,z_i)\prod_{j=1,j\neq 1}^{n}(1-p(y,y_j)p(z,z_j))f_k(y)\mathrm{d}yf_k(z)\mathrm{d}z \tag{7.17}$$

根据式(7.17)可知，式(7.16)中的前两项将引导拦截弹 M_i 减小自身的 y_i 坐标位置从而接近目标。因此导引律式(7.11)、式(7.12)可以确保位置为(y_iz_i)的拦截弹 M_i 在运动过程中接近目标预测位置(μ_y,μ_z)。

接下来需要证明 n 枚拦截弹在运动过程中能够编成拦截队形，相邻拦截弹之间可以避免碰撞。根据式(7.16)可以得到拦截弹 M_{i+1} 在 y 轴位置 y_{i+1} 的变化律为

$$\dot{y}_{i+1}=\frac{\kappa h_1}{\delta}\int_{z_{i+1}-\frac{L}{2}}^{z_{i+1}+\frac{L}{2}}\int_{y_{i+1}-\frac{L}{2}}^{y_{i+1}-\frac{L}{2}+\delta}p(z,z_{i+1})\prod_{j=1,j\neq 1}^{n}(1-p(y,y_j)p(z,z_j))f_k(y)\mathrm{d}yf_k(z)\mathrm{d}z+$$
$$\frac{\kappa h_1}{\delta}\int_{z_{i+1}-\frac{L}{2}}^{z_{i+1}+\frac{L}{2}}\int_{y_{i+1}-\frac{L}{2}-\delta}^{y_{i+1}+\frac{L}{2}}p(z,z_i)\prod_{j=1,j\neq 1}^{n}(1-p(y,y_j)p(z,z_j))f_k(y)\mathrm{d}yf_k(z)\mathrm{d}z-$$
$$\kappa h_2\frac{\partial}{\partial y_{i+1}}\sum_{j=1}^{n-1}(y_{j+1}-y_j-2(L/2-\delta))^2 \tag{7.18}$$

根据式(7.17)可知，拦截弹 M_i 与拦截弹 M_{i+1} 都将在运动过程中接近目标，所以二者之间的相对距离将会逐渐减小。当拦截弹 M_i 与拦截弹 M_{i+1} 在 y 轴方向上的坐标位置满足 $0\leqslant y_{i+1}-y_i\leqslant(L/2-\delta)$时，根据导引头捕获模型可知，拦截弹 M_i 与拦截弹 M_{i+1} 在 y 轴方向上目标捕获概率分别为

$$p(y,y_i)=1,y_{i+1}-\frac{L}{2}\leqslant y\leqslant y_{i+1}-\frac{L}{2}+\delta \tag{7.19}$$

$$p(y,y_{i+1})=1,y_i-\frac{L}{2}-\delta\leqslant y\leqslant y_i+\frac{L}{2} \tag{7.20}$$

将式(7.19)和式(7.20)代入式(7.16)和式(7.18)中，可以得到

$$\dot{y}_i=\frac{\kappa h_1}{\delta}\int_{z_i-\frac{L}{2}}^{z_i+\frac{L}{2}}\int_{y_i-\frac{L}{2}}^{y_i-\frac{L}{2}+\delta}p(z,z_i)\prod_{j=1,j\neq 1}^{n}(1-p(y,y_j)p(z,z_j))f_k(y)\mathrm{d}yf_k(z)\mathrm{d}z-\kappa h_2\frac{\partial}{\partial y_i}\sum_{j=1}^{n-1}(y_{j+1}-y_j-2(L/2-\delta))^2 \tag{7.21}$$

$$\dot{y}_{i+1}=\frac{\kappa h_1}{\delta}\int_{z_i-\frac{L}{2}}^{z_i+\frac{L}{2}}\int_{y_{i+1}-\frac{L}{2}\delta}^{y_{i+1}-\frac{L}{2}}p(z,z_{i+1})\prod_{j=1,j\neq 1}^{n}(1-p(y,y_j)p(z,z_j))f_k(y)\mathrm{d}yf_k(z)\mathrm{d}z-\kappa h_2\frac{\partial}{\partial y_{i+1}}\sum_{j=1}^{n-1}(y_{j+1}-y_j-2(L/2-\delta))^2 \tag{7.22}$$

定义拦截弹 M_i 与拦截弹 M_{i+1} 在 y 轴向上的相对距离为 $d_i=y_{i+1}-y_i$，其中 $1\leqslant i\leqslant(n-1)$，对此相对距离进行求导可以得到

$$\dot{d}_1=\frac{\kappa h_1}{\delta}\int_{z_2-\frac{L}{2}}^{z_2+\frac{L}{2}}\int_{y_2+\frac{L}{2}-\delta}^{y_2-\frac{L}{2}}p(z,z_2)\prod_{j=1,j\neq 2}^{n}(1-p(y,y_j)p(z,z_j))f_k(y)\mathrm{d}yf_k(z)\mathrm{d}z+\frac{\kappa h_1}{\delta}\int_{z_1-\frac{L}{2}}^{z_1+\frac{L}{2}}\int_{y_1-\frac{L}{2}}^{y_1-\frac{L}{2}+\delta}p(z,z_1)\prod_{j=2}^{n}(1-p(y,y_j)p(z,z_j))f_k(y)\mathrm{d}yf_k(z)\mathrm{d}z+2\kappa h_2(d_2+2(L/2-\delta)-2d_1) \tag{7.23}$$

$$\dot{d}_i=\frac{\kappa h_1}{\delta}\int_{z_{1+1}-\frac{L}{2}}^{z_1+\frac{L}{2}}\int_{y_{i+1}+\frac{L}{2}-\delta}^{y_{i+1}+\frac{L}{2}}p(z,z_{i+1})\prod_{j=1,j\neq i+1}^{n}(1-p(y,y_j)p(z,z_j))f_k(y)\mathrm{d}yf_k(z)\mathrm{d}z+\frac{\kappa h_1}{\delta}\int_{z_1-\frac{L}{2}}^{z_1+\frac{L}{2}}\int_{y_1-\frac{L}{2}}^{y_1-\frac{L}{2}+\delta}p(z,z_i)\prod_{j=1,j\neq 1}^{n}(1-p(y,y_j)p(z,z_j))f_k(y)\mathrm{d}yf_k(z)\mathrm{d}z+2\kappa h_2(d_{i+1}+d_{i-1}-2d_1) \tag{7.24}$$

$$\dot{d}_{n-1}=\frac{\kappa h_1}{\delta}\int_{z_{n-1}-\frac{L}{2}}^{z_{n-1}+\frac{L}{2}}\int_{y_{n-1}+\frac{L}{2}}^{y_{n-1}+\frac{L}{2}+\delta}p(z,z_{n-1})\prod_{j=1,j\neq n-1}^{n}(1-p(y,y_j)p(z,z_j))f_k(y)\mathrm{d}yf_k(z)\mathrm{d}z+\frac{\kappa h_1}{\delta}\int_{z_n-\frac{L}{2}}^{z_n+\frac{L}{2}}\int_{y_n+\frac{L}{2}-\delta}^{y_n+\frac{L}{2}}p(z,z_n)\prod_{j=1}^{n-1}(1-p(y,y_j)p(z,z_j))f_k(y)\mathrm{d}yf_k(z)\mathrm{d}z+2\kappa h_2(d_{n-2}+2(L/2-\delta)-2d_{n-1}) \tag{7.25}$$

通过观察式(7.23)～式(7.25)可以发现，当拦截弹 M_1 与拦截弹 M_2 在 y 轴向上的相对距离为 d_1 满足 $d_1\leqslant(L/2-\delta)$ 时，利用式(7.23)可知 $\dot{d}_1>0$，所以拦截弹 M_1 和拦截弹 M_2 将保持当前距离 d_1 不再继续靠近。同样，当 $d_i\leqslant(L\ 2-\delta)/2^{i-2}$ 并且 $d_{n-1}\leqslant(L/2-\delta)$ 时，可知 $d_i>0$，从而确保了 n 枚拦截弹在同时靠近目标确保协同捕获的过程中能够维持相互之间的安全距离，避免碰撞。

基于协同覆盖理论的中制导弹道生成与修正算法框图如图 7-6 所示。具体步骤总结

如下：

Step1：多源传感器探测得到的目标运动信息，经过交互多模型滤波后得到目标轨迹的稳定跟踪，应用目标轨迹预测算法估计交接班时刻的目标位置概率密度函数，得到交接班时刻目标高概率存在区域；

Step2：根据基准最优弹道数据，结合更新后的交接班时刻目标高概率存在区域，建立多拦截弹导引头协同覆盖约束式(7.10)，如果满足协同覆盖约束条件则重复 Step1，如果不满足协同覆盖约束条件则转入 Step3；

Step3：根据多拦截弹中末制导交接班时刻位置变化规律式(7.11)、式(7.12)，对多拦截弹位置进行修正得到终端约束 $d\boldsymbol{\psi}_{\mathrm{f}}$，代入邻域最优修正算法计算得到控制量的修正量 $\delta\boldsymbol{u}$，与原标称控制量 $\boldsymbol{u}^*$ 进行求和，从而得到更新后的实际控制量 $\boldsymbol{u}$；

Step4：根据实际控制量 $\boldsymbol{u}$ 得到交接班时刻多拦截弹状态，结合目标高概率存在区域进行多导引头协同覆盖约束条件判断，如果满足则转入 Step1，如果不满足则转入 Step3。

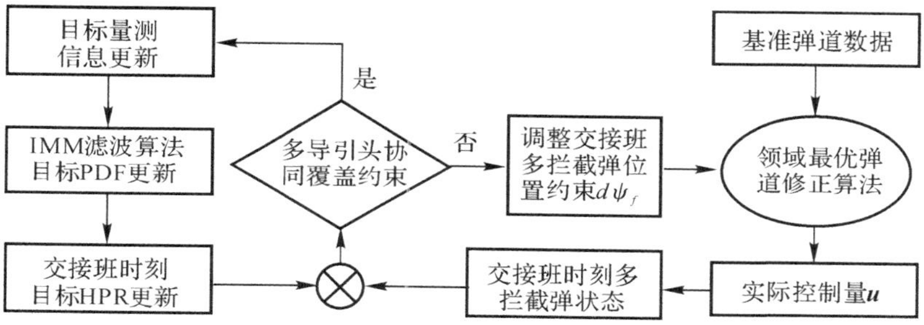

图 7-6　基于协同覆盖理论的中制导弹道生成与修正框图

采用仿真分析方法验证基于协同覆盖的中制导弹道生成。

情景 7.1：目标博弈性机动仿真分析，与第 5 章不同的是高速机动目标不仅做大幅度侧向摆动机动飞行，且在中末交接班时刻附近进行了转弯机动，本书将其称为目标的侧向博弈性机动。以对目标跟踪开始时间为起点，IMM 算法对目标轨迹滤波时间为 0～394 s，然后通过轨迹预测方法对后 200 s 的信息进行预测，轨迹预测时间从 394～594 s。可以获得不同预测时长下交接班时刻目标预测信息如图 7-7 所示。

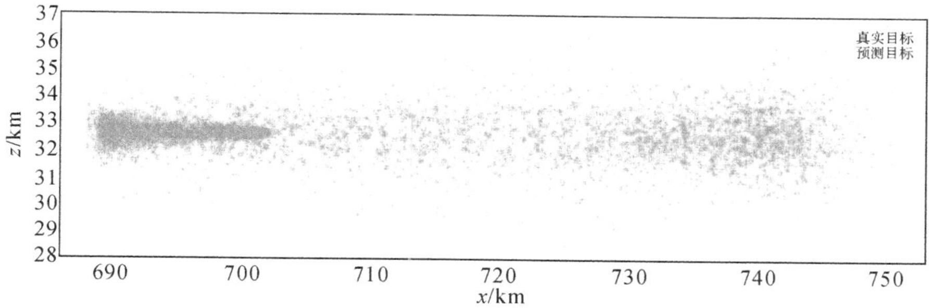

(a)

图 7-7　情景 7.1 的仿真结果

(a)纵向分平面交接班时刻目标位置预测结果

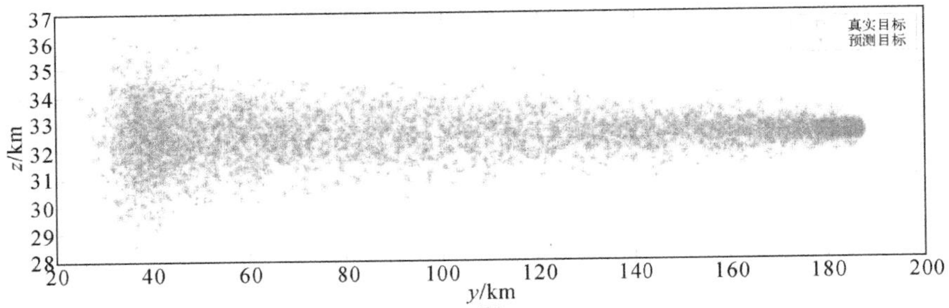

(b)

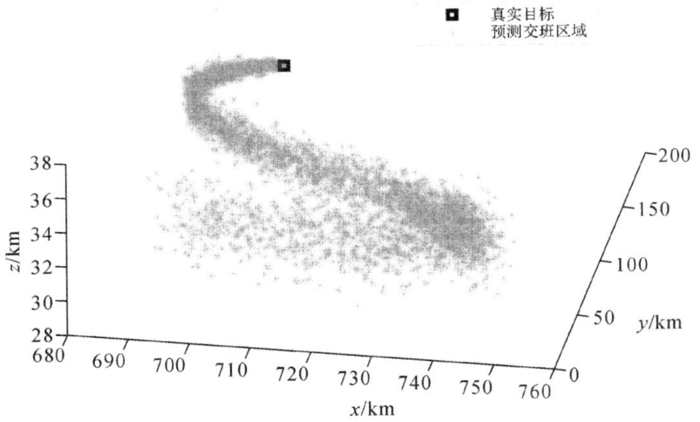

(c)

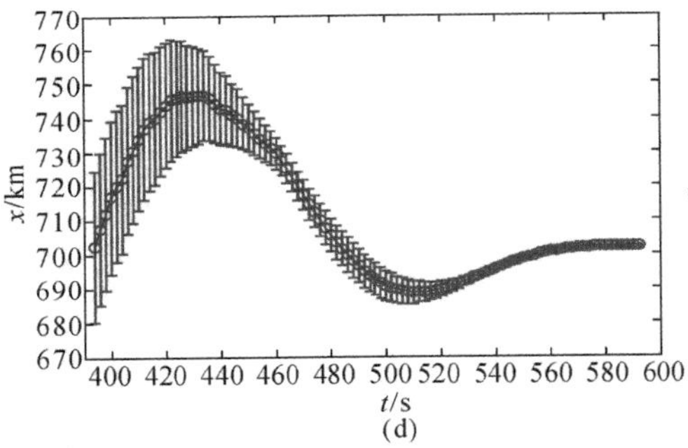

(d)

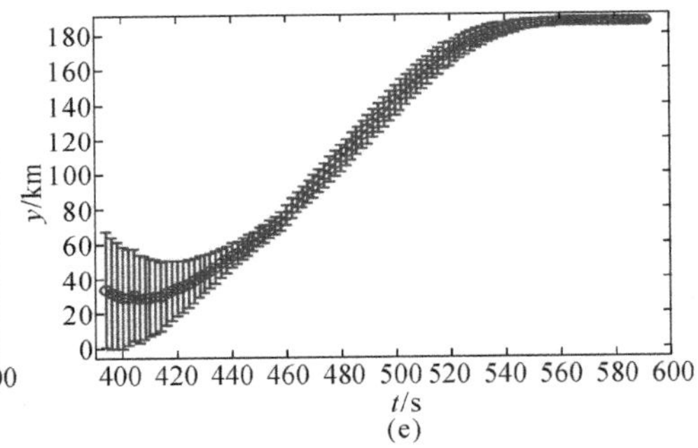

(e)

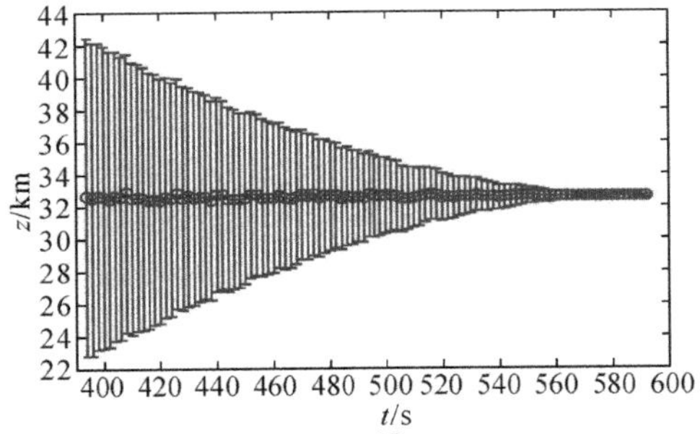

(f)

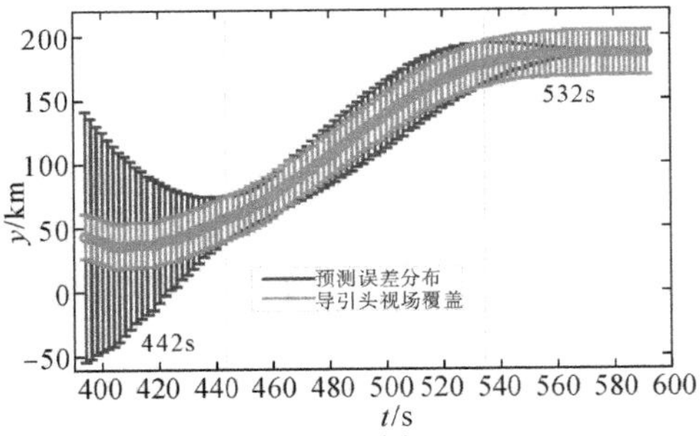

(g)

续图 7-7　情景 7.1 的仿真结果

(b)侧向分平面交接班时刻目标位置预测结果；(c)三维空间交接班时刻目标位置预测结果；(d)x 方向误差棒随时间变化曲线；(e)y 方向误差棒随时间变化曲线；(f)z 方向误差棒随时间变化曲线；(g)y 方向 3 倍方差与导引头视场关系；

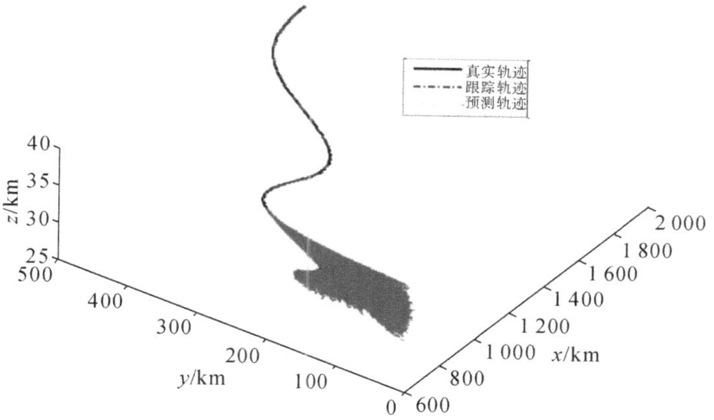

(h)

续图 7-7　情景 7.1 的仿真结果

(h)100 次蒙特卡洛仿真目标交接班时刻轨迹预测结果

图 7-7(a)～(c)给出了在不同预测时长下目标交接班时刻的预测区域，随着预测时间的减小，目标轨迹预测的误差也会不断收敛。由图 7-7(a)可知，目标机动直接影响了拦截弹在交接班时刻 x 轴方向上的收敛位置；由图 7-7(b)可知，目标在侧向上的速度也直接影响了 y 轴点的分布密度，由于预测起点拦截弹在侧向位置变化较慢，所以预测的点比较集中；但随着侧向速度的提高，目标在侧向上预测结果也会变得比较分散，随着预测时间的不断减小，预测结果最终也会收敛与跟踪精度。目标侧向瞬时机动虽然不大，但是由于时间的积累使得其在侧向的位置调整仍比较大，而预测的结果会更大。图 7-7(g)给出了导引头对目标的覆盖情况，导引头在 442 s 已能够覆盖目标 PHA，但由于目标侧向博弈性机动使得目标预测结果恶化，预测方差没有随预测时间缩短而收敛，反而变得更加的分散，这也给单个导引头覆盖目标提出了挑战；目标位置预测均值在侧向发生了 140 km 的变化，已经超过了单枚拦截弹的侧向修正能力。为了能够应对目标侧向较大范围的摆动机动，引入侧向接力修正和导引头联合探测。

情景 7.2：多拦截弹侧向大范围修正和多导引头联合探测仿真分析。

为了验证基于协同覆盖理论的多拦截弹中制导弹道在线生成方法的合理性，开展以下仿真分析。仿真中认为拦截弹通过信息支援系统可以有效获取目标的相关量测信息。拦截弹采用与第 5 章相同的导引头模型。

仿真中利用三枚拦截弹导引头协同覆盖目标的预测交接区域 PHA，拦截弹 M_1，M_2 和 M_3 基准弹道的初始位置分别为(0，44，80)km、(0，74，80)km 和(0，104，80)km；终端位置(0，44，45)km、(0，74，45)km 和(0，104，45)km。利用情景 7.1 所得到的交接班时刻目标概率存在区域作为拦截弹中制导弹道在线生成的依据。随着目标的位置预测信息的不断变化，可利用目标的预测交接班区域得到期望的导引头指向，计算得到弹道在线调整的时间以及调整的距离见表 7-1。

表 7-1 拦截弹中制导弹道期望调整信息

t/s	0	31	40	48	56	67
y_f/km	44.06	69.88	97.14	123.42	148.46	174.24

目标较大的侧向机动给拦截弹提出较高的弹道侧向修正要求，单枚拦截弹弹道调整能力难以满足拦截的要求。为了扩大拦截弹侧向弹道修正能力，根据表 7-1 中弹道期望调整信息，利用图 7-4 中弹道“接力”修正方案，制定 3 枚拦截弹实际的弹道调整信息见表 7-2。

表 7-2 3 枚拦截弹弹道终端约束在线调整

修正次数		t/s	y_f 轴距离/km	dy_f/km	dψ_{vf}/(°)
M_1	基准弹道	—	44.055	—	—
	1	31	69.883	15	4
	2	40	97.142	10	2
	3	48	123.423	10	2
	4	56	148.464	17	3
	5	67	174.239	18	3
	基准弹道	31	74.055	—	—
M_2	1	40	97.142	10	2
	2	48	123.423	10	2
	3	56	148.464	17	3
	4	67	174.239	18	3
	基准弹道	40	104.055	—	—
M_3	1	48	123.423	10	2
	2	56	148.464	17	3
	3	67	174.239	18	3°

为了保证拦截弹能够跟上目标并形成对目标预测交接班区域进行协同覆盖的有利阵型，利用中制导弹道在线生成算法在线生成拦截弹弹道如图 7-8 所示。

图 7-8 (a)给出了 3 枚拦截弹的基准弹道数据，拦截弹 M_1 的基准弹道可以保证交接班时刻导引头覆盖的是初始时刻得到的目标预测交接班区域的中心，若目标不机动，则拦截弹能够以一定概率截获目标；由于拦截弹在中制导开始阶段以导引头截获目标概率为指标进行部署和弹道调整，则会削弱多拦截弹的覆盖能力。3 枚拦截弹在执行拦截任务过程中，为了防止发生碰撞，各枚弹之间间隔 30 km；同样考虑到拦截弹弹道调整能力和导引头探测能力有限，要实现多导引头的协同覆盖探测，各枚弹之间的间隔不能太大。图 7-8(b)～(d)给出了弹 M_1、M_2 和 M_3 导引头视场覆盖范围变化情况，利用表 7-2 中拦截弹弹道在线调整的要求，通过控制拦截弹交接班时刻的 y 轴位置和拦截弹弹道偏角，能够实现对导引

头视场覆盖范围很好的控制，达到了协同覆盖的效果。与单枚拦截弹相比较，采用多拦截弹导引头协同覆盖目标预测命中区域，既能保证拦截弹导引头尽早截获目标，同时还能解决目标在交接班附近出现博弈机动，单枚拦截弹能力不足的问题。

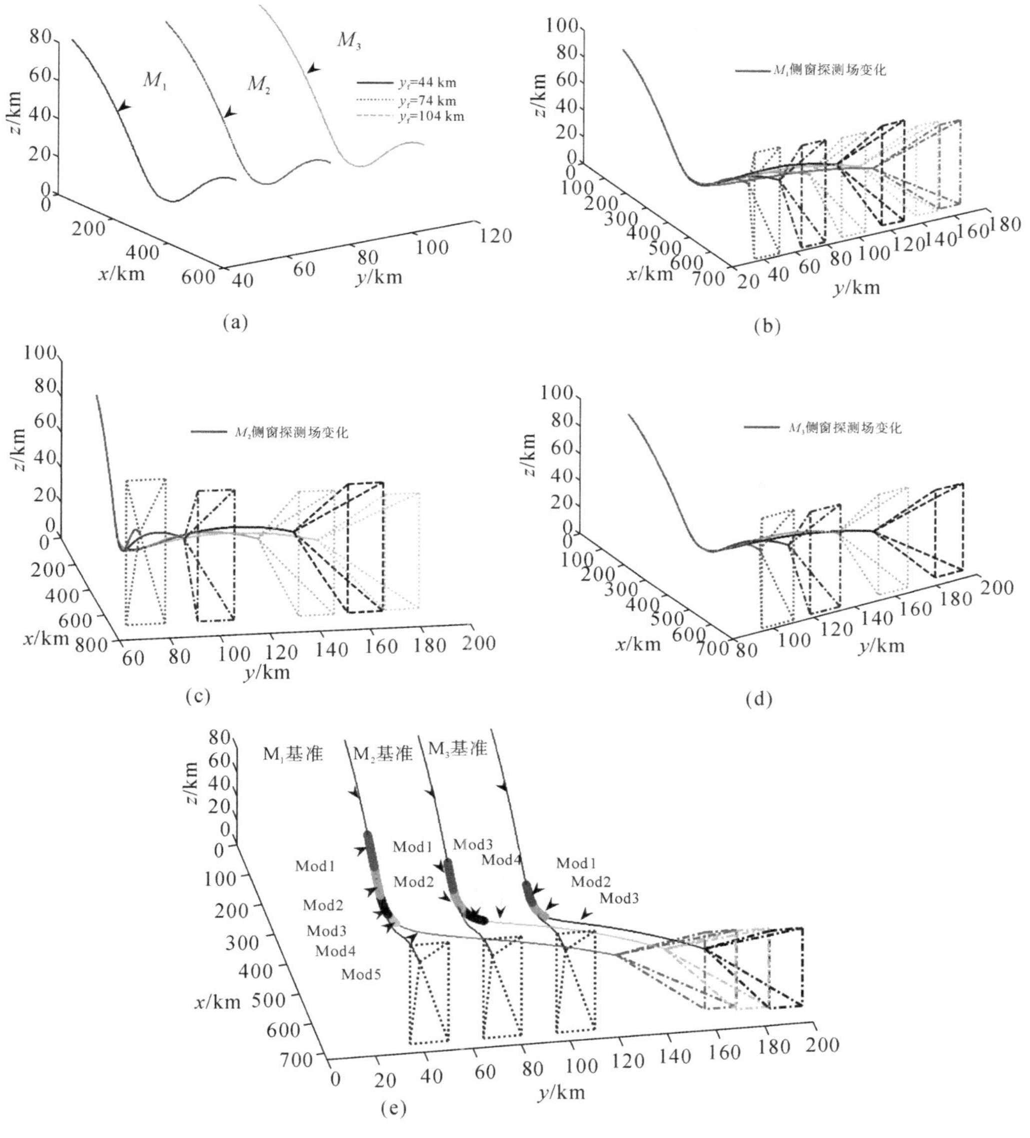

图 7-8　情景 7.2 的仿真结果

(a)多拦截弹末速最大基准弹道；(b)M_1 导引头视场覆盖范围变化；

(c) M_2 导引头视场覆盖范围变化；(d)M_3 导引头视场覆盖范围变化；

(e)面向目标侧向博弈性机动的协同中制导弹道生成

7.5 面向可拦截区域协同覆盖的中制导弹道在线生成

7.5.1 多拦截弹零控终端位置优化

1. 预测命中区域描述

针对单枚拦截弹末端弹道修正能力有限，提出了多拦截弹可拦截区域协同覆盖目标预测命中区域的策略，本书只关注交接班时刻多拦截弹可拦截区域对目标预测命中区域的覆盖。为了便于对可拦截区域覆盖目标预测命中区域问题的描述，给出如下定义。

定义 7.1 预测命中时刻：拦截弹在无控状态下与目标距离最小的时刻称为预测命中时刻，记为 t_{f_1}。若拦截弹与目标保持近似平行接近，则预测命中时刻可近似为

$$t_{f_1} \approx t_f + t + \frac{R(t_f+t)}{v_r(t_f+t)} = t_f + \frac{R(t_f)}{v_r(t_f)} \tag{7.26}$$

式中：$R(t)$和 $v_r(t)$为末制导段 t 时刻弹目相对距离和相对速度在视线方向上分量大小。由于末制导阶段弹目相对运动速度大，末制导时间短暂，故近似认为 $R(t)$和 $v_r(t)$保持不变。

定义 7.2 零控终端位置：以拦截弹中制导终端状态($x_f, y_f, z_f, \theta_f, \psi_v$f)为初始状态，拦截弹整个末制导阶段在无控状态下，在 t_{f_1} 时刻所到达的位置称为零控终端位置，记为(x_d，y_d，z_d)。

与第 5 章预测交班区域描述类似，根据当前目标状态估计均值 $\hat{\boldsymbol{X}}(k|k)$和协方差 $\boldsymbol{P}(k|k)$，通过迭代计算可以得到命中点时刻目标运动状态的均值 $\hat{\boldsymbol{X}}(t_{f_1})$和协方差矩阵 $\boldsymbol{P}(t_{f_1})$。

定义 7.3 预测命中区域(PIA)：目标在预测命中时刻 t_{f_1} 所有可能出现的位置点的集合称为预测命中区域，记为 R。于是预测命中概率存在区域可以表示为

$$R = \{\boldsymbol{X} | \boldsymbol{X} \sim N(\boldsymbol{X}(t_{f_1}), \boldsymbol{P}(t_{f_1}))\} \tag{7.27}$$

定义 7.4 弹目遭遇平面：在三维空间内，经过拦截弹零控终端位置且与视线垂直的平面称为弹目遭遇平面。

由于目标轨迹预测误差和机动只影响预测命中时刻，并不会引起制导偏差，而在垂直于视线的分量才会引起制导误差，但与弹目相对距离相比，目标机动和运动信息误差在视线方向的分量可以忽略不计。并将预测命中区域和拦截弹可拦截区域均投影到弹目遭遇平面内，进而可将三维空间内对预测命中区域的覆盖转化为平面内的区域覆盖，如图 7－9 所示。

图 7－9 中，M 和 T 分别表示拦截弹和目标，P_M 为拦截弹的零控终端位置，平面 $abcd$ 为弹目遭遇平面，P_T 为预测命中区域的均值点在平面内的投影，$\bar{R}$ 和 $\bar{M}$ 分别为预测命中区域和拦截弹可拦截区域在平面内的投影。经过投影之后的可拦截区域和目标 PIA 可以表示为

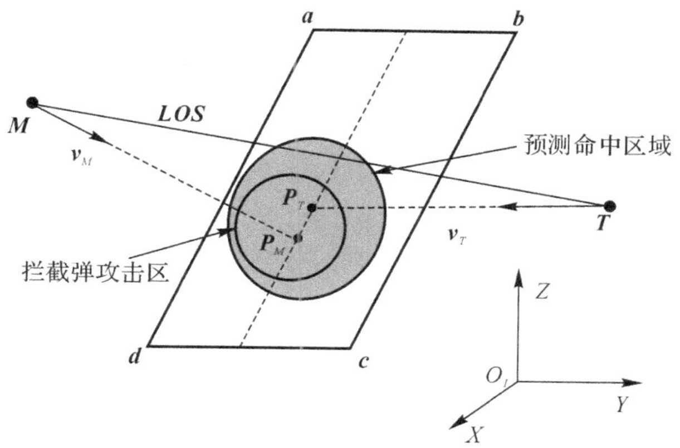

图 7-9　目标机动位置情况下的弹目拦截几何关系

$$\bar{M}=\{(y,z)\mid |y-y_{\mathrm{d}}|\leqslant S_{\max},|z-z_{\mathrm{d}}|\leqslant S_{\max}\} \tag{7.28}$$

$$\bar{R}=\{(y,z)\mid |y-z|\sim N(\boldsymbol{X}_1(t_{f_1}),\boldsymbol{P}_1(t_{f_1}))\} \tag{7.29}$$

其中

$$\boldsymbol{X}_1(t_{f_1})=\begin{bmatrix}0 & 1 & 0\\0 & 0 & 1\end{bmatrix}\boldsymbol{L}(q_\varepsilon,q_\beta)\left(\begin{bmatrix}x(t_{f_1})\\y(t_{f_1})\\z(t_{f_1})\end{bmatrix}-\begin{bmatrix}x_{s0}\\y_{s0}\\z_{s0}\end{bmatrix}\right) \tag{7.30}$$

$$\boldsymbol{P}_1(t_f)=\left(\begin{bmatrix}0 & 1 & 0\\0 & 0 & 1\end{bmatrix}\right)\boldsymbol{L}(q_\varepsilon,q_\beta)\boldsymbol{P}(t_{f_1})\left(\begin{bmatrix}0 & 1 & 0\\0 & 0 & 1\end{bmatrix}L(q_\varepsilon,q_\beta)\right)^{\mathrm{T}} \tag{7.31}$$

式中：$\boldsymbol{L}(q_\varepsilon,q_\beta)$为惯性坐标系到视线坐标系的转换矩阵；$[x_{s0}\quad y_{s0}\quad z_{s0}]^{\mathrm{T}}$ 为基准视线坐标系的原点在惯性坐标系下的坐标；$[x(t_{f_1})\quad y(t_{f_1})\quad z(t_{f_1})]^{\mathrm{T}}$ 为惯性坐标系下预测命中点均值点的坐标；$\boldsymbol{P}(t_{f_1})$为惯性坐标系下预测命中区域的协方差矩阵。

2. 能量约束下的可拦截区域建模

对于防御方而言，拦截高速机动目标的难点主要集中在飞行轨迹预测和末制导的弹目机动对抗上。在能保证导引头顺利交接班的情况下，拦截高速机动目标的难点就变为如何消除目标轨迹预测误差引起的交接班误差以及对抗目标的机动上来。本章假设中制导采用气动力控制，末制导轨控直接力控制。气动力修正能力受拦截弹飞行高度的影响明显，直接侧向力修正能力受所携带能量限制。

在实际拦截任务中，由于燃料的消耗导致加速度是时变的，且轨控发动机工作时间是有限的。假设拦截弹轨控发动机最大工作时间为 $t_{\max}$，轨控发动机比冲为 I_{g}，最大稳态推力为 $P_{\max}$，拦截弹末制导初始质量为 m_{m_0}。若拦截弹始终以最大稳态推力推进，则拦截弹的质量变化率为

$$\dot{m}=\frac{P_{\max}}{I_{\mathrm{g}}g} \tag{7.32}$$

拦截弹 t 时刻的横向最大加速度可表示为

$$a_{\max}(t)=\frac{P_{\max}}{m_{m0}+\dot{m}t}=\frac{P_{\max}}{m_{m0}-\dfrac{P_{\max}}{I_g g}t} \tag{7.33}$$

交接班时刻为初始时刻，根据式(7.33)可以计算 t 时刻拦截弹横向速度以及最大横向机动位移量为

$$v(t)=\int_0^t a_{\max}(\tau)\mathrm{d}\tau \tag{7.34}$$

$$S_m=\int_0^t\int_0^t a_{\max}(\tau)\mathrm{d}\tau\,\mathrm{d}t \tag{7.35}$$

从交接班时刻到拦截时刻，若$(t_f-t_h)\leqslant t_{\max}$，则拦截弹垂直于初始速度矢量方向的最大侧向位移为

$$S_{\max}=\int_0^{t_{f_1}-t_f}\int_0^{t_{f_1}-t_f} a_{\max}(\tau)\mathrm{d}\tau\,\mathrm{d}t \tag{7.36}$$

若$(t_{f_1}-t_f)\geqslant t_{\max}$，则拦截弹垂直于初始速度矢量方向的最大侧向位移为

$$S_{\max}=\int_0^{t_{\max}}\int_0^{t_{\max}} a_{\max}(\tau)\mathrm{d}\tau\,\mathrm{d}t \tag{7.37}$$

通过上述推导可知，$S_{\max}$ 为直接力能量受限情况下末制导阶段的最大修正距离，$S_{\max}$ 决定了拦截弹末制导段的可拦截区域。拦截弹在交接班时刻的可拦截区可以表示为

$$M(t_h)=\{(x,y,z)\,|\,|x-x_d|\leqslant S_{\max},|y-y_d|\leqslant S_{\max},|z-z_d|\leqslant S_{\max}\} \tag{7.38}$$

其中，拦截弹的可拦截区域以其零控终端位置为中心，拦截弹可拦截区域的大小取决于末制导阶段直接力装置的工作时间。拦截弹在交接班时刻的零控终端位置取决于之前的控制输入，可以通过中制导弹道在线生成来调整拦截弹交接班时刻的可拦截区域在空间中的位置。

在交接班时刻要保证拦截弹成功拦截目标，则必须保证在交接班时刻拦截弹可拦截区域能够完全覆盖目标预测命中区域

$$R(t_f)\subseteq M(t_f) \tag{7.39}$$

其中，$R(t_f)$表示交接班时刻目标的预测命中区域。

如图 7-10 所示，拦截弹中制导终端状态决定了交接班时刻可拦截区域的覆盖位置，而直接力装置的工作时间决定了可拦截区域的大小。若拦截弹中制导终端状态不理想，末制导段有限的弹道修正能力难以修正交接班误差，从而导致交接班失败；若目标预测命中区域过大，即使拦截弹中制导终端时刻位于良好的拦截几何，单枚拦截弹可拦截区域难以有效覆盖 PIA。本节将研究在交接班时刻之前如何保证多拦截弹处于有利位置，使得在交接班时刻多拦截弹可拦截区域实现对预测命中区域覆盖最大化。

3. 多拦截弹零控终端位置优化解算

多拦截弹可拦截区域对目标 PIA 的覆盖是通过优化拦截弹零控终端位置空间分布实现对预测命中区域的最优覆盖。

在交接班时刻目标 PIA 在弹目遭遇平面内的投影为 $\bar{R}$，且点$(y,z)\in\bar{R}$，拦截弹 M_i 在中末交接班时刻零控终端位置的侧向坐标为(y_i,z_i)，则拦截弹 M_i 相对于点(y,z)的零控脱靶为

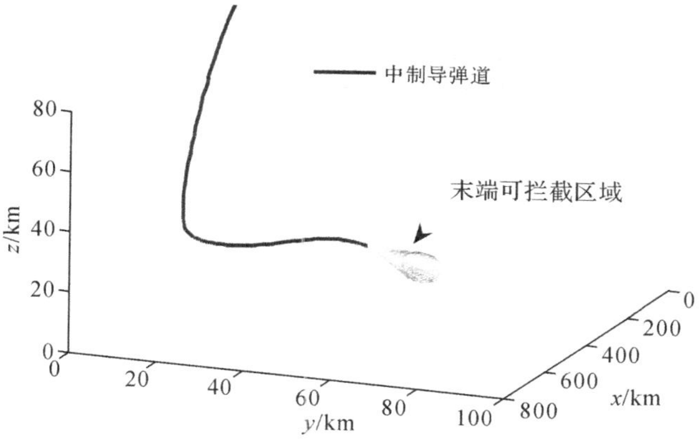

图7-10 拦截弹交接班时刻可拦截区域示意图

$$Z_i=\sqrt{(y_i-y)^2+(z_i-z)^2} \tag{7.40}$$

点(y,z)相对于每枚拦截弹均存在一个零控脱靶量，选择最小的一个作为点(y,z)对n枚拦截弹的零控脱靶量为

$$Z=\min_{i=1,\cdots,n}\sqrt{(y_i-y)^2+(z_i-z)^2} \tag{7.41}$$

交接班时刻，n枚拦截弹的零控脱靶量的数学期望为

$$E_1=\int\min_{i=1,\cdots,n}\sqrt{(y_i-y)^2+(z_i-z)^2}f_k(y)\mathrm{d}yf_k(z)\mathrm{d}z \tag{7.42}$$

判断点(y,z)是否在拦截弹M_i拦截能力之内的覆盖性能函数为$p_1(y,y_i)p_1(z,z_i)$，它们分别可以表示为

$$p_1(y,y_i)=\begin{cases}1,|y-y_i|\leqslant S_{\max}\\0,|y-y_i|\leqslant S_{\max}\end{cases} \tag{7.43}$$

$$p_1(z,z_i)=\begin{cases}1,|z-z_i|\leqslant S_{\max}\\0,|z-z_i|\leqslant S_{\max}\end{cases} \tag{7.44}$$

根据目标的概率分布函数，中末交接班时刻目标出现在拦截弹可拦截区域内的概率为

$$h_3=\int_{\bar{R}}(p_1(y,y_1)p_1(z,z_i))f_k(y)\mathrm{d}yf_k(z)\mathrm{d}z \tag{7.45}$$

在拦截弹可用过载确定的情况下，H_3的大小取决于拦截弹在交接班时刻的位置、速度指向以及弹目视线角；若拦截弹可用过载足够，且在交接班时刻处于良好的拦截几何，拦截弹可拦截区域就能够完全覆盖目标PIA，使得$H_3=1$。本章主要针对可拦截区域小于目标PIA的情况。

若要判断点(y,z)是否位于n枚拦截弹的可拦截区域之内，覆盖性能函数为

$$p_2=1-\prod_{i=1}^{n}(1-p_1(y,y_i)p_1(z,z_i)) \tag{7.46}$$

若$p_2=1$，说明有一枚拦截弹满足$p_1(y,y_i)p_1(z,z_i)=1$，即点(y,z)在该拦截弹的可拦截区域内。根据目标的概率分布函数，最终可以得到目标出现在n个拦截弹的可拦截区域内的概率为

$$H_3=\int_{\bar{R}}\left(1-\prod_{i=1}^{n}(1-P_1(y,y_i)p_1(z,z_i))\right)f_k(y)\mathrm{d}yf_k(z)\mathrm{d}z \tag{7.47}$$

为了实现多拦截弹在交接班时刻对目标 PIA 覆盖性能的最大化，需要通过中制导弹道在线生成技术控制拦截弹中制导终端状态，达到对拦截弹零控终端位置的控制。最终实现多拦截弹可达区对目标 PIA 覆盖的最大化。假设拦截弹数量满足需求，$P_{\min}$ 为协同覆盖要求，则面向可拦截区域协同覆盖的中制导弹道在线生成问题可以描述为

$$\min_{(y_1,z_1),\cdots,(y_n,z_n)} E_1=\int_{\bar{R}}\min_{i=1,\cdots,n}\sqrt{(y_i-y)^2+(z_i-z)^2}f_k(y)\mathrm{d}yf_k(z)\mathrm{d}z$$
$$\text{s.t. } H_4(n,(y_1,z_1),\cdots,(y_n,z_n))\geqslant P_{\min} \tag{7.48}$$

通过求解优化问题式(7.48)，可以得到协同覆盖所需的数量和多枚拦截弹在交接班时刻最优的零控终端位置，进而可以得到多拦截弹最优的中制导终端状态约束。

根据区域的 Voronoi 分割方法，利用式(7.41)将 $\bar{R}$ 进行分割，与拦截弹 M_i 距离最近的集合可以表示为

$$\bar{R}_i=\{(x,y)\in R\mid\sqrt{(y_i-y)^2+(z_i-z)^2}\leqslant\sqrt{(y_j-y)^2+(z_j-z)^2},\forall i\neq j,\forall i,j\in n\}$$

则 $\bar{R}_i$ 为拦截弹 M_i 可拦截区域要覆盖的子区域，子区域集合$\{\bar{R}_1\cdots,\bar{R}_n\}$为点$\{(y_1,z_1),\cdots,(y_n,z_n)\}$的 Voronoi 分割图形。

则式(7.42)可以描述为

$$E_1=\sum_{i=1}^{n}\int_{R_i}\sqrt{(y_i-y)^2+(z_i-z)^2}f_k(y)\mathrm{d}yf_k(z)\mathrm{d}z \tag{7.49}$$

为了简化问题，假设拦截弹零控终端位置在 y 轴和 z 轴覆盖位置的调节之间是相互对立的，则式(7.49)可以改写为

$$E_1=\sum_{i=1}^{n}\int_{R_i}(|y_i-y|+|z_i-z|)f_k(y)\mathrm{d}yf_k(z)\mathrm{d}z \tag{7.50}$$

令

$$\left.\begin{aligned}E_{1y}&=\sum_{i=1}^{n}\int_{R_i}|y_i-y||f_k(y)\mathrm{d}y\\E_{1z}&=\sum_{i=1}^{n}\int_{R_i}|z_i-z||f_k(z)\mathrm{d}z\end{aligned}\right\} \tag{7.51}$$

则可得

$$E_1=E_{1y}+E_{1z} \tag{7.52}$$

利用最优性条件，可以通过分别优化 E_{1y} 和 E_{1z} 得到最优的零控终端位置。

7.5.2 多拦截弹协同中制导弹道在线生成

面向可拦截区域协同覆盖的中制导弹道在线生成原理如图 7-11 所示。具体步骤总结如下：

Step1：多源传感器探测得到的目标运动信息，经过交互多模型滤波后得到目标轨迹的稳定跟踪，应用目标轨迹预测算法估计交接班时刻的目标位置概率密度函数，得到目标的预

测命中区域；

Step2：随着拦截任务的推进，对目标预测时长逐渐变短，预测命中区域也会逐渐收敛，根据预测命中区域变化，在可拦截区域协同覆盖性能指标的约束下，解算多拦截弹最优零控终端位置，并将零控终端位置转换为多枚拦截弹中制导的终端位置和速度约束；

Step3：每枚拦截弹在新的终端状态约束条件下利用 MPSP 次优弹道在线生成算法在线生成控制指令修正量，调整拦截弹弹道终端位置和速度指向，实现对拦截弹零控终端位置的控制；若所生成的终端条件无法执行则需要返回进行调整；最终实现对多枚拦截弹可拦截区域覆盖位置的优化调整；

Step4：判断是否满足协同覆盖条件，如果满足协同覆盖约束条件则重复 Step1，如果不满足则转入 Step2。

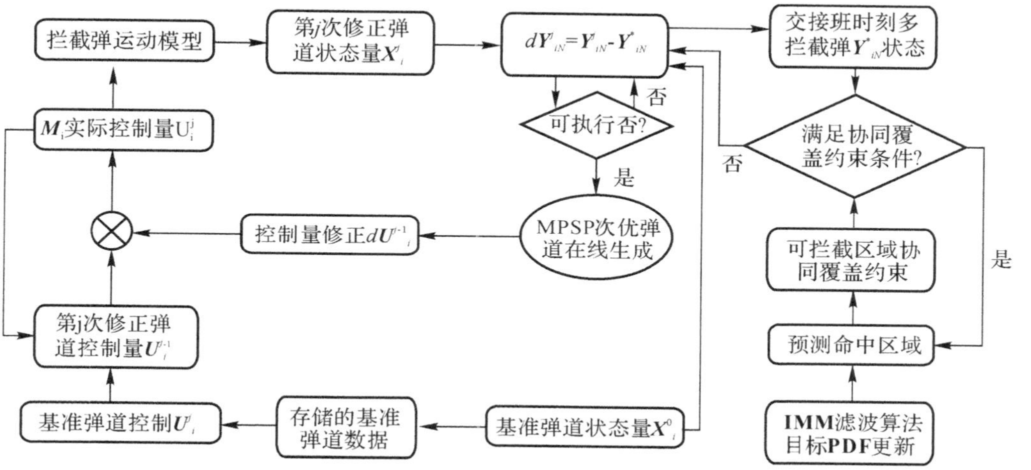

图 7-11　面向可拦截区域协同覆盖的中制导弹道在线生成算法框图

7.5.3　仿真分析

为了验证面向可拦截区域协同覆盖中制导弹道生成方法的有效性和合理性，开展以下 2 种情景的仿真，仿真中假设拦截弹末制导最大作用距离为 100 km，末制导时间取为 t_f；轨控发动机工作 20 s 的最大修正距离为 $S_{max}=5$ km；预测命中区域的概率密度函数分布服从正态分布。

情景 7.3：主要验证目标预测命中区域纵向变化后，多拦截弹的弹道生成能力。

利用 4 枚拦截弹的可拦截区域对目标预测命中区域进行协同覆盖，在中制导阶段通过对目标轨迹进行预测得到中末交接班时刻预测命中区域为

$$\bar{R}_1=\{(y,z)|9\ 392.9\ \mathrm{m}\leqslant y\leqslant 37\ 677.1\ \mathrm{m},24\ 392.9\ \mathrm{m}\leqslant z\leqslant 52\ 677.1\ \mathrm{m},\sigma_y=\sigma_z=4\ 714\}$$

假设在中制导第 30 s 目标量测信息更新 1 次，更新后的预测命中区域为

$$\bar{R}_2=\{(y,z)|16\ 463.9\ \mathrm{m}\leqslant y\leqslant 30\ 606.1\ \mathrm{m},26\ 463.9\ \mathrm{m}\leqslant z\leqslant 40\ 606.1\ \mathrm{m},\sigma_y=\sigma_z=2\ 357\}$$

4 枚拦截弹基准弹道初始条件设置见表 7-3。

表 7-3　中制导基准弹道初始条件设置

$v_0/(\mathrm{m\cdot s^{-1}})$	x_0/km	z_0/km	$\theta_0/(°)$	$\psi_{v0}/(°)$
3 000	0	80	−3	0

其中 M_1、M_2、M_3 和 M_4 初始时刻在 y 轴的位置分别为 10 km、20 km、27.07 km 和 37.07 km。根据目标预测命中区域可以优化得到拦截弹终端状态见表 7-4、表 7-5。

表 7-4　中制导基准弹道终端条件设置

		$v_f/(\mathrm{m\cdot s^{-1}})$	x_f/km	y_f/km	z_f/km	$\theta_f/(°)$	$\psi_{vf}/(°)$
基准弹道	M_1	Max	600	20	42.07	0	0
	M_2	Max	600	20	35	0	0
	M_3	Max	600	27.07	35	0	0
	M_4	Max	600	27.07	42.07	0	0

表 7-5　中制导修正弹道终端条件设置

		x_f/km	y_f/km	z_f/km	$\theta_f/(°)$	$\psi_{vf}/(°)$
修正弹道	M_1	600	20	37.07	0	0
	M_2	600	20	30	0	0
	M_3	600	27.07	30	0	0
	M_4	600	27.07	7.07	0	0

仿真结果如图 7-12 和图 7-13 所示。

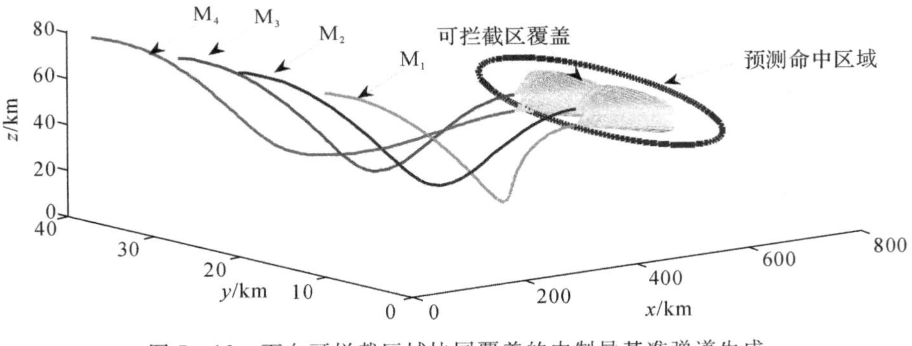

图 7-12　面向可拦截区域协同覆盖的中制导基准弹道生成

图 7-12、图 7-13 给出了 4 枚拦截弹可拦截区域协同覆盖目标预测命中区域的仿真结果，通过中制导开始时刻的目标预测命中点信息 $\bar{R}_1$ 生成多拦截弹的基准弹道，由于目标轨迹预测误差较大，所以预测命中区域较大，在拦截弹末端能力受限情况下，拦截弹可拦截区域只能覆盖预测命中区域的 2/3。当目标在第 30 s 进行纵向机动，使得预测命中区域由 $\bar{R}_1$

变为 $\bar{R}_2$，多拦截弹根据更新后的目标预测命中区域解算多拦截弹的终端位置和速度指向约束，并进行弹道在线生成如图 7-13 所示，重新修正的弹道使得 4 枚拦截弹可拦截区域 M_2 能够很好地覆盖目标预测命中区域 R_2，覆盖率能够达到 0.91。验证了面向可拦截区协同覆盖的中制导在纵向的调整能力和多拦截弹可拦截区域协同覆盖的有效性。

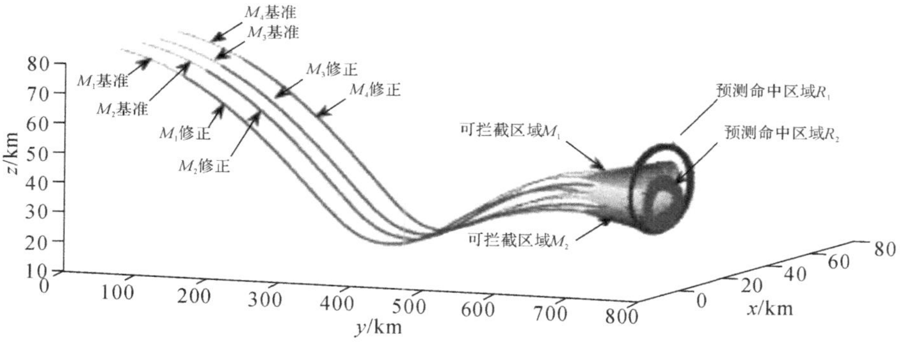

图 7-13　面向可拦截区域协同覆盖的中制导弹道在线生成

情景 7.4：为了验证多拦截弹中制导弹道侧向调整后协同覆盖的有效性，假设中制导过程中，目标量测信息共更新了 4 次，其中中制导初始时刻得到中末交接班时刻的预测命中区域在弹目遭遇平面内的投影为

$$\bar{R}_1=\{(y,z)\mid -15\ 000\ \mathrm{m}\leqslant y\leqslant 65\ 000\ \mathrm{m},30\ 000\ \mathrm{m}\leqslant z\leqslant 50\ 000\ \mathrm{m},\sigma_y=13\ 333,\sigma_z=3\ 333.3\}$$

在中制导第 10 s 目标量测信息更新第 1 次，更新后的预测命中区域为

$$\bar{R}_2=\{(y,z)\mid -1\ 000\ \mathrm{m}\leqslant y\leqslant 70\ 000\ \mathrm{m},30\ 500\ \mathrm{m}\leqslant z\leqslant 49\ 500\ \mathrm{m},\sigma_y=12\ 405,\sigma_z=2\ 805\}$$

在中制导第 20 s 目标量测信息更新第 2 次，更新后的预测命中区域为

$$\bar{R}_3=\{(y,z)\mid -25\ 000\ \mathrm{m}\leqslant y\leqslant 82\ 000\ \mathrm{m},32\ 000\ \mathrm{m}\leqslant z\leqslant 46\ 500\ \mathrm{m},\sigma_y=9\ 200,\sigma_z=2\ 100\}$$

在中制导第 30 s 目标量测信息更新第 3 次，更新后的预测命中区域为

$$\bar{R}_4=\{(y,z)\mid -45\ 000\ \mathrm{m}\leqslant y\leqslant 90\ 000\ \mathrm{m},32\ 500\ \mathrm{m}\leqslant z\leqslant 44\ 600\ \mathrm{m},\sigma_y=7\ 200,\sigma_z=1\ 850\}$$

在中制导第 40 s 目标量测信息更新第 4 次，更新后的预测命中区域为

$$\bar{R}_5=\{(y,z)\mid -56\ 000\ \mathrm{m}\leqslant y\leqslant 96\ 000\ \mathrm{m},33\ 600\ \mathrm{m}\leqslant z\leqslant 43\ 600\ \mathrm{m},\sigma_y=6666.7,\sigma_z=1\ 666.7\}$$

根据中制导初始时刻得到中末交接班时刻的预测命中区域信息，生成 4 枚拦截弹基准弹道对目标预测命中区域进行协同覆盖，4 枚拦截弹基准弹道参数见表 7-6。

表 7-6　中制导基准弹道初始和终端条件设置

$v_0/(\mathrm{m\cdot s^{-1}})$	x_0/km	z_0/km	$\theta_0/(°)$	$\psi_{v0}/(°)$
3 000	0	80	−3	0
$v_f/(\mathrm{m\cdot s^{-1}})$	x_f/km	z_f/km	$\theta_f/(°)$	$\psi_{vf}/(°)$
Max	600	40	0	0

其中 M_1、M_2、M_3 和 M_4 初始时刻和终端时刻在 y 轴的位置相同，都分别为 10 km、

20 km、30 km 和 40 km。弹道进行 4 次修正的终端见表 7-7。

表 7-7 中制导修正弹道终端条件设置

	修正 1	修正 2	修正 3	修正 4
dy_f/km	10	10	10	8
$d\psi_{vf}$/(°)	2	2	2	2

仿真结果如图 7-14 和图 7-15 所示。

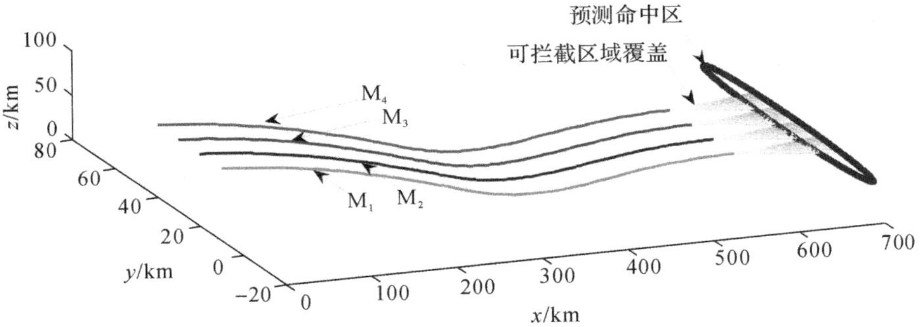

图 7-14 面向可拦截区域协同覆盖的中制导基准弹道生成

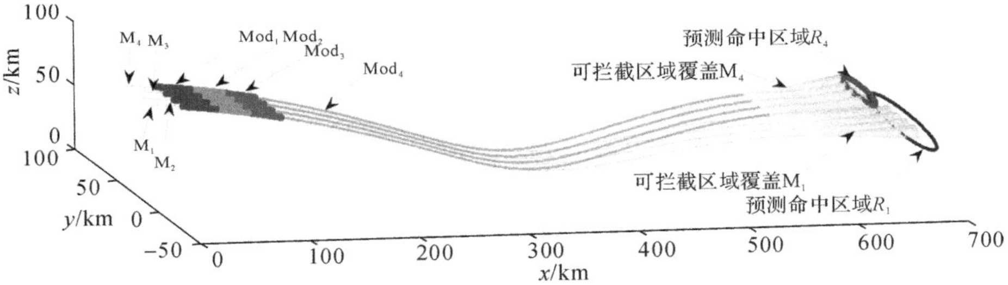

图 7-15 面向可拦截区域协同覆盖的中制导弹道在线生成

图 7-14 给出了 4 枚拦截弹离线所生成的基准弹道，目标预测命中区域 $\bar{R}_1$ 在侧向上的概率分布明显要比纵向分散，主要由于目标进行侧向机动使得对目标侧向位置预测恶化，通过对多拦截弹终端状态进行优化，得到多拦截弹需要在侧向集中部署，才能实现可拦截区域对目标预测命中区域最大化覆盖。由图 7-14 可知，4 枚拦截弹所生成的基准弹道能够保证拦截弹可拦截区域对中制导初始时刻所得到的预测命中区域的有效覆盖；随着多拦截弹中制导的不断进行，目标预测命中区域进行了 4 次更新，根据 4 次目标量测信息更新得到的目标预测命中区域 $\bar{R}_2$、$\bar{R}_3$、$\bar{R}_4$ 和 $\bar{R}_5$，根据不同时间得到的目标预测命中区域解算多拦截弹的终端位置和速度指向约束，对多拦截弹弹道进行 4 次调整，结果如图 7-15 所示，最终保证 4 枚拦截弹可拦截区域 M_4 能够很好的覆盖目标预测命中区域 R_4，所覆盖的概率积分为 0.89。验证了面向可拦截区协同覆盖的中制导弹道在侧向连续调整能力和多拦截弹可拦截区域协同覆盖的有效性。

本章基于中制导弹道在线生成方法，提出了多导引头协同覆盖目标高概率存在区域和多拦截弹可拦截区域协同覆盖预测命中区域的两种策略。可以得到以下结论：

（1）利用多拦截弹中制导弹道“接力”修正策略，解决了单枚拦截弹在侧向弹道调整能力有限的问题，使得拦截弹具有应对目标侧向大范围博弈性机动的弹道侧向调整能力；

（2）利用多拦截弹导引头协同覆盖目标交接班时刻的高概率存在区域，使得拦截弹能够更快进入到达对目标截获的状态，为导引头开机截获目标提供有利条件；

（3）针对单枚拦截弹末制导修正能力不足的问题，利用多拦截弹可拦截区域协同覆盖目标预测命中区域，确保了拦截弹能够成功命中目标。

参考文献

[1] 冯志高,关成启,张红文.高超声速飞行器概论[M].北京:北京理工大学出版社,2017.

[2] 黄伟,罗世彬,王振国.临近空间高超声速飞行器关键技术及展望[J].宇航学报,2010,31(5):1259-1265.

[3] 王少平,董受全,李晓阳,等.未来高超声速反舰导弹作战使用关键问题研究[J]. 战术导弹技术, 2016(5):18-23.

[4] 聂万胜, 冯必鸣, 李柯. 高速远程精确打击飞行器方案设计方法与应用[M]. 北京:国防工业出版社, 2014.

[5] 陈功,傅瑜,郭继峰. 飞行器轨迹优化方法综述[J]. 飞行力学, 2011,29(4): 1-5.

[6] 黄国强, 陆宇平, 南英. 飞行器轨迹优化数值算法综述[J]. 中国科学: 技术科学, 2012, 42 (9): 1016-1036.

[7] 张友安, 王丽英, 张刚,等. 轨迹优化的直接数值解法综述[J]. 海军航空工程学院学报, 2012, 27 (5): 481-487.

[8] 雍恩米, 陈磊, 唐国金. 飞行器轨迹优化数值方法综述[J]. 宇航学报, 2008, 29(2): 397-406.

[9] 刘超峰, 王谷, 张珍铭, 等. 临近空间高超声速目标防御技术需求分析[J]. 现代防御技术, 2015, 43(5): 18-25.

[10] 钟文丽, 赵金辉,杨筱. 推进颠覆性技术发展是大国博弈的战略选择[J]. 国防科技,2018,39(5):43-47.

[11] 秦雷. 临近空间领域面临的重大控制科学问题研究[J]. 战术导弹技术, 2017(1): 85-92.

[12] 李君龙, 李阳, 刘成红,等. 临近空间防御高精度制导控制面临的技术挑战[J]. 战术导弹技术, 2016(3):7-11.

[13] 秦伟伟. 临近空间高超声速飞行器控制系统基本原理[M]. 北京:北京航空航天大学出版社,2017.

[14] 田宏亮. 临近空间高超声速武器发展趋势[J]. 航空科学技术,2018,29(6):1-6.

[15] 柳青, 朱坤, 赵欣. 高超声速精确打击武器制导控制关键技术[J]. 战术导弹技术, 2018(6):63-68.

[16] 黄志澄. 高超声速武器及其对未来战争的影响[J]. 战术导弹技术, 2018(3):1-7.

[17] 宋巍,梁轶,王艳,等. 2018 年国外高超声速技术发展综述[J]. 飞航导弹, 2018:1-8.

[18] 胡冬冬, 刘晓明, 张绍芳, 等. 2016 年国外高超声速飞行器技术发展综述[J]. 战术导弹技术, 2017(1): 28-33.

[19] 郭冠宇, 刘都群. 俄罗斯"锆石"高超声速导弹发展分析[J]. 飞航导弹, 2019: 1009-1319.

[20] JAMES T, PEACE, ROHIT R, PULIMIDI, NIRMAL KUMAR UMAPATHY.

Mid-Tier Defense Against Hypersonic Glide Vehicles During Cruise[C]. 22nd AIAA International Space Planes and Hypersonics Systems and Technologies Conference, 2018:1 - 30.

[21] 熊瑛,齐艳丽.美国导弹防御系统能力及装备预测分析[J].战术导弹技术,2019:1009 - 1300.

[22] 宁国栋.应对未来战争的精确打击武器发展趋势研究[J].2019(1):1 - 9.

[23] 谢愈,刘鲁华,汤国建,等.高超声速滑翔飞行器摆动式机动突防弹道设计[J].航空学报,2011,32(12):2174 - 2181.

[24] 龚旻,谭杰,李大伟,等.临近空间高超声速飞行器黑障问题研究综述[J].宇航学报,2018,39(10):1059 - 1069.

[25] 付强,王刚,郭相科,等.临空高速目标协同探测跟踪需求分析[J].系统工程与电子技术,2015,37(4):757 - 762.

[26] 杨彬,贺正洪.一种GRNN神经网络的高超声速飞行器轨迹预测方法[J].计算机应用与软件,2015,32(7):239 - 243.

[27] 韩春耀,熊家军,张凯.无动力滑翔高超声速飞行器轨迹预测方法[J].现代防御技术,2018,46(3):146 - 151.

[28] 张凯,熊家军,兰旭辉,等.盲区下高超声速飞行器贝叶斯指示交接方法[J].系统工程与电子技术,2018:3 - 6.

[29] 秦雷,李君龙,周荻.临近空间非弹道式目标HTV - 2跟踪滤波与预报问题[J].航天控制,2015,33(2):56 - 61.

[30] 秦雷,周荻,李君龙.临近空间非弹道式目标跟踪修正变结构滤波[J].系统工程与电子技术,2017,39(7):1582 - 1589.

[31] 翟岱亮,雷虎民,李海宁,等.面向轨迹预测的高超声速飞行器气动性能分析[J].固体火箭技术,2017,40(1):115 - 120.

[32] 李广华,张洪波,汤国建.高超声速滑翔飞行器典型弹道特性分析[J].宇航学报,2015,36(4):397 - 403.

[33] 张洪波,谢愈,陈克俊,等.非惯性运动目标弹道预报技术探讨[J].现代防御技术,2011,39(6):26 - 31.

[34] QIN L, LI J L, ZHOU D. Tracking Filter and Prediction for Non-ballistic Target HTV - 2 in Near Space[C]//27th Chinese Control and Decision Conference 2015:3556 - 3561.

[35] 张洪波,黄景帅,李广华,等.典型控制规律滑翔飞行器的轨迹预测方法[J].现代防御技术,2017,45(4):112 - 118.

[36] 杜润乐,刘佳琪,李志锋,等.基于制导律识别的远期飞行轨迹预测[C]//第17届中国系统仿真技术及其应用学术年会,2016(17):264 - 268.

[37] 翟岱亮,雷虎民,李炯,等.基于自适应IMM的高超声速飞行器轨迹预测[J].航空学报,2016,11(37):3466 - 3475.

[38] 王路,邢清华,毛艺帆.基于升阻比变化规律的再入高超声速滑翔飞行器轨迹预测

算法[J]. 系统工程与电子技术，2015，37(10):2335－2340.

[39] 韩春耀，熊家军，张凯. 高超声速飞行器分解集成轨迹预测算法[J]. 系统工程与电子技术，2018，40(1):1－11.

[40] 张凯，熊家军. 高超声速滑翔目标多层递阶轨迹预测[J]. 现代防御技术，2018，46(4)：92－98.

[41] DWIVEDI P N，BHATTACHARYA A，PADHI R. Suboptimal midcourse guidance of interceptors for high-speed targets with alignment angle constraint[J]. Journal of Guidance Control & Dynamics，2011，34(3):860－877.

[42] 周觐，雷虎民. 考虑零控拦截的中制导最优弹道修正[J]. 兵工学报，2018，39(8)：1515－1525.

[43] PONTANI M，CECCHETTI G，TEOFILATTO P. Variable-time-domain neighboring optimal guidance applied to space trajectories [J]. Acta Astronautica，201(115):102－120.

[44] 雷虎民，周觐，翟岱亮，等. 基于二阶变分的中制导最优弹道修正[J]. 系统工程与电子技术，2016，38(12)：2807－2813.

[45] BRYSON A E，HO Y C. Applied optimal control [M]. New York：Halsted Press，1975.

[46] ZHOU J，LEI H M ZHANG D Y. Online optimal midcourse trajectory modification algorithm for hypersonic vehicle interceptions[J]. Aerospace Science and Technology，2017(63)：1－12.

[47] LEI H M，ZHOU J，ZHAI D L，et al. Optimal midcourse trajectory cluster generation and trajectory modification for hypersonic interceptions[J]. Journal of Systems Engineering and Electronics，2017，28(6)：1162－1173.

[48] CHAWLA C，SARMAH P，PADHI R. Suboptimal reentry guidance of a reusable launch vehicle using pitch plane maneuver[J]. Aerospace Science & Technology，2010，14(6):377－386.

[49] 王萌萌，张曙光. 基于模型预测静态规划的自适应轨迹跟踪算法[J]. 航空学报，2018，39(9):322105.

[50] HALBE O，RAJA R G，PADHI R. Robust reentry guidance of a reusable launch vehicle using model predictive static programming[J]. Journal of Guidance Control & Dynamics，2014，37(1):134－148.

[51] MONDAL S，PADHI R. State and input constrained mis sile guidance using spectral model predictive static programming[C]// Aiaa Guidance，Navigation，and Control Conference，2018.

[52] KUMAR P，BHATTACHARYYA A，PADHI R. Minimum drag optimal guidance with final flight path angle constraint against re-entry targets [C] // Aiaa Guidance，Navigation，and Control Conference，2018.

[53] MONDAL S，PADHI R. Angle-constrained terminal guidance using quasi-spectral

model predictive Static Programming [J]. Journal of Guidance Control & Dynamics, 2017(2):1-9.

[54] 张大元,雷虎民,李海宁,等.复合制导导引头开机截获概率估算[J].固体火箭技术,2014,37(2):150-155.

[55] WANG H I, LEI H M, YE J K, et al. A novel capture region of retro proportional navigation guidance law for intercepting higher speed nonmaneuvering targets[J]. Proc IMechE Part G: J Aerospace Engineering, 2017:1-13.

[56] 雷虎民,王华吉,邵雷,等.反临近空间高超声速目标拦截弹中末制导交接班窗口[J].国防科技大学学报,2018,40(5):1-8.

[57] GHOSH S, GHOSE D. Capturability of augmented pure proportional navigation guidance against time-varying target maneuvers[J]. Journal of Guidance, Control, and Dynamics, 2014,37(5):1446-1461.

[58] DHAR A, GHOSE D. Capture region for a realistic TPN guidance law[J]. IEEE Transactions on Aerospace and Electric Systems, 1993,29(3):995-1003.

[59] GHAWGHAWE S N, GHOSE D. Pure proportional navigation against time-varying target maneuvers [J]. IEEE Transactions on Aerospace and Electronic Systems, 1996, 32(4):1336-1347.

[60] TYAN F. Analysis of general ideal proportional navigation guidance laws[J]. Asian Journal of Control, 2016, 18(4):1-21.

[61] LEE S, ANN S, CHO N, et al. Capturability of guidance law for interception of nonmaneuvering target with field of view limit[J]. Journal of Guidance, Control, and Dynamics, 2018.

[62] 韩春辉,熊家军,张凯.预警探测系统目标交接班需求分析[J].装甲兵工程学院学报,2018,32(1):90-95.

[63] 李庚泽,魏喜庆,王社阳.基于轨迹预测的高超声速飞行器拦截中/末制导研究[J].上海航天,2017,34(6):7-12.

[64] 孟凡坤,吴楠,牛朝阳.机动弹道对抗导弹防御系统的效能分析[J].飞行器测控学报,2014,33(5):399-405.

[65] 任章,于江龙.多临近空间拦截器编队拦截自主协同制导控制技术研究[J].导航定位与授时,2018,5(2):1-6.

[66] 王建青,李帆,赵建辉,等. 多导弹协同制导律综述[J].飞行力学,2011,29(4):6-10.

[67] 肖增博,雷虎民,滕江川,等. 多导弹协同制导规律研究现状及展望[J].航空兵器,2011(6):18-22.

[68] 王家炜. 多拦截器协同制导控制问题研究[D]. 哈尔滨:哈尔滨工业大学,2014.

[69] 于驷男,周锐,夏洁,等. 多无人机协同搜索区域分割与覆盖[J]. 北京航空航天大学学报,2015,41(1):167-173.

[70] 赵建博,杨树兴. 多导弹协同制导研究综述[J]. 航空学报,2017,38(1):020256.

[71] BEST R A, NORTON J P. Predictive missile guidance[J]. Journal of Guidance, Control and Dynamics, 2000(23): 539 - 546.

[72] ZHAI C, HE F H, HONG Y G. Coverage-based interception algorithm of multiple interceptors against the target involving decoys[J]. Journal of Guidance, Control and Dynamics, 2016, 39 (7): 1646 - 1652.

[73] DIONNE D, MICHALSKA H, RABBATH C A. Predictive guidance for pursuit-evasion engagements involving multiple decoys[J]. Journal of Guidance Control & Dynamics, 2015, 30(5):1277 - 1286.

[74] SU W, LI K, CHEN L. Coverage based cooperative guidance strategy against high maneuvering target[J]. Aerospace Science and Technology, 2017:1 - 9.

[75] MA L B, HE F H, YAO Y. A coverage-based guidance algorithm for the multi-stage cooperative interception problem [C]//Proceedings of the 35th Chinese Control Conference, Chengdu, 2016.

[76] WANG J W, HE F H, WANG L, et al. Cooperative guidance for multiple interceptors based on dynamic target coverage theory [C]//Proceedings of 11th World Congress on Intelligent Control and Automation, Shenyang, 2014.

[77] DIONNE D, MICHALSKA H, RABBATH C. Predictive guidance for pursuit-evasion engagements involving multiple decoys[J]. Journal of Guidance, Control and Dynamics, 2015, 30(5): 1277 - 1286.

[78] WANG L, YAO Y, HE F H, et al. A novel mid-course doctrine for multiple flight vehicles cooperative interception[C]//Proceedings of 2016 IEEE Chinese Guidance, Navigation and Control Conference,Nanjing, China 2016.

[79] WANG L, YAO Y, HE F H. A novel cooperative mid-course guidance scheme for multiple intercepting mis-siles[J]. Chinese Journal of Aeronautics, 2017:1 - 13.

[80] ZHOU J , LEI H M . Coverage-based cooperative target acquisition for hypersonic interceptions [J]. Science China Technological Sciences, 2018, 61 (10): 1575 - 1587.

[81] 王龙.基于区域覆盖的多飞行器协同拦截优化设计方法研究[D]. 哈尔滨:哈尔滨工程大学,2018.

[82] 潘亮，谢愈，彭双春，等. 高超声速飞行器滑翔制导方法综述[J]. 国防科技大学学报，2017，39(3):15 - 22.

[83] CHENG L, WANG Z, CHENG Y, et al. Multiconstrained predictor-corrector reentry guidance for hypersonic vehicles [J]. Proceedings of the Institution of Mechanical Engineers Part G Journal of Aerospace Engineering, 2017: 095441001772418.

[84] 方科，张庆振，倪昆，等. 高超声速飞行器时间协同再入制导[J]. 航空学报，2018，39(5):202 - 217.

[85] 王肖，郭杰，唐胜景，等. 基于解析剖面的时间协同再入制导[J]. 航空学报，2018，38

(4):180 - 185.

[86] YU W , CHEN W , JIANG Z , et al. Analytical entry guidance for coordinated flight with multiple no-fly-zone constraints[J]. Aerospace Science and Technology, 2018.

[87] 雷虎民. 导弹制导与控制原理[M]. 北京：国防工业出版社，2006.

[88] 黎克波. 拦截机动目标的制导律研究[D]. 长沙:国防科学技术大学,2010.

[89] 魏鹏鑫. 高超声速滑翔飞行器系统辨识、控制和再入制导方法研究[D]. 哈尔滨:哈尔滨工业大学,2017.

[90] 孙勇. 基于改进 Gauss 伪谱法的高超声速飞行器轨迹优化与制导[D]. 哈尔滨：哈尔滨工业大学，2012.

[91] 雍恩米. 高超声速滑翔式再入飞行器轨迹优化与制导方法研究[D]. 长沙：国防科学技术大学，2008.

[92] 李强. 高超声速滑翔飞行器再入制导控制技术研究[D]. 北京：北京理工大学，2015.

[93] RIZVI S, HE L, XU D. Optimal trajectory analysis of hypersonic boost-glide waverider with heat and load constraint[J]. Aircraft Engineering and Aerospace Technology An International Journal, 2015, 87(1): 67 - 78.

[94] 张卫东. 滑翔式高超声速飞行器再入轨迹规划与姿态控制[D]. 哈尔滨:哈尔滨工业大学，2017.

[95] 李惠峰. 高超声速飞行器制导与控制技术[M]. 北京：中国宇航出版社，2012.

[96] 黄春华. 助推滑翔飞行器远程防御机动拦截中制导技术[D]. 长沙:国防科学技术大学，2015.

[97] 臧彦铭. 滑翔式临近空间高超声速飞行器的机动特性及中段拦截分析[D]. 长沙:国防科学技术大学,2015.

[98] 李广华. 高超声速滑翔飞行器运动特性分析及弹道跟踪预报方法研究[D]. 长沙:国防科学技术大学,2016.

[99] LI G , ZHANG H , TANG G . Maneuver characteristics analysis for hypersonic glide vehicles[J]. Aerospace Science and Technology, 2015(43):321 - 328.

[100] ZHU J , HE R , TANG G , et al. Pendulum maneuvering strategy for hypersonic glide vehicles[J]. Aerospace Science and Technology, 2018, (78):62 - 70.

[101] PING L U, PAN B. Highly constrained optimal launch ascent guidance[J]. Journal of Guidance Control & Dynamics, 2010, 33(2):404 - 414.

[102] 谢愈，刘鲁华，汤国建，等. 高超声速滑翔飞行器摆动式机动突防弹道设计[J]. 航空学报，2011, 32(12):2174 - 2181.

[103] 许强强，葛健全，杨涛，等. 面向突防的多约束滑翔弹道优化设计[J]. 系统工程与电子技术,2018,40(6):1331 - 1336.

[104] LEE C H, SHIN H S, LEE J I, et al. Zero-Effort-Miss Shaping Guidance Laws [J]. IEEE Transactions on Aerospace & Electronic Systems, 2017 (99):1.

[105] 徐品高.地空导弹与弹道导弹的技术融合正在促使这两类导弹产生突破性的进展[J].现代防御技术，2000,28(3):1-12.
[106] 张荣升，陈万春. THAAD增程型拦截弹预测制导方法研究[J].北京航空航天大学学报，2018(6):1001-5965.
[107] 黄梓宸，张雅声，刘瑶. 高超声速滑翔弹头防御策略分析与仿真研究[J]. 现代防御技术，2018，46(3):18-28.
[108] 苏宪飞，张忠阳，张弫，等. 远程防空导弹的新型弹道优化设计[J]. 现代防御技术，2017(5):29-34.
[109] 吴京川. 基于拦截几何的高速机动目标截中制导策略与方法[D]. 哈尔滨:哈尔滨工业大学。2016.
[110] 穆凌霞，王新民，谢蓉，等.高超音速飞行器及其制导控制技术综述[J].哈尔滨工业大学学报，2019,51(3):1-14.
[111] 雷虎民，李宁波，周觐，等. 临近空间拦截弹最优弹道跟踪制导律[J]. 国防科技大学学报，2018，40(1)：24-31.
[112] 张大元，雷虎民，吴玲，等. 基于滑模变结构的弹道跟踪制导律设计[J]. 系统工程与电子技术，2014，36(4)：721-727.
[113] 宋剑爽，宋勋，任章. 空基拦截器广义零控拦截流型中制导设计[C]. 2010中国制导、导航与控制学术会议（CGNCC 2010），中国上海，2010:908-913.
[114] NEWMAN B. Spacecraft intercept guidance using zero effort miss steering[J]. AIAA-93-3890-CP，1993，19(1):1707-1716.
[115] NEWMAN B. Strategic intercept midcourse guidance using modified zero effort miss steering [J]. Journal of Guidance, Control, and Dynamics, 1996, 19(1): 107-112.
[116] TYAN F. Capture region of a 3d ppn guidance law for intercepting high-speed targets[J]. Asian Journal of Control , 2012,14(5): 1215-1226.
[117] GHOSH S, GHOSE D, RAHA S. Capturability analysis of a 3d rpn guidance law for higher speed nonmaneuvering targets[J]. IEEE Transactions On Control Systems Technology, 2014,22(5): 1864-1874.
[118] 周觐，雷虎民，侯峰，等. 拦截高速目标的比例与反比例导引捕获区分析[J]. 宇航学报，2018,39(9)：1003-1012.
[119] PRASANNA H M , GHOSE D. Retro-Proportional-Navigation: a new guidance law for interception of high speed targets[J]. Journal of Guidance, Control, and Dynamics, 2012, 35(2):377-386.
[120] 周藜莎. 高超声速目标拦截交会条件分析[D]. 哈尔滨:哈尔滨工业大学，2016.
[121] 葛致磊，孙琦. 交会角对制导性能的影响[J]. 宇航学报，2008(5):1492-1495.
[122] 熊俊辉，唐胜景，郭杰，等. 带碰撞角约束的高速飞行器小速度比交会制导律[J].北京理工大学学报，2015(2):159-165.
[123] 赵杰，王君，张大元. 反临近空间高超声速飞行器中末交接视角研究[J].飞行力

学，2015，33(3)：253－260.

[124] 余英，侯明善，张斯哲. 侧窗探测自适应制导研究[J]. 西北工业大学学报，2016，34(2)：287－293.

[125] 宋明军，魏明英. 侧窗探测条件下的制导控制系统设计方法研究[J]. 现代防御技术，2007，35(5)：71－75.

[126] Integrated guidance and control design of a flight vehicle with side-window detection

[127] 支强，蔡远利. 动能杀伤器侧窗定向机制分析及建模[J]. 西安交通大学学报，2012，46(1)：91－96.

[128] LI K B，CHEN L，TANG G J. Improved differential geometric guidance commands for endoatmospheric interception of high-speed targets[J]. Science China Technology，2013，43(3)：518－528.

[129] 黎克波，陈磊，唐国金. 拦截大气层内高速目标的改进微分几何制导指令[J]. 中国科学：(技术科学)，2013(3)：326－336.

[130] 黎克波，陈磊，张翼. 真比例导引律的降维分析方法[J]. 国防科技大学学报，2012，34(3)：1－5.

[131] LEE C H，SHIN H S，LEE J I，et al. Zero-effort-miss shaping guidance laws[J]. IEEE Transactionson Aerospace & Electronic Systems，2017(99)：1.

[132] SU W S，SHIN H S，CHEN L，et al. Cooperative interception strategy for multiple inferior missiles against one highly maneuvering target[J]. Aerospace Science and Technology，2018：1－10.

[133] 于大腾，王华，李林森，等. 能量约束下的动能拦截弹逆轨拦截攻击区建模[J]. 宇航学报，2017，38(7)：704－713.

[134] 王洋，周军，赵斌，等. 侧窗探测动能拦截器末端轨控方案[J]. 固体火箭技术，2016，39(4)：588－593.

[135] ZHANG H Q，TANG S J. Cooperative near-space interceptor mid-course guidance law with terminal handover constraints[J]. Proc IMec hE Par t G J Aerospace Engineering，0(0)：1－17.

[136] ROBERT W M，ARON P N. Generalized optimal midcourse guidance[C]// 53rd IEEE Conference on Decision and Control，Los Angeles，California，USA，2014(10).

[137] ROBERT W MORGAN. Midcourse Guidance with Terminal Handover Constraint [C]//American Control Conference，Boston，MA，USA，2016：6006－6011.

[138] 张大元，雷虎民，邵雷，等. 临近空间高超声速目标拦截弹弹道规划[J]. 国防科技大学学报，2015，37(3)：91－96.

[139] 熊少峰，魏明英，赵明元. 考虑导弹速度时变的角度约束最优中制导律[J]. 控制理论与应用，2018，35(2)：248－257.

[140] 窦磊，窦娇. 带多约束条件的次最优中制导律设计[J]. 宇航学报，2011，31(12)：2505－2509.

[141] 张浩强，唐胜景，郭杰. 考虑临近空间零控交班的指令修正中制导研究[J]. 兵工学报，2017，38(3):483-493.

[142] ZHOU J，SHAO L，WANG H J，et al. Optimal midcourse trajectory planning considering the capture region [J]. Journal of Systems Engineering and Electronics，2018，29(3)：587-600.

[143] 杨希祥，杨慧欣，王鹏. 伪谱法及其在飞行器轨迹优化设计领域的应用综述[J]. 国防科技大学学报，2015，37(4):1-7.

[144] HAWKINS A，FILL T，PROULX R，et al. Constrained trajectory optimization for Lunar landing[J]. AAS Spaceflight Mechanics Meeting，Tampa，FL，2006.

[145] STANTON S. Optimal orbital transfer using a Legendre pseudospectral method [M]. Cambridge：Massachusetts Institute of Technology，2003.

[146] 刘鹤鸣，丁达理，黄长强，等. 基于自适应伪谱法的 UCAV 低可探测攻击轨迹规划研究[J]. 系统工程与电子技术，2013，35(1):78-84.

[147] 唐国金，罗亚中，雍恩米. 航天器轨迹优化理论、方法及应用[M]. 北京：中国科学出版社，2012.

[148] DARBY C L，HAGER W W，RAO A V. An hp-adaptive pseudospectral method fo solving optimal control problems[J]. Optimal Control Applications and Methods，2011，32(4):476-502.

[149] 王丽英，张友安，赵国荣. 改进的 hp 自适应网格细化算法及应用[J]. 弹道学报，2013，25(1):16-21.

[150] 庞威，谢晓方，刘青松，等. 求解非光滑轨迹的自适应网格配点优化方法[J]. 系统工程与电子技术，2017，39(5):1091-1099.

[151] 陈琦，王中原，常思江，等. 求解非光滑最优控制问题的自适应网格优化[J]. 系统工程与电子技术，2015，37(6):1377-1383.

[152] 国海峰，黄长强，丁达理，等. 多约束条件下高超声速导弹再入轨迹优化[J]. 弹道学报，2013，25(1)：10-15.

[153] 孟克子，周荻. 多约束条件下的最优中制导律设计[J]. 系统工程与电子技术，2016，38(1)：116-122.

[154] 周文雅，杨涤，李顺利. 利用高斯伪谱法求解具有最大横程的再入轨迹[J]. 系统工程与电子技术，2010，32(5).

[155] 周浩，陈万春. 基于拟平衡滑翔的横程最大轨迹研究[J]. 飞行力学，2010，28(3)：64-68.

[156] 胡正东，张皓之，蔡洪. 天基对地打击动能武器最大横程分析[J]. 固体火箭技术，2009，32(3).

[157] 呼卫军，卢青，常晶，等. 特征趋势分区 Gauss 伪谱法解再入轨迹规划问题[J]. 航空学报，2015，36(10):3338-3348.

[158] 仲小清，邵翔宇，许林杨，等. 自适应 Radau 伪谱法自由漂浮空间机器人轨迹规划[J]. 哈尔滨工业大学学报，2018，50(4):49-55.

[159] 袁宴波,张科,薛晓东.基于Radau伪谱法的制导炸弹最优滑翔弹道研究[J].兵工学报,2014,35(8):1179-1185.

[160] 张道驰.小型无人机载制导炸弹最优轨迹与精确制导技术研究[D].北京:北京理工大学, 2016.

[161] BENGSON D. A Gauss pseudospectral transcription for optimal control[D]. Colorado: Massachusetts Institute of Technology,2005.

[162] DARBY C L, GARG D, RAO A V. Costate estimation using multiple-interval pseudospectral methods[J]. Journal of Spacecraft and Rockets, 2011, 48(5): 856-865.

[163] TANG X J. Numerical solution of optimal control problems using multiple-interval integral Gegenbauer pseudospectral methods[J]. Acta Astronautica,2016:63-75.

[164] 刘瑞帆, 于云峰, 闫斌斌. 基于改进hp自适应伪谱法的高超声速飞行器上升段轨迹规划[J]. 西北工业大学学报, 2016, 34(5):790-797.

[165] LI N B, LEI H M, et al. Trajectory optimization based on multi-interval mesh refinement method[J]. Mathe-matical Problems in Engineering, 2017:1-8.

[166] 邱文杰, 孟秀云. 基于hp自适应伪谱法的飞行器多阶段轨迹优化[J]. 北京理工大学学报, 2017(4).

[167] GILL P E, MURRAY W, SAUNDERS M. SNOPT: an SQP algorithm for large-scale constrained optimization[J]. SIAM Review, 2002, 47(1): 99-131.

[168] HOU H. Convergence analysis of orthogonal collocation methods for unconstrained optimal control [D]. Florida: University of Florida, 2013.

[169] 赵吉松,谷良贤,佘文学.配点法和网格细化技术用于非光滑轨迹优化[J].宇航学报,2013,34(11):1442-1450.

[170] 张恒浩.基于自适应Radau伪谱法的再入段轨道设计算法[J].北京理工大学学报,2018,38(10):1037-1044.

[171] GARG D, PATTERSON M A, DARBY C L,Direct tra-jectory optimization and costate Estimation of finite-horizon and infinite-horizon optimal control problems via a Radau pseudospectral method [J]. Computational Optimization and Applications, 2011,49(2): 335-358.

[172] LIU X, TANG S J, GUO J, et al. Midcourse guidance law based on high target acquisition probability considering angular constraint and line-of-sight angle rate control[J]. International Journal of Aerospace Engineering, 2016:1-21.

[173] 穆凌霞,王新民,谢蓉,等.高超音速飞行器及其制导控制技术综述[J].哈尔滨工业大学学报,2019,51(3):1-14.

[174] 李俊杰, 王国宏, 张翔宇, 等. 临近空间高超声速滑跃式机动目标跟踪的IMM算法[J]. 电光与控制, 2015,22(9):15-19.

[175] 肖楚晗, 李炯, 雷虎民, 等. 基于AVSIMM算法的高超声速再入滑翔目标跟踪[J]. 北京航空航天大学学报, 2018 (2): 190-198.

[176] 秦雷，谢晓瑛，李君龙. 基于多种滤波算法跟踪临近空间非弹道式目标[J]. 电子世界，2016(16)：81－86.

[177] 秦雷，李君龙，周荻. 基于 AGIMM 的临近空间机动目标跟踪滤波算法 [J]. 系统工程与电机技术，37(5)：1009－1004.

[178] 李海宁，雷虎民，翟岱亮，等. 面向跟踪的吸气式高超声速飞行器动力学建模[J]. 航空学报，2014，35(6)：1651－1664.

[179] LI X R，JILKOV V P. Survey of maneuvering target tracking，part Ⅰ：dynamic models[J]. IEEE Transactions on Aerospace and Electronic Systems，2003，39(4)：1333－1364.

[180] WANG Y L，HONG H C，TANG S J. Geometric control with model predictive static programming on SO(3)[J]. Acta Astronautica.

[181] 段海滨，杨之元. 基于柯西变异鸽群优化的大型民用飞机滚动时域控制[J]. 中国科学：技术科学，2018(3).

[182] 王文彬，秦小林，张力戈，等. 基于滚动时域的无人机动态航迹规划[J]. 智能系统学报，2018，13(72)：36－45.

[183] 左磊. 多智能体最优覆盖控制方法研究[D]. 哈尔滨：哈尔宾工业大学，2017.

[184] 姚郁，郑天宇，贺风华，等. 飞行器末制导中的几个热点问题与挑战[J]. 航空学报，2015，36(8)：2696－2716.

[185] 赵启伦，陈建，董希旺，等. 拦截高超声速目标的异类导弹协同制导律[J]. 航空学报，2016，37(3)：936－948.

[186] WANG Z B，GRANT M J. Autonomous entry guidance for hypersonic vehicles by convex optimization[J]. Journal of Spacecraft and Rockets，2018，55(4)：993－1006.

[187] YANG L，LIU X M，CHEN W C，et al. Autonomous entry guidance using linear pseudospectral model predictive control[J]. Aerospace Science and Technology，2018(80)：38－55.

[188] HAN H W，QIAO D，CHEN H B，et al. Rapid planning for aerocapture trajectory via convex optimization[J]. Aerospace Science and Technology，2019(84)：763－775.

[189] 秦雷，李君龙. 临近空间目标非弹道式机动模式跟踪滤波技术[J]. X 系统仿真学报，2017，29(6)：1380－1385.

[190] 秦雷，谢晓瑛，李君龙. 基于多种滤波算法跟踪临近空间非弹道式目标[J]. 电子世界，2016(16)：81－86.

[191] 谷志军. 拦截机动目标末制导技术研究[D]. 长沙：国防科学技术大学，2009.